岭南造园与审美

（第二版）

陆　琦　著

中国建筑工业出版社

图书在版编目（CIP）数据

岭南造园与审美／陆琦著. —2版. —北京：中国建筑
工业出版社，2015.12（2022.6重印）
（岭南建筑丛书　第三辑）
ISBN 978-7-112-18788-1

Ⅰ. ①岭…　Ⅱ. ①陆…　Ⅲ. ①园林艺术－研究－广
东省　Ⅳ. ①TU986.626.5

中国版本图书馆CIP数据核字（2015）第293534号

责任编辑：唐　旭　李东禧　张　华
责任校对：李美娜　张　颖

岭南建筑丛书　第三辑
岭南造园与审美（第二版）
陆　琦　著

*

中国建筑工业出版社出版、发行（北京西郊百万庄）
各地新华书店、建筑书店经销
北京锋尚制版有限公司制版
北京建筑工业印刷厂印刷

*

开本：787毫米×1092毫米　1/16　印张：15¾　字数：297千字
2015年12月第二版　2022年6月第四次印刷
定价：68.00元
ISBN 978-7-112-18788-1
（36938）

总　序

  《岭南建筑丛书》第二辑已于2010年出版，至今《岭南建筑丛书》第三辑于2015年出版，又是一个五年。

  2012年党的十八大文件提出："文化是民族的血脉，是人民的精神家园。全面建成小康社会、实现中华民族的伟大复兴，必须推动社会主义文化大发展、大繁荣"；又指出"建设优秀传统文化传承体系，弘扬中华优秀传统文化"，要求我国全民更加自觉、更加主动地推进社会主义建设新高潮。

  2014年习近平总书记指出："要实现社会主义经济文化建设高潮，要圆中国梦。"对广东建筑文化来说，就是要改变城乡建设中的千篇一律面貌，要实现"东方风格、中国气派、岭南特色"的精神，要实现满足时代要求，满足群众希望，创造有岭南特色的新建筑的梦想。

  优秀的建筑是时代的产物，是一个国家、一个民族、一个地区在该时代社会经济和文化的反映。建筑创作表现有国家、民族的特色，这是国家、民族尊严和独立的象征和表现，也是一个国家、民族在经济和文化上成熟和富强的标志。

  岭南建筑创作思想从哪里来？在我国现代化社会主义制度下，来自地域环境，来自建筑实践，来自优秀传统文化传承。我们伟大的祖国建筑文化遗产非常丰富，认真总结，努力发扬，择其优秀有益者加以传承，对创造我国岭南特色的新建筑是非常必要的。

陆元鼎

2015年6月

前　言

　　岭南地区由于所处的地理环境和人文习俗，形成了具有地域特色的岭南文化。园林自古以来就是人类出自对自然环境的向往，从而创造一种具有自然气息的游憩玩赏的环境，也是人们审美肯定的对象。中国传统园林是按自然形态去设计表现的人为的艺术形象，用造园艺术的手段加工和再现的自然景观，是理想化的、蓄以人类生活情趣的园林景象。

　　岭南园林始见于秦汉时期的南越国，早期当推五代南汉王朝的御花园——药洲仙湖最有特色，以水体为主的造园手法突破了秦汉以前重台高阁、宫馆复道的格局，这种不受拘束、强调自然的风格特色，奠定了岭南造园既异于北方又别于江南的素质。虽然岭南造园实践在古代远不及中原繁盛，但明清以后，随着岭南地区经济水平的提高，造园活动开始兴盛起来。

　　岭南气候湿润，土地肥沃，具有良好的自然条件，而经济发达又为造园提供了物质基础。岭南造园虽以珠江三角洲为中心，但交流与影响范围涉及两广、闽台等地。1742年时英国人钱伯斯[①]随东印度公司货船到广州，游览园林并研究建筑，1772年写下了《东方庭园论》（Dissertation on Oriental Gardening）等专著。在英国人画笔下的广州私园，水庭是园林空间的重要组成部分，船厅是园林的主要建筑物。英国迈克尔·苏立文（Michael Sullivan）先生在所著的《东西方美术的交流》里提到："迪·哈尔德在介绍中国园林时，则将中国园林描写成小规模的、讲究实用的、种植蔬菜和果树要比观赏植物要多的庭园。"[②]其实这就是中国园林的一种形式——岭南园林。

　　港澳地属岭南，广州又是通关口岸，中西文化的碰撞、交融，使岭南园林受外来文化的影响更多，不但在园林造园理念上，甚至在园林规划布局上，特别是近代园林也有模仿欧洲规整式园林的做法。岭南造园构意新颖，园林清新旷达，其总体布局、空间组织、建筑造型、叠石理水、花木配置等均有自己的特点，形成一种不似北方园林之壮丽以及江南园林之纤细的岭南格调，成为与北方、江南鼎峙的地方风格之一。

　　岭南园林以庭院和庭园组合见长，庭院艺术与建筑布局密切相关。这种庭园

（院）的空间设计手法在岭南现代庭园中得到创新发展，新中国成立以来建造了一批格调新颖的园林建筑，为传统园林与现代生活的结合做出了有益的尝试，摸索了一些经验。传统园林中蕴藏着自然美景构成的原则和技巧，在我们现代园林的创造中，有着重要之借鉴作用，岭南园林的造园理念、审美特性、建筑艺术、造园技艺以及发展趋势等，是我们研究园林造园艺术的依据。

城市化进程的加速，特别是工业文明的高速发展和随之带来对人类健康的各种危害和不适，使人们对自然环境更为向往，需要一个朝良性循环发展的生活空间。随着人对自然依存关系的再认识和环境科学对城市生态研究的发展，生活水平的提高和人类审美的需求，人们逐步理解到人类不仅需要维护居住环境、城市的良好景观和生态平衡，而且一切活动都应该避免破坏人类赖以生存的大自然。以景观生态环境为主的"绿色城市"将是21世纪人类的生活空间，在这种环境前提下所产生的公园、庭院、绿地等，应是在美学思想指导下展示多元性、独特性、亲人性的空间环境。通过对岭南园林艺术的研究，更深入地探讨人对园林的需求，以及园林对大地景观环境和改善生态的重大作用。同时，运用园林的研究成果，根据城乡的功能要求、景观要求和经济条件来创造各种优美的园林艺术形象。

[注释]

① 威廉·钱伯斯爵士Sir William Chambes（1723~1796年）英国建筑家。曾为瑞典东印度公司服务数年，到巴黎学习建筑一年，后到意大利学习。1755年返回英国后，受聘为威尔士亲王（即后来的英国国王乔治三世）的建筑学教师，成为与罗伯特·亚当 Robert Adam（1728~1792年）齐名的皇家工程事务的两位主要建筑师之一，钱伯斯后来还创立英国皇家美术学院。钱伯斯受中国建筑影响所设计的最知名建筑是丘镇花园的宝塔。

② （英）迈克尔·苏立文. 东西方美术的交流[M]. 陈瑞林译. 南京: 江苏美术出版社, 1998.

目　录

第一章
岭南造园历史进程

　　岭南园林的记载，较为详细的应是南汉时期，西汉南越国宫署御苑遗址的发掘，使岭南园林的历史又推进了一千多年。岭南造园，从史料记载和现存园林来看，都没有像中原及江南那样表现出其造园发展的连贯性，而是突出表现在某几个历史阶段。岭南传统园林的发展主要为南越王朝、南汉王朝、明清时期及近代园林造园四个历史阶段，这四个历史阶段的造园侧重有所不同，但每一次大规模的园林兴建，都将岭南园林的造园活动推向一个高潮，都使园林艺术登上一个台阶，都有新的突破。这些造园活动的实践，为岭南园林创造自己的风格和特点奠定了基础。

第一节　南越王朝园林

　　秦末赵佗接替秦郡尉任嚣之职后，建立南越国，自称武帝，效仿秦皇宫室苑囿，于广州越秀山下建王宫，并在越秀山上筑越王台和歌舞冈，南越王每年三月三登高娱乐，还有歌女奏乐歌舞，唐韩愈曾写有"乐奏武王台"[①]的诗句。在歌舞冈南面，凿有九眼井。屈大均《广东新语》曰："九眼井，在歌舞冈之阳，相传尉佗所凿，其水力重而味甘，乃玉石之津液，志称佗饮斯水，肌体润泽，年百有余岁，视听不衰。"

　　广州市的秦汉考古，在1995～1997年间发现了西汉南越国宫署御苑遗址，这是目前我国发现的年代最早的宫苑实例（图1-1）。现所发掘的南越国宫署御苑遗址里，筑有石砌大型仰斗状水池、鼋室、石渠、平桥与水井、砖石走道等。虽然御苑遗址仅为整个南越国宫署的一小部分，但也可以看出当时岭南造园的状况。

　　仰斗状大型石砌水池，从考古钻探资料分析，石池面积约4000平方米，外观近似方形，池壁呈斜坡形，坡长11米，坡斜约15度，壁面用砂岩石板作冰裂纹密缝铺砌，做工考究。在池壁斜坡铺石上，发现有"蕃"、"眈"、"阅"、"赀"、"治"、"北

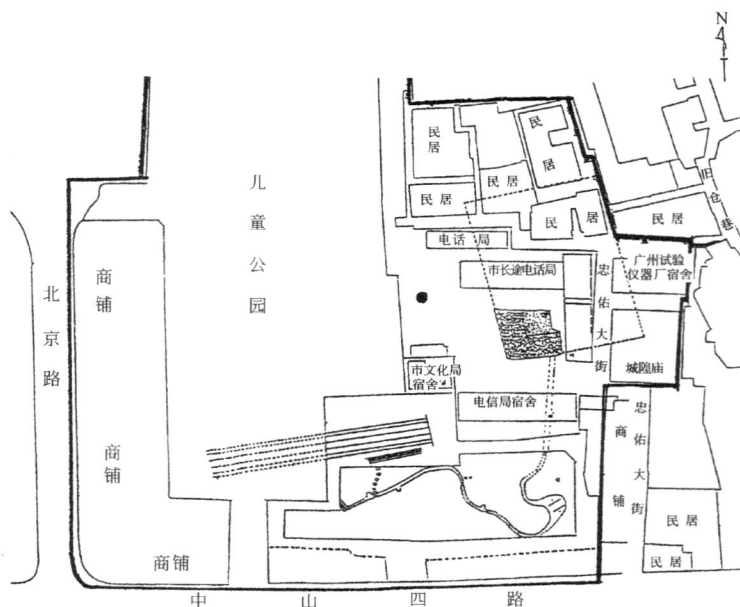

图1-1 西汉南越国宫署御苑遗址平面

诸郎"等秦隶刻字。池底平整，用碎石和河卵石平铺，池水深大约2米多。池中还发掘出巨型叠石方柱、八棱石柱、石栏杆、石门楣、铁门枢、铁斧、铁凿等，附近还挖掘出不少绳纹带"公"、"官"字戳印的板瓦、筒瓦和"万岁"瓦当，估计水池中间建有宫殿建筑物。

方形水池南面的铺石斜壁之下，埋有方形的导水木槽，这是为引导池水流入南面的石砌曲渠而专设的一条暗槽。目前所发掘的石砌曲渠（图1-2）有150米长，渠体两边用石块砌壁，稍向外斜，截面呈梯形状，高度约为0.63米，渠的口宽1.34～1.40米，底宽1.3米，渠底用石板铺砌成冰裂纹状，上面密排着灰黑色的河卵石，其间还有黄白色的大型卵石疏落点布。位于石渠的东端设有弯月形水池，其南北向宽7.9米，弯月形水池上下两端与石渠相连，池的东西侧用石砌壁，池壁残高1.17米，底铺石板，中间用直竖的大石板将池分隔成三段。大石板高1.9米，水池上部已毁，从结构来看，上部原来应有构筑物。在弯月形水池池底的淤积土内，有叠压成层的过百个龟鳖遗骸，其中有一大鳖的残背甲横宽44厘米，因此推断水池上的构筑物应是一座呈弯月形的石构鼋室（图1-3）。《说文》曰：鼋，大鳖也。古人把鳖又称作鼋。除弯月形水池外，整条石渠的底部也发现有少量的龟鳖残骸。150米长的石渠上还设有三个"斜口"和两个"渠陂"，考古认为这个"斜口"可

图1-2　南越国宫署御苑石曲渠

（引自越宫文《广州发现南越王的御花园——南越国御苑遗址发掘记述》）

图1-3　南越国宫署御苑曲渠石构雹室

（引自越宫文《广州发现南越王的御花园——南越国御苑遗址发掘记述》）

能是方便龟鳖从渠中爬行进出活动而特设的。"渠陂"则由二块弧形石板合并成拱桥形状，横卧于渠底，两渠陂相隔32.8米，用于阻水和限水，使流水通过时涌出浪波[2]。

　　石渠的西端有石板平桥，桥的两边原来都应铺有步石，现步石仅北边尚存一段，共9块，弯曲排开，两步石的间距为0.6米。步石小道通往北面南越国宫署的砖石走道，遗址上的砖石走道长约20米，走道中间平铺灰白色砂岩石板两行，两侧砌有大型印花砖夹边。在南越国第二代君主赵眜的陵墓中出土的3个印纹陶瓮和1件陶鼎，都有"长乐宫器"四字的方形戳印，这是从考古发掘中得知的南越国宫殿名称，估计砖石走道是御花园通往长乐宫的主要通道之一。苑中池水荡漾，曲渠细流，花木成荫，是南越国宫苑休憩观赏、取乐游戏之地。汉武帝元鼎六年（公元前111年）灭南越，汉兵"纵火烧城"，南越国宫署及其御花园也被火烧毁。

　　南越国最后之君主赵建德，曾在广州历史上最为悠久的寺院光孝寺修建王园宅第。三国吴大帝年间（222～252年），虞翻因得罪孙权被贬广州，在此聚徒讲学。他种植了许多苹婆和诃子树，故称为"虞苑"，又名"诃林"。《阮通志》说："南越王第，建德故宅在西城内，吴虞翻移交州时所居，有园池，即今光孝寺。"《广东新语》曰："诃子一作苛子，树株似无患，花白子黄似橄榄，皮肉相著，以六路者为上。广州光孝寺旧有五六十株，子小味不涩，多是六路以进御，今皆尽矣。寺本虞翻旧苑，翻谪居时，多种苹婆诃子树。""每七八月子熟，寺僧辄煎诃子汤延客，和以甘草，色若新茶，谓可变白鬓发云。"诃子煮水喝不但可以解渴，而且能治病，当时寺内常取两廊罗汉院的井水煎汤以疗疾。但今诃林早已无存，曾有诗曰："虞园虽有古浮图，诃子成林久已无。一片花宫生白草，牛羊争上尉佗都。"

　　秦汉以前，宫殿以高台建筑作为主体。同样，园林中也筑高台以形成标志性建筑，除此之外高台建筑还具有风景观赏点的作用。园林高台建筑规模都较大，楚灵王修筑的章华台，六年才全部完工，《水经注·沔水》记载："水东入离湖……湖侧有章华台，台高十丈，基广十五丈。"现遗址发掘其台呈方形，基长300米，宽100米，其上有四台相连，最大的长45米，宽30米，分为3层，每层的夯土上有建筑物残存的柱础，当年登临此台，需休息三次，故又俗称"三休台"。[3]吴王夫差费时三年之久，在姑苏山筑姑苏台，因山成台，联台成宫，主台"广八十四丈"，"高三百丈"，并开凿山间水池。《述异记》曰："夫差作天池，于池中造青龙舟，舟中盛陈伎乐，日与西施为水嬉。"姑苏台方圆五里，居高临下，可观赏太湖景色。登台远眺必有水景，这是秦汉以来高台建筑常用的手法。章华台"台的三面为人工开凿的水池环抱着，临水而成景，水池的水源引自汉水，园林也提供了水运交通之方便"[4]。章华台和姑苏台是春秋战国时期的园林要例。它们的选址和建筑都能利用大自然山水环境的优势，并发挥其成景的作用。

　　汉代园林高台建筑一般都利用挖湖的土方在湖的旁边或中间堆筑高台，西汉长安城西南面的昆明池，池中就筑有岛屿与豫章台。宫苑内筑渠引水，汉长安的未央宫就从城外引来昆明池之水，穿过城墙而流入沧池，然后再用石渠引水分别流经后宫和外宫，最后汇入长安城内的王渠。园林里面建有台、宫、馆、阁等多种类型的建筑物，以满足游赏、娱乐、居住乃至朝会等多方面的功能需要。

　　南越国园林受中原文化的影响很大，高台建筑基本上是沿袭秦汉时的做法，在山上筑高台。据屈大均《广东新语》记载："赵佗有四台。其在广州粤秀山者，曰越王台，今名歌舞冈。其在广州北门外固冈上者，曰朝汉台，冈形方正竣立，削土所成，其势孤，旁无丘阜，盖茎台也，与越王台相去咫尺。其在长乐县五华山下者，曰长乐台，佗受汉封时所筑，长乐本龙川地，佗之旧治，故筑台。又新兴县南十五里有白鹿台，佗猎得白鹿，因筑台以志其瑞，是为四台。"但与秦汉园林高台建筑相比，其规模不大，并不像章华台、姑苏台、豫章台那样庞大、华丽，以致于各类史书文献都没有更详细的记载。越王台筑于越秀山，基本上是依山就势，并没有大规模地大兴土木。至于朝汉台，《水经注·浪水》说："佗因冈作台，圆基千步，直峭百丈，顶上三亩，复道回环……名曰朝台。"从南越国后主赵建德修建宅第王园的记载来看，也没有挖池堆山，否则就不会有后来虞苑"诃林"这样大面积地种植苹婆和诃子树的景象。

南越国的园林造园有几个特点：其一是利用自然地形和自然环境，通过大自然的有利因素来把握总体趋势；其二是庭园内部空间布置精细周密，而且施工精致，无论建筑物、构筑物施工都很精密，南越国宫署御苑的冰裂纹砌石、龟鳖活动的"斜口"、用于阻水和限水的"渠陂"以及弯月形的石构甍室等，都说明了这一点；其三是宫苑喜用规整的水渠、石池，几何图形图案处理较多。这种整体取向自然、局部取向人工的特点和造园手法，以后一直影响着岭南园林的发展。

产生南越国园林造园特点的原因主要有两个方面。第一是赵佗创建南越国时采用"和辑汉越"的政策，若大修土木必然使大量越人遭到奴役，造成南下中原人与越人矛盾的激化。同时，也不能过多地利用南下的秦军将士修筑，虽然赵佗南下秦军有50万，但50万秦军要分作五军，在与越人交战时又损兵折将，这些将士的大部分还必须保卫岭南的疆土，对内防止敌对越人的骚扰、侵袭和攻击，因为越人"好相攻击"；对外又要陈兵国界，防止长沙、闽越、夜郎等国的入侵。筑城建宫又是十分重要的，"中县民初至，必不能处深山丛林，势不能不筑宫室以居、城郭以守"⑤。所以只能采用较为简单的方式，达到最省人力物力而又最理想的效果。第二是赵佗带来的秦军中能工巧匠不少，特别是善于筑堤、开渠、架桥的工程兵。任嚣、赵佗南下之旅，从中原到岭南千山万水，没有工程兵开路筑桥是不行的。从广西灵渠的修筑，更能看到工程兵的技术。灵渠设计严谨，布局周密，工程量虽然不算大但灵巧实用，在灵渠的渠中建造了大小天平坝以拦河，用蓄水的方式提高了水位。灵渠的开凿，沟通了湘漓两条河流，使属于长江流域的湘水与属于珠江流域的漓水连接起来，漓水逾岭经贺水、郁水而汇入珠江。秦军在完成了对岭南的征战之后，就转入到经济建设方面，精湛的工艺、熟练的技巧对宫苑的建设起着很大的作用。宫苑石渠的开发应用，除了沿袭秦汉园林的做法外，也体现着岭南的水脉系统。当年秦军从湘水筑灵渠到漓水，再从珠江到广州，都是依着河流；没有河流，秦军难以到达岭南番禺之地，也就不可能建立南海郡。站在越秀山越王台上，可看到逶迤的珠江穿越珠江三角洲平原。秦汉宫苑的水渠着重在于水的使用，即水的实用性，而南越国宫苑的水渠除了水的实用性外，还多了一分对水的观赏和眷念。

第二节　南汉王朝园林

古代广州历史上有"三朝十帝"，南汉为其中一朝。唐朝末年，各地藩镇割据，广州刺史刘隐面对中原无主的混乱局面，自立为王，号称"大越"。917年，刘隐的弟弟刘䶮即位，第二年改称为"汉"，史称"南汉"。自刘䶮起，历经刘玢、刘晟、刘鋹4主，共55年。

南汉初期，政局安稳，物阜民丰。《南汉书·诸臣传》称："光裔相高祖二十余年，府库充实。辑睦四邻，边烽无警。当时号称贤相。"《黄损传》曰："陛下之国，东抵闽粤，西逮荆楚，北阻彭蠡之波，南负沧溟之险，盖举五岭而表之，犀、象、珠、玉、翠、玳、果、布之富，甲于天下。"南汉王投以钱财物力扩展王城，精心兴建园林宫馆，已知有苑囿8处，宫殿26个。《新五代史·南汉世家》称："故时刘氏有南宫、大明、昌华、甘泉、玩华、秀华、玉清、太微诸宫。凡数百，不可悉记。"南汉内宫中更有昭阳殿、文德殿、万政殿、乾和殿、乾政殿、集贤殿、景阳宫、龙德宫、万华宫、列圣宫等，在乾政殿的西面，还有景福宫、思元宫、定圣宫、龙应宫。《五国纪事》对昭阳殿的奢侈有细致的描述："以金为仰阳，以银为地面，檐、楹、槛、桷皆饰以银，殿下设水渠、浸以珍珠，又琢以水晶、琥珀为日月，列于东西两楼之上，亲书其榜。"由此可见宫殿之豪华瑰丽。

南汉宫城禁苑中，最著名的当数南宫仙湖药洲。《南汉春秋》称："凿山城以通舟楫，开兰湖，辟药洲。"兰湖即芝兰湖，在当时的府城北，亦为南汉时宫苑。有诗云："芝兰生深林，无人常自芳。君子处阶前，明德惟馨香。游鱼忉罝罗，好鸟各鸳鸯。微风动林岸，此心共回翔。"到明代后兰湖因淤积而不存在了。药洲仙湖，因位于当时广州古城的西面，所以仙湖又称西湖，是南汉较大园林工程之一，由南汉君主刘䶮始建。《广东新语》记有西湖的地理环境："西湖，亦曰仙湖，在古瓮城西，伪南汉刘䶮之所凿也。其水北接文溪，东接沙溪，与药洲为一，长五百余丈。"西湖周围五百余丈，水绿净如染，湖中有沙洲岛，栽植红药。刘䶮还集中炼丹术士在岛上炼制"长生不老"之药，故称药洲，有"花药氤氲海上洲，水中云影带沙流"之说。药洲上放置有形态可供赏玩的名石九座，世称"九曜石"（图1-4），比拟天上九曜星宿，寓意人间如天宫般美，药洲仙湖成为了花、石、湖、洲争奇斗艳的园林

胜景。九曜石是刘䶮派遣罪人从
太湖、三江等地移来的。"石凡
九，高八九尺，或丈余，嵌岩峄
兀，翠润玲珑，望之若崩云，既堕
复屹。"药洲因此也称为"石洲"。
南汉园林受道教思想影响很大，追
求人的"长生不老"，这在园林的
命名和布局上都有体现，药洲仙湖
就是一个典型的例子。

图1-4　广州西湖御苑药洲九曜石

仙湖北面筑有玉液池，池畔建有含珠亭、紫霞阁，"每岁端午令宫人竞渡其间"。
玉液池与药洲仙湖之间有狭窄水道贯连，两岸垒石成峡，"列石甚富，刘氏所谓明
月峡"。南汉时，明月峡水道两堤夹植杨柳，通往药洲用砺山之石跨湖为桥。桥上
"其石光洁若玉，长丈有六，横三尺，厚二尺，平列如砥"[⑥]，称为宝石桥。

药洲西湖历宋、元、明、清诸代，一直是广州古城的主要风景区。郭祥正有
《游药洲》诗句描述："驱车欲何适，独往观药洲。大亭插层城，玉虹跨深沟。常年
一百五，载酒倾城游。"宋人题有："步自葛仙洲煮茶景濂堂，采菊筠谷，榜舟九曜石
下。"南宋嘉定元年（1208年），由陈岘加以整治，在湖上种植白莲，故又有白莲池之
称。明代誉"药洲春晓"为羊城八景之一。后因城市商业街道展拓，广阔的西湖变为
陆地。今广州教育路南方戏院内的"九曜园"，是五代南汉药洲的千年古迹，园内有
一方水池，面积约300平方米，著名的"九曜石"，如今剩有遗石五座，散处池中和池
边，是珍贵的历史文物（图1-5）。在池边和壁上有许多古碑刻，其中有翁方纲《米题
药洲石记》和翁方纲、阮元等清代名人诗刻。仙湖和兰湖当时被称为广州两大名湖。

广州城西的荔枝湾，风景秀丽，古时称荔枝洲（图1-6）。《南越志》一书中有

图1-5　九曜园石景

图1-6　民国时广州城西荔枝湾风光
（引自《荔湾明珠》）

这样的记载："江南洲周回九十里，中有荔枝洲，上有荔枝，冬夏不凋，盖以荔枝湾为古荔枝洲也。"相传西汉初期，陆贾奉汉文帝之命南来广州游说南越王赵佗归汉，曾在此处种植荔枝。荔枝湾从唐代起就以种植荔枝出名，唐咸通年间，岭南节度使郑从谠在荔枝洲上筑有荔园。其好友安徽舒州诗人曹松来园游玩，写下了《南海陪郑司空游荔园》一诗："荔枝时节出旌斿，南国名园尽兴游。乱结罗纹照襟袖，别含琼露爽咽喉。叶中新火欺寒食，树上丹砂胜锦州。他日为霖不将去，也须图画取风流。"此诗是荔枝湾最早的题咏。

五代时南汉主刘铱大肆兴建园林宫馆，城西半塘荔枝湾有华林苑、昌华苑、芳华苑、显德苑等，合称为西园。《舆地纪胜》曰："刘王花坞乃刘氏华林园，又名西御苑，在郡治西六里，名半塘，有桃、梅、莲、菱之属。"又曰："荔枝洲在南海寺四十五里，周回五十里，刘氏创昌华苑于此。"昌华苑占地10多平方公里。每当夏季蝉鸣荔熟时节，南汉王刘铱便和妃嫔、内臣游园设宴，擘食荔枝，称之为"红云宴"。郭棐在《岭海名胜记》中曰："荔枝湾，在城西七里，南汉于荔枝熟时，宴于此，名红云宴。"陶谷的《清异录》也说："刘铱大宝二年，命荔枝熟时，设红云宴，岁以为常。"刘世馨的《粤屑》记载，城西"五里至荔枝湾，南汉显德园在焉。又五里为三角市，中为花田，汉素馨葬处也"。传说南汉的宫人死后葬于城西10里的三角市，因宫人生前喜欢簪插素馨花，故墓地种有许多素馨，即所谓"素馨斜"。清初番禺诗人屈大均有诗道："花田旧是内人斜，南汉风流此一家。千载香销珠海上，春魂犹作素馨花。"三角市由曾埋葬宫人的素馨花冢，发展为成片的花田。清人叶廷勋的《西关竹枝词》也写道："艳说名花是美人，素馨名字唤来频。花田旧址无花种，花月花魂认化身。""西园春事剧繁华，春到园林处处花。花事一随春色去，朱门休问旧人家。"而芳华苑则与千佛寺建在一起，有溪河直接到达，《南海百咏》称："在千佛寺侧，桃花夹水一二里，可以通小舟，盖刘氏芳华苑故址也。"千佛寺以千佛塔著称，塔高27丈，史书记有"刘之宗女为尼居之"和"南汉宫女于此为尼"，可见千佛寺非同一般寺院。佳景要数元宵、中秋夜色。《恭岩札记》称："南汉时，上元、中秋，辄登塔顶燃灯，以兆丰稔，号曰赛月灯。"西园诸园皆与水洲结合布置，以观花为主，形成庞大的宫苑园林群。直至明代，荔枝湾风采依然，千树荔红，白荷玉立，"五秀"（莲藕、荸荠、菱角、茨菇、茭笋）飘香，渔民清晨出江捕鱼，黄昏归舟鱼贯，渔歌互答，富有诗情画意。这一派优美的水乡风光景色，就是被誉为明代羊城八景之一的"荔湾渔唱"。清代时荔枝湾仍保持水乡之特色，张维屏"千树离支（荔枝）四围水，江南无此好江乡"就是荔湾风光的生动写照。

南汉园林在南越国园林的造园基础上有了很大的发展，除了保持南越国园林的基本特点外，又有了自己的造园特色。南汉园林的造园特点主要在于两个方面，一是园林与城市和环境的密切结合，二是园林与建筑物之间的紧密配合。南汉时园林的布局是将园林散点分布在城市的四周，打破以往较为集中的布局方式，这与环境的依托是分不开的。四季无冬的气候使人们喜欢户外活动，而城市的自然地理环境又非常适合园林的建造，有平原、山丘、水泽、溪

图1-7　广州城北流花古桥
引自《老广州屐声帆影》

流，特别是可以充分利用城市自然环境的水系。白云山的溪水由北向南经城市水系流向珠江，利用水系走向修建园林，可以使园林水系景观与生活用水紧密结合起来。仙湖原为天然湖泊，泉水从池底自动涌流出来。南汉主刘䶮开凿扩大湖区，其水北接文溪，东接沙澳流入珠江，并可通船只。城北的甘泉苑内则有甘溪（甘泉）穿园而过，夹溪种有刺桐、木棉，景色秀丽。相传溪水上常有宫女们卸妆时丢弃的花朵随波流逝，故水为"流花溪"，桥为"流花桥"。现石桥上还刻有"流花古桥"四个字（图1-7）。其甘泉最初为东晋太守陆胤所凿，"引泉以给广民"。唐节度使卢公遂疏导其源以济舟楫，并饰广厦为踏青避暑之胜地。南汉刘氏复凿山为甘泉苑，苑水上接白云山菖蒲涧的山水，下连荔枝湾，乘小舟可漫游南汉各处离宫，沿河岸桃红柳绿，翠波涟漪，透过树丛，尽是亭台楼阁、宫馆别苑。越秀山原越王台旧址，南汉时刘䶮改为游台，台前叠石为道，两旁种奇花异草，名曰"呼銮道"。此外，城内禺山上有沉香台，番山上有朝元洞，《南海百咏》曰："而以怳香为台观于禺山之上"，"就番积石为朝元洞。"

南汉宫殿建筑群基本上都附有园林，南汉宫苑规模极盛，"三城之地，半为离宫苑囿"。东边远郊罗浮山金沙洞有天华宫建筑群，宫内建云华阁、含阳门、起云门、甘露亭、羽盖亭等，建筑极为华丽。今日增城石滩元洲的"刘王涌"，就是当时宫苑之御河。城东南有禹余宫，据宋人《九国志》称："铢建禹余宫于城东南六十里，山水奇绝，铢避暑多往焉。"南郊有刘王殿、昌华宫，宫殿附近的上下马岗和洗马涌则是南汉宫女习武骑马、洗马之地。昌华宫古称"海曲"，因四面环水，景色秀丽，有"昌华八景"之美。城内南宫就修建在仙湖药洲的南面，南宫内筑有

三清殿，为道观建筑。药洲仙湖还有长春宫，《广东通志初稿》称："宫在仙湖，其前为药洲。"另在城南2里的珠江边上建有望春园等建筑群。城北越秀山后有芳春园及甘泉苑。芳春园"飞桥跨沼，林木夹杂如画"。甘泉苑也是南汉重点建筑园林之一，面积非常大，内有甘泉宫、避暑亭等建筑，配以泛杯池、濯足渠等园林水景。每当盛夏炎热之时，"汉主避暑于甘泉宫"，"铢与女侍中卢琼仙、黄琼芝、蟾姬、李妃，女巫樊胡子及波斯女，为红云宴于此"[⑦]。甘泉苑与禹余宫的天然山水相比，则以人工建筑为胜。

第三节　明清宅居庭园

明清宅园，特别是清代以后的宅居庭园，无论史料还是现存园林都较为丰富，但岭南庭园造园主要集中在广州、粤中和粤东等地。

一、广州明清宅园

唐宋以来，随着文化生活的发展，人们追求居住环境的舒适和情趣，庭园园林应运而生，有以花木果树为主的园圃，亦有住居休闲之用的小庭园。岭南宋代庭园园林多为州府仕士所营，如宋经略使梁之奇在都督府之右的南汉明月峡玉液池遗址处辟西园，园中置池，池中列石，其状若屏，故称为石屏台。石屏台的东面建有经略厅，北面建有翠层楼。到明洪武二年（1369年），易名清荫园，内有蕉竹山房、来青阁、红雪阁、红雪亭、古树堂、环翠轩、近水榭、西池、梅舫、射堂、弢庵、风烟一览、小山丛桂、小桥曲径等胜境。私家园林的繁盛则出现于明清。广州明清时名园就有五六十处之多，且规模相当（图1-8、图1-9）。

图1-8　清代广州富商私园水庭
（引自《广州旧事》）

宅第园林除城中
心的一部分世家大宅
和园林外，更多地
分布于远离城市中
心的郊外，如城北
越秀山麓、城东的
东门附近、城西荔
枝湾水洲一带、城
南珠江之滨的太平
烟浒、河南漱珠岗
以及郊外花埭等处。

图1-9　清代广州富商私园船厅
（引自《广州旧事》）

1．城北宅园

城北诸园多集中在越秀山东南一带。越秀山为广州城的主峰，绣岚撑翠，故"石渠古洞，大树仙园，环列于其麓"。城北的园林有小云林、继园、野水闲鸥馆、挹秀园、梦香园、碧琳琅馆等。

位于越秀山南麓的小云林，为明代诗人李时行所辟，始建于嘉靖戊申年（1548年），内有湛虚亭、招鹤亭、驭风亭、水云居、元同轩、青霞精舍、影山楼、月波桥、钓月台等。园里"畜二仙鹤，客至招之，飞舞翩跹，久之乃去"。楼亭围着池水而建，池约5亩，四周种植槐、柳、芙蓉、桃、李，湛虚亭后"叠石为山，花竹辉蔽"，还有"古榕一株，荫可数十人"；通往影山楼的曲径旁植有名菊，香色宜人。李时行自记曰："当春池水浸，斜阳西度，明蟾东起，则与三五同志泛舟中，流觞互劝，命童子吹洞箫，予乃长歌叩舷和之，声振林木。"

继园曾是广州著名的私家园林，规模不大，却以设计精巧、缩地成寸取胜，把亭、台、楼、阁、假山、碧水尽纳于方寸之间。园内有祖祠明德堂、读书处退思轩、藏书处经纬楼、儿孙读书处养翎馆及枕棉阁、佳士亭、香雪亭、得月台诸胜。园内时花绿树相互辉映，既有被誉为"岁寒之友"的松、竹、梅，又有颇具田园风情的荷花塘、寒菜畦和蔬笋堂。继园园主史澄，番禺人，道光二十年（1840年）中进士后，一直从事教育，曾在肇庆端溪书院和广州粤秀书院掌教。其学问渊博，诲人不倦，桃李遍南粤，深受人们尊敬。他还致力于地方史志的编纂出版工作，同治年间，主编了《番禺县志》；光绪年间，又总纂了《广州府志》。史澄在晚年时，选择风景幽美的越秀山南麓营建了园林住宅。史澄立意仿效前贤，取孟子"为可继也"意，而命之为继园。继园建于光绪四年（1878年）。当时史澄已年近古稀，但仍笔耕不辍，先后在继园著有《继园随笔》、《七十老翁诗一百首》、《退思轩诗存》等书。史澄曾以诗言志："廿年竭力全残局，忍使穷嫠注白头。"

野水闲鸥馆在继园西面，园主倪鸿，字云癯，广西桂林人，在粤任官，长期寓居广州。园林后倚越秀山，前临将军大鱼塘，鱼塘芦苇丛生，藻荇交横，山上台阁林木倒映其中，一望澄碧，颇有野趣。挹秀园建在野水闲鸥馆旁，园中多种梅树，园主陈巢民，原籍山阴。梦香园位于将军大鱼塘之南，园主郑绩，字纪常，为广东新会人，画家。碧琳琅馆的园主方功惠，字柳桥，湖南巴陵人，任官广东，在粤30年，藏书20万卷，多秘本孤本，为著名的藏书家。园有池馆亭台，碧琳琅馆是主人藏书之所。

2. 城东宅园

城东明代有洛墅、东皋等别业园林，均在大东门外。

洛墅为明大学士陈子壮宅园，园内有池10余亩，塘三口。池中斜跨弓桥，置画舫于其中。画舫名"此花身"，取唐诗"几度木兰舟上望，不知原是此花身"句意。

东皋别业是陈子壮的堂兄御史陈子履于崇祯四年（1631年）所建，为明代广州名园，园内池、亭、楼、阁、山、林、陇亩应有尽有，屈大均在《广东新语》中描述："有一湖曰蔬叶，尝有蔬叶自罗浮流至湖。中有楼，环以芙蓉杨柳，三白石峰矗立其前，高可数丈，湖上榕堤竹坞，步步萦回，小汊穿桥，若连若断。自挹清堂以往，一路皆奇石，起伏芊眠，陂陀岩洞之类，与花林相错。其花不杂植，各为曹族，以五色区分，林中亭榭则以其花为名，器皿、几案、窗棂，各肖其花形象为之。"园林中筑有舒啸楼、开镜堂、金栗馆、怀新轩、柳浪亭、泛花亭、十丈亭、浸月台、浴鹤池、玉带桥、九龙井等。明末园内荒废。康熙年间，清驻防镶黄旗参领王之蛟修葺后作为别业。

3. 城西宅园

明清时，广州城内居民走出西门到西郊游乐，所遇见的第一个名园就是晚景园。清代诗人谭莹有诗云："出郭先经晚景园，半塘南岸果皆繁。三水大石红相望，熟到陈村又李村。"晚景园园主黄衷，南海县人，22岁中进士。历任湖州知府、广西参政督粮、云南巡抚、工部右侍郎和兵部右侍郎等职，为官廉洁，荐贤安民，兴修水利，节支理财，颇有政绩。黄衷营建园林别墅时，已年老退休，故题园名为"晚景园"。园内白石作堤，石虹湖上跨以石桥，湖边有竹柏环植的浩然堂。此外，还有天全所、表泛轩、素华轩、鸥席草堂、后乐榭等诸胜，小桥流水，丹荔夹道，一派南国水乡的园林景色。

　　城西十八甫的磊园，占地广阔，本是一位从事外洋贸易富商的巨宅，其遗孀杨氏将宅售给颜亮洲，改名磊园。颜亮洲子颜时瑛将磊园扩充改建。他先令匠工相度地形，研究配置，绘制成图后再由工匠据图施工。园内共分十八境，有桃花小筑、遥集楼、静观楼、留云山馆、倚虹小阁、酣梦庐、自在航、海棠居、碧荷湾等楼榭、山水及草木之胜。静观楼专藏书画、金石作品。临沂书屋以藏书为主，楼内环列三十六书架，广贮图书。造园规模之大、营建之精，在乾隆年间甲于羊城。其盛况据颜嵩年《越台杂记》回忆："时城中各官宦皆悉此园美观，常假以张宴，月必数举。冠盖辉煌，导从络绎，观者塞道。登门自桃花小筑，一路结彩帘，张锦盖，八骈直达堂阶，主人鞠躬款接，大吏握手垂青。宴时架棚堂前，演剧阶下，弄戏法，呈巧献技，曼衍鱼龙，离奇诡异。堂中琉璃缨络，锦缎纱厨，徽徽溢目；檐前管龠之音，曲拍之声，洋洋盈耳。日晡，大吏旋车，而散秩闲曹又欲卜夜，请继以烛。主人素慷慨，亦欣然优礼，由是肇斋（颜时瑛）之名益著。"磊园扩建于乾隆年间，园主颜时瑛为十三行行商泰和行的主人。泰和行被封后，园屡易主，最后为伍崇曜所有。

　　荔枝湾邻近泮塘，弥望荷花万柄，岸上遍植荔枝树，荔枝湾涌一水蜿蜒其中，通向珠江，夹岸园林错列，最饶幽趣。嘉庆年间，两广总督阮元游后，赞赏其为"白荷红荔半塘西"。素以"一湾春水绿，两岸荔枝红"景色著称的城西荔枝湾，"富家大族及仕大夫宦成而归者，皆于是处治广囿、营别墅"。明初"南园五子"之一番禺诗人黄哲在此建"听雪蓬"。清嘉庆年间丘熙筑有"虬珠园"，两广总督阮元以唐代诗人曹松曾游览荔园而取义题名为"唐荔园"，赞它如同唐代荔园。清道光年间巨商潘仕成得此园后，除保持原来幽雅景色外，还筑小山，修湖堤，增建戏台、水榭、凉亭、楼阁，面积扩大至数百亩。园林之名"海山仙馆"，得于落成之日的对联："海上神山，仙人旧馆。"海山仙馆奢丽非常，其园规模很大，独揽台榭水石胜概，当时有"南粤之冠"的誉称。园中小山高约百米，林木阴森，登山有石级。山下有湖水百亩，与珠江相通，并可在湖中泛舟。《番禺县续志》记有潘园之盛况："海上仙馆，池广园宽，红渠万柄，风廊烟溆，迤逦十余里，为岭南园林之冠。"园内堆有一山，"冈坡峻坦，松桧蓊蔚，石径一道，可以拾级而登。""一大池广约百亩许，其水直通珠江，隆冬不涸，微波渺弥，足以泛舟。"湖旁大堂雕梁画栋，气势非凡。堂前曲径回廊，廊中遍嵌石刻，多是历代名家手迹。大堂对着的湖中有大戏台，西有水榭，东有白塔。塔高5层，均用白石堆砌而成。园的西北为高楼层阁，曲房密室，其雪阁楼高数百尺，有"游人指点潘园里，万绿丛中一阁尊"之佳景。西北处还有养有多头梅花鹿的"鹿洞"。由于园林占地辽阔，所以潘氏制造了几部马车，往来于园中。"园多果木，而荔枝树尤繁。"有一楹联绘出了园林之景象："荷花世界，荔枝光阴。"夏日，荷香扑鼻，丹荔垂挂，万绿丛中层楼高阁，宛如人间仙境。此园之美，不但吸引四方达官贵人、文人雅士，还曾作为官府的外交活动场所。同治年间，潘仕成因亏空巨额公款而被抄家，潘氏家产连同海山仙馆被官府没收、拍卖。后来该馆落入新会一陈姓人手中，并被改建成为荔香园。荔香园于抗战时毁于兵火，一代名园只留得部分石刻藏于今广州博物馆之中。

荔枝湾还先后筑有叶兆萼的"小田园"、李秉文的景苏园、张氏听松园、蔡氏环翠园、邓氏杏林庄及彭园、凌园、倚澜堂、小画舫斋。此外，城西还有君子矶、荷香别墅、吉祥溪馆等，可惜现仅有小画舫斋存在。

小画舫斋建于清光绪壬寅（1902年），园主人为西关商人黄绍平。黄绍平是广东台山人，自少随父黄福经商，黄福过世后，黄绍平用分得的遗产在西关三叉涌边购买了原称"小田园"的私人花园，修建小画舫斋。当时的荔枝湾三叉涌风景优美，荔枝树与杨柳树夹岸垂立，是过去南汉昌华苑的一部分。小画舫斋因在园内沿荔枝湾河畔修建房屋，其平面形状类似画舫，故得名"小画舫斋"。小画舫斋采用"连房广厦"的布局，四周置有精致幽雅的楼房，中间为庭园，"日榭灯廊，莺帘燕户"，是西关著名的园林之一。小画舫斋园林正门朝南，大门用白麻石脚和石框，墙壁用水磨青砖，门额正中题有"小画舫斋"石刻魏体字，是广东晚清名书法家苏若湖的手书。大门之后是木雕镶边套蚀刻彩色玻璃的大屏风，玲珑剔透。屏风后是南门厅，门厅右边为侧厅与住房，后面为2层的主楼船厅（图1-10）。园林北面是一间坐北朝南的家庙（祖先庙，如图1-11），里面有神龛供奉祖先。庙前设有戏台，家庙斜对面为称作"诗境亭"的半边亭。园内筑有石山鱼池，遍植花草树木，有九里香、白玉兰、荔枝树及米兰、茉莉花等。当年园主人常邀诗人、墨客、画家

图1-10　小画舫斋船厅

图1-11　小画舫斋家庙

到小画舫斋畅叙。黄绍平去世后，其弟黄子静入住，又购置了与小画舫斋相连的楼宇，扩大了园林的范围，增加了北门厅、轿厅等内容。

4. 城南珠江北岸

城南珠江北岸一带，以中小宅园为多。昔日珠江边有一江心洲，名曰太平沙，明代陈恭尹题有"太平烟浒"。太平沙一带曾建有袖海楼、岳雪楼、柳堂、露波楼、伫月楼、风满楼、烟浒楼、烟竹楼、水明楼、得珠楼、得月台等亭台楼阁和别馆离苑。

袖海楼为进士许祥光的别业。许祥光字宾衢，番禺人，官至按察使。楼阁之名取自苏东坡"袖中有东海"的诗意。园林复室连楹、造构奇巧，当年诗人张维屏在《袖海楼诗》中有这样的描述："连云第宅太平沙，别出心裁第一家。画里楼台先得月，镜中帘幕巧藏花。锦屏八面围金粉，绣闼三重护碧纱。要把南溟作襟带，袖中东海不须夸。"

岳雪楼，道光五年园主人孔继勋冒雪游南岳回来后所筑，其藏书处名三十三万卷书堂，读书处名濠上观鱼轩。

柳堂临水而建，船艇可泊于堂下，因江边有柳，柳边有堂，故曰柳堂。柳堂又称深柳堂，堂上有阁，曰枕濠阁，可近枕袖海楼，远眺得月台，为观景及宴饮之所。园主是诗人李长荣。李长荣字子黼，号柳堂，南海人氏，贡生，著有《柳堂诗录》。

露波楼虽地不盈亩，却花木茂然，楼上设一镜，江上帆樯遂出没于镜光帘影间。园主张耀杓，字斗垣，番禺人，著有《露波楼诗钞》。

伫月楼与风满楼相邻，也是以镜面取胜，楼上置有洋镜两面，互相映照，楼外景物皆入镜中，端坐楼上，可以尽览江景。园主叶应旸为南海人，字蔗田，著有《耕霞溪馆诗》。

得月台在离太平沙不远的海珠石上。除得月台外，还有海珠寺、珠江阁、文昌阁等。海珠石是靠近珠江北岸的一个小岛，"激浪特起，上有楼阁，甚雄丽"。

5. 珠江南岸宅园

珠江南岸的富家园林住宅，主要为十三行行商潘氏、伍氏家族的园宅。潘氏家族的宅园有南雪巢、南墅、万松山房、秋红池馆、双桐圃等；伍氏家族有伍崇曜的粤雅堂、伍秉镛万松园的南溪别墅，还有清晖池馆、听涛楼、翠琅玕馆等。

南雪巢在漱珠桥附近，背倚万松山麓，园主潘有为，字卓臣，号毅堂，南海人，为清代举人，潘有度之兄，著有《南雪巢诗钞》。宅园所处之地曾为汉代杨孚故居所在，相传杨孚把河南洛阳的松柏移植宅旁，碰巧那年广州下起了大雪，唐代进士许浑有"河畔雪飞扬子宅"的诗句，后人所建纪念杨孚的公祠也曰"南雪祠"。潘有为在《南雪巢诗》注曰："粤本无雪，汉议郎杨孚移嵩山松柏遍植珠江南岸，始有雪巢其巅。"故宅园取名南雪巢。园外陂塘数顷，有村野之致。在漱珠桥之南的另一宅园南墅，其园主是潘有度，字宪臣，号容谷，十三行行商同文行主人，园内有方塘数亩，架桥其上，周围多种水松，还有漱石山房、芥舟等建筑。万松山房园主潘正亨，字伯临，能诗，著有《万松山房诗钞》，园内多植木棉，建有榕阴小榭，其池塘满栽荷花。秋红池馆内建有听帆楼，楼下筑莲塘、花架，环以廊榭，曲折重叠，登楼可眺望珠江白鹅潭往来之帆影。园主潘正炜，字榆亭，号季彤，贡生，官至郎中，著有《听帆楼诗钞》。双桐圃在南墅内，有梧桐古树二株，因浓荫满庭而得名。园主潘恕，字子羽，号鸿轩，著有《双桐圃诗钞》（图1-12）。

粤雅堂园主伍崇曜，原名元薇，字良辅，号紫垣，南海人，十三行行商怡和行主人，钦赐举人，加布政使衔。宅园规模甚大，后倚乌龙冈，前临珠江，漱珠涌绕流堂前，园内有池塘、小丘、石桥等。园主富于藏书，酷爱刻书，曾刻有《岭南遗书》、《粤雅堂丛书》等书籍。远爱楼是伍崇曜另建来用以收藏书籍和宴饮的，在白鹅潭南岸，此楼三面环水，观景甚佳。伍崇曜之父，是清末十三行鼎鼎有名的首富伍秉鉴。伍秉鉴世居广州，当年建有伍家花园，俗称万松园，占地13万平方米，园内最大的厅堂，可设宴几十桌，能容上千和尚诵经。南溪别墅在万松园内，内有宝纶楼，园主伍秉镛，字序之，又字东坪，贡生，仕至湖南岳常澧道，著有《渊云墨妙山房诗钞》。清晖池馆也在万松园内，园主伍平湖，十三行行商伍氏家族，园

图1-12　广州潘氏家族私园

（引自《荔湾明珠》）

林后归伍崇曜所有。万松园内还有听涛楼，其园主伍元华，字良仪，号春帆，同属十三行行商伍氏家族，善画，收藏书画、金石甚富，著有《延晖楼吟稿》（图1-13）。

图1-13 位于广州今海幢公园一带的伍家花园

广州芳村明清时，花地河旁的基堤水松成行，故得名松基。松基一带属"大通烟雨"风景区，宋、元时皆为羊城八景之一。松基更是景中佳景，它北邻珠江，西临花地河口，河岸基堤水松成行，松基内则古松成林，风吹松涌，其声如涛，著名岭南诗人张维屏晚年就在这里建了一座"听松园"。张维屏号南山，番禺县人，工书画，擅诗词，通医学，当过知县、知府。57岁时辞官归里，过着"半农半圃半渔樵，不爱为官爱读书"的生活。除听松园外，在芳村花地的园宅还有翠林园、六松园、留芳园等。

二、粤中明清宅园

现保存较为完整的岭南晚清四大名园，是顺德清晖园、番禺余荫山房、东莞可园和佛山梁园。

清晖园坐落在顺德大良镇，园内有归寄庐、笔生花馆、惜阴书屋、碧溪草堂等，其主要建筑船厅是模仿珠江游艇"紫洞艇"修造，据说是园主人龙廷槐特为爱女而建，故称"小姐楼"。船厅有左右两池，倚立"船舷"下望，可领略水乡岸边风情。余荫山房是清代举人邬彬的私园，园不大却景观幽深，有深柳堂、临池别馆、玲珑水榭、卧瓢庐、杨柳楼台、孔雀亭和来熏亭等，园内遍植树木花草，各建筑以风雨廊连接，圆门、漏窗、牌匾、楹联、花坛、假山浑然一体，颇具岭南园林特色。可园位于东莞城西的博厦村，由张敬修修建，园内可楼为主体建筑，高达15米多。园中的桂花厅是高级客厅，夏天清凉沁人。梁园是由十二石斋、群星草堂等所组成，有秋爽轩、书斋、客堂、船厅、石桥、湖亭等景观。建筑古朴幽雅，布局野趣盎然。

佛山的名园除十二石斋、群星草堂外，还有鹤园、东林园、陆沈园等，可惜今已不存。佛山鹤园，建于明代，佛山名园之一，为冼灏通所筑，后由冼少珍增拓。

园林以"鹤"著称，园内始筑有浴鹤池、洗心亭、光霁楼、马廊等，后增建了鸣鹤楼、荣养堂、广居堂、自然池、无极墩、望樵阁、祖祠与牌坊，园内遍植林木，曲径回旋，亭阁枕池，园林于清末荒芜。

同为明代所建的佛山名园东林，在鹤园的东面，因园中遍植各类树木，故以苍翠参天见称于世，有"东林拥翠"之美名，被列入当时佛山八景之一。东林为明代知州先效所建，后由子孙扩拓而成为名园。园林用地广约里许，林外柳堤夹岸，称作试马堤，能跑马游乐，可见湖池之大。堤旁建有射圃，为习武练箭之地。园内掘有小溪，称作棚溪，溪水流向湖池。湖里种植荷花，湖中建有水榭，有虹桥横跨，湖旁桃、李、荔排列成行，园林老松参天，古榆蔽日，翠竹丛生，枫树成林，怪石四布。亭、台、楼、阁、书斋、院落、棋枰分列湖水左右。湖的南边筑有集雅堂，为文人墨士吟咏挥毫宴饮之所。园林也是与鹤园一样，至清代后由于家道中落而荒芜。

位于佛山社亭铺朝市街内的陆沈园，清光绪三十二年（1906年）由吴荃选所筑，门首石额刻有"谪居小筑"，园内的水景石龙池，是因池底有石龙脊而得名。石龙池周围有酴醁岛、石龙池馆、听蛙阁、湖光室、木兰堂、护珉庐、赐书楼和中丞家庙等。园主人还创办了以文会友的石龙诗社。

珠江三角洲的园林，还有明代大理学家陈献章在家乡所建的阳春台、碧玉楼、钓鱼台。陈献章为新会白沙人，明正统年间应乡试入选，后参加礼部考试落第后，回乡修筑了一座阳春台，闭门读书，史称他"静坐其中，数年无户外迹"。陈献章居乡时还筑有碧玉楼贮藏明宪宗所赐之碧玉，曾写有《碧玉楼新成》诗："脚底江山不浪开，小楼占此是天裁。光流南极窗前枕，春满东溟掌里杯。碧玉久亡今复见，白云朝出暮还来。梅花又报罗浮信，月上江门载影回。"碧玉楼旁还有嘉会楼、楚云台等建筑，嘉会楼是明弘治七年（1494年）御史熊遂给陈献章建造的。这些昔日的建筑物均已不存。广东江门市的蓬江北岸，有陈献章的钓鱼台故址。钓鱼台原是陈献章所建，但原台已毁，清乾隆年间复建后又在同治年间被毁。光绪十四年（1888年）再次建成。当时的钓鱼台可以眺望蓬江，清代新会县令王植写有咏钓台诗："江门风月一台收，放眼高空远近舟。碧玉谁当窥意趣？潭云我欲问源头。虹竿直至天根处，道饵不随水面流。壁轴何须求肖像，先生神在古冈州。"

现澳门八景之一的"卢园探胜"，是指卢华绍、卢廉若父子营造的园林景色。卢园一带原是农田菜地，清末澳门富商卢华绍购得此地后交由其子卢廉若督造花园。卢廉若请广东香山（今中山）人刘光谦设计建造。刘光谦既是书画家，又擅园林设计，见多识广。经他精心策划，卢家花园建造得独具特色，园内亭台楼阁、曲径回廊、池塘桥榭、奇峰怪石、翠竹飞瀑，令人陶醉。此园建成后，取名娱园。卢华绍在家中排行第九，人称卢九，所以俗称卢九花园，民国时，娱园称为卢廉若花园。1974年卢园重修后开放。园中主体建筑是春草堂水榭厅，还有迂回流水、空灵石山、幽深竹林、飞溅瀑布、交错回廊，1994年被定为澳门八景之一。

三、粤东明清宅园

岭南明清宅园不仅粤中多建，粤东也很多。坐落在梅州市东山周溪的晚清爱国诗人黄遵宪的故居人境庐（图1-14），建于光绪十年（1884年）仲春，这里地处城东，亦乡亦市，所以诗人取意于陶渊明的诗句"结庐在人境，而无车马喧，问君何能尔，心远地自偏"，为所居题名"人境庐"。人境庐在黄遵宪亲自规划下，买了邻近的几间房屋，展拓范围，栽植花木，有园圃、假山、鱼池、五步楼、十步阁、息亭、七字走廊、无壁楼、卧虹榭和藏书阁等（图1-15～图1-17）。庭院内题写了楹联："万象函归方丈室，四围环列自家山。""有三分水，四分竹，添七分明月；从五步楼，十步阁，望百步长江。"古文写阿房宫"五步一楼，十步一阁"，是极言宫内楼阁之多，这里"五步楼，十步阁"，则极言屋庐不广，布局紧凑，仅能望"百步长江"。尽管生活清幽，但诗人意犹未尽，他还制有一艘小艇，泛于周

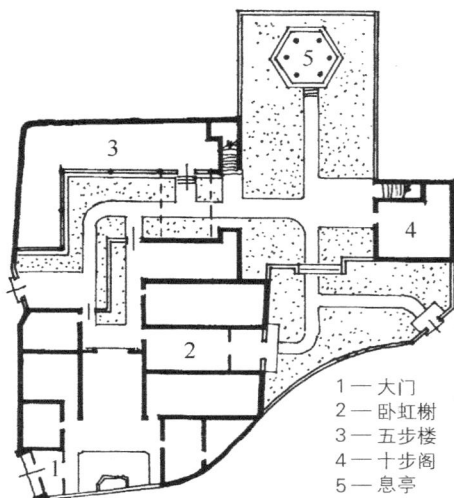

1—大门
2—卧虹榭
3—五步楼
4—十步阁
5—息亭

图1-14　梅州人境庐平面图

图1-15　人境庐卧虹榭与五步楼

图1-16　人境庐息亭

图1-17　人境庐无壁楼

溪上，题上"安乐行窝"横匾，并撰联道："尚欲乘长风破万里浪，不妨处南海弄明月珠。"其实诗人并不着意于周溪的水月，所谓经营安乐窝，不过是自嘲之词。

位于潮州市中山路同仁里的黄宅书斋庭园（图1-18），俗称"猴洞"，相传因其主人喜爱在园中养猴而得名。猴洞庭园布局紧凑，假山玲珑通透，颇有山舍风味，为潮州典型书斋庭园之一。该园创建于明代，是宅第结合书斋的一种庭园布局，正座住宅部分是传统的三坐落平面，因地形关系，大门朝西，庭园在住宅之北，由前座侧厅和侧巷相连，人们可由侧门进入庭园。庭园以石景为主，居中布置，石峰玲珑奇巧，引人入胜，假山中有小道蜿蜒而上，山脚筑有小池。庭园内翠竹、芭蕉、鸡蛋花树、玉兰树等花草植物与山石互为掩映。庭园两端僻静处都建有书斋，其中西面的书斋建在半山腰，可通过庭园石级而上。叠石山峰上筑有凉亭，依栏而憩，颇有山野之感。空间处理是庭园艺术的重要表现内容之一。猴洞庭园充分利用建筑的有机组合、山水的合理布局、花木的协调配置和光色的明暗变化，在有限的空间内创造了更多的景色，使人得到了艺术享受。

澄海樟林西塘，是粤东地区较为著名的庭园之一，创建于清嘉庆四年（1799年），历代有修建。该园总平面结合地形，宅园前部为住宅，中部为庭园，后部为书斋。入口大

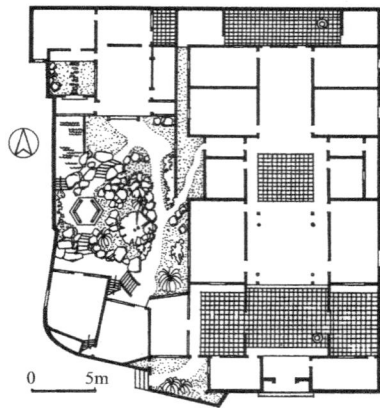

图1-18　潮州黄宅"猴洞"书斋庭园平面图

门东向，进门后为一封闭的小院，通过小院的圆洞门进入大院。大院的右侧为居住部分，住宅为三开间建筑，前后有廊，前廊附有拜亭，其院落布局规整，开敞疏朗，住宅通过拜亭的檐廊瓶门与庭园联系。庭园是造园的主要景观，园中筑有上下通透的假山、曲折自然的水池和偏于一侧的扁亭。曲池上铺有一平板石连接两岸，沿池布置有假山石景，山顶耸立着重檐小亭和小塔，山上山下有崎岖小径和洞内石梯相连，园内栽植着树木翠竹。庭园虽小，但高低错落，布局十分紧凑。园内后部的书斋是一幢2层的楼阁建筑，二楼与庭园内假山相通，顺石级登楼，只见园外宽阔的池水波光闪烁，倒映着远处群山和农舍。庭园边界利用假山、楼阁而不设围墙，把园外空间景色引入庭园，扩大了瞭望视域，还增加了庭园的开阔感。

　　潮阳西园（图1-19）为本地人肖钦所建。始建于清光绪二十四年（1898年），竣工于宣统元年（1909年）。该园平面布局方式不同于传统造园手法，大门西向，进门就是开阔的水庭，正对大门的水面上布置有扁六角亭一座（图1-20）。庭园左侧为2层的居住部分，平面为外廊式，进深较大，中间楼梯间用天顶采光。建筑吸取了西方的一些手法，正立面用4条多立克叠柱装饰，园内采用铁栏杆、铁扶手，其结构、材料和形式，都受西洋建筑的影响较大。右侧绕过直廊书斋后为书斋庭园部分，书斋庭园布置紧凑，有阁有楼，有山有水，还有小桥小亭。假山用珊瑚石和英石混合砌筑，仿照海岛景色，富有南国特点。山上设园亭，山下筑"水晶宫"。水晶宫为一半地下室的建筑，用螺旋石梯联系。在水晶宫里通过低视点仰望庭园景色，中有碧波池水相隔，别有一番风趣（图1-21～图1-23）。

　　清代所建的梨花梦处，乃潮州府清代同治年间总兵卓兴的书斋庭园和观戏娱乐的场所（图1-24、图1-25）。卓氏的住宅在潮州北城，因住宅地盘不够，书斋只好在附近辟地另建，这种建造方式在潮州地区的庭园宅院中，是很少见的例子。梨花梦处分有南、北两部分，南部为书斋，北部为观戏处，各自都附有庭园。两者间

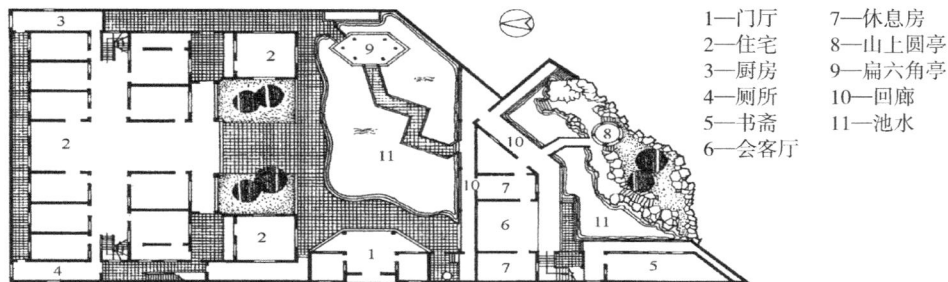

1—门厅　　　7—休息房
2—住宅　　　8—山上圆亭
3—厨房　　　9—扁六角亭
4—厕所　　　10—回廊
5—书斋　　　11—池水
6—会客厅

图1-19　广东潮阳西园平面图

图1-20   潮阳西园中扁六角亭

图1-21   潮阳西园书斋

图1-22   潮阳西园庭园凉亭

图1-23   潮阳西园庭园叠石

图1-24   潮州梨花梦处书斋庭园平面图

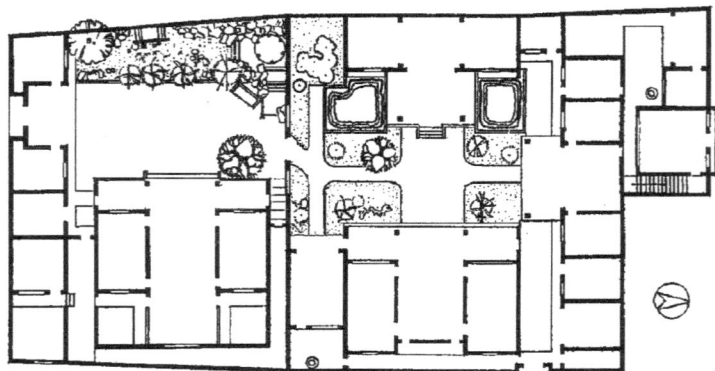

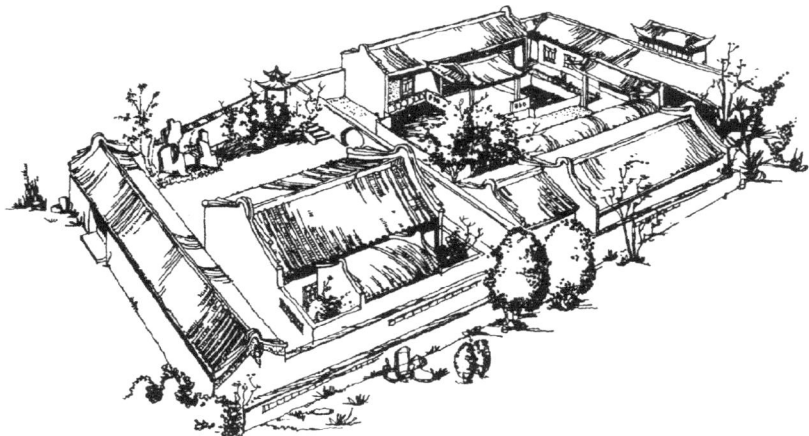

图1-25 潮州梨花梦处书斋庭园鸟瞰

用围墙间隔，仅有一圆洞门方便两处联系。戏台采用拜亭的形式，即在厅房前面凸出一平台，台前用两根立柱与厅房共同支承亭盖，拜亭三面敞空。戏台分为前后两部分，前为舞台，台基高0.5米，宽5.95米，深3.5米；后为三开间的附属建筑，其中厅供摆设鼓乐演奏之用，宽3.8米，深3米，两侧厢房为演员活动场所，宽为3.5米。舞台前中央处有台阶三级，供下庭园之用。另外，梨花梦处的拜亭戏台下面为水池，戏台立在水池之上，据说富有音响效果，从外观看别有趣味。卓园戏台虽规模较小，然而置于树木掩映的庭园之中，却显得幽雅别致，独具匠心。书斋宽三间，坐东向西，斋厅两侧各设一个小院，内置盆景花草，平日在斋厅读书时，小院的奇花异香飘入屋内，倍觉清爽。书斋前面的庭园在围墙处堆假山、造亭子，庭园中这种堆山立亭的做法，是粤东庭园的主要造园手法之一。

位于普宁县（今普宁市）原县城洪阳镇南门外的春桂园，为清代总兵方氏的住宅园林（图1-26～图1-28）。宅园利用旧城河道，沿河道两岸布置建筑物围筑而成园，其北面建有住宅、书斋、家祠、客厅、客房等，建筑物之间用廊道、亭榭、

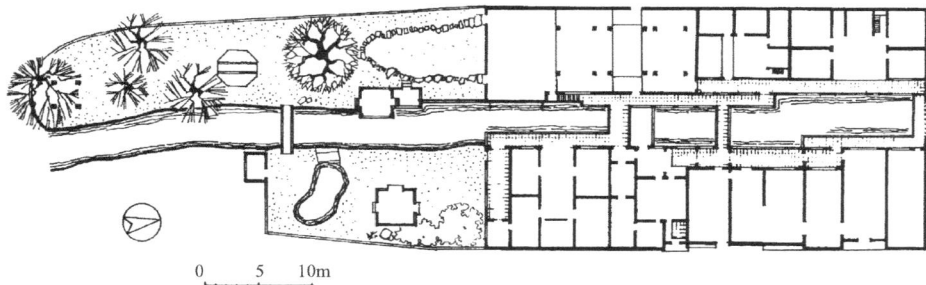

图1-26 粤东普宁春桂园平面图

0　　5　　10m

图1-27　粤东
普宁春桂园河东
立面图

图1-28　粤东普宁春桂园内庭一角

水舍相连，而南面则布置庭园，形成一个狭长形的庭园宅居。建筑群中，住宅、书斋和家祠布置在河流之东，是宅居的内区。河流之西有大门入口，还有会客厅和客房。西面宅外临街处，在宅第中间辟有房屋数间作为店铺。庭园也因河流关系分为东西两部分，东园属内眷用，西园为会客用，园内置有亭子和水榭，两园之间用平铺的石板桥作为联系。宅园建筑部分虽然采用密集式布置，但由于有南面空阔的庭园及前低后高的建筑楼层和河流产生穿堂风，因此即使在炎热的夏日，人处其间仍觉凉爽舒服。同时，宅园内分隔成的不同大小的水庭、平庭及天井院落，使空间活泼且富有流畅之感。可惜现在春桂园、梨花梦处等园林都已拆毁。

第四节　近代园林演变

一、茶楼酒家园林

岭南以建筑空间为主的庭园从私园逐渐扩展到公共活动场所的园林，早期的公建园林多为寺院道观园林和公祠园林，如广州光孝寺、海口五公祠等。明代时广州城南原有南园，内有大忠祠、臣范堂、抗风轩及罗浮精舍。大忠祠为祀宋丞相文天祥、陆文秀和太保张世杰而建。南园茂林修竹，垂柳依依，池榭幽胜，环境雅静，前临清水濠，背枕护城河，为士人休息胜地。其"楼台临水，两岸垂杨，小作勾留，令人想见秦淮风景"[⑧]。元、明两代诗人，常在这里雅集唱和。明初，岭南士人孙蕡、王佐、黄哲、李德、赵介在此结诗社，广交朋友。当年岭南诗人张维屏的家就在南园附近，因此张维屏经常去南园游玩，曾写有《南园诗》："东园住久住南园，咫尺邻街即里门。客馆近城仍近水，人家如画亦如村。斋前梵宇禅心净，屋后濠梁乐意存。助我高吟兼尚友，隔墙便是抗风轩。"《庄子·秋水》记有庄子与惠施游于濠梁之上，见有倏（鯈）鱼出游从容，就论起鱼知乐与否来，后人便以濠上或濠梁指逍遥闲游之所。因张维屏家住清水濠，故诗中此语含双关之意。佛山的倚洛园，是另一种类型的公共园林，位于祖庙铺洛水城门头桥外侧，清咸丰十一年（1861年）后由都司黄镛所建，作为巡查时休憩之地，园中有亭台楼室，登楼远眺，石湾诸冈景色尽收眼前。

公共活动场所的园林，从清代开始建有戏园，将戏曲与园林结合在一起。"广州素无戏园，道光中，有江南人史某始创庆春园，署门联曰：'东山丝竹，南海衣冠。'其后怡园、锦园、庆丰、听春诸园相继而起。一时裙履笙歌，皆以华靡相尚，盖升平乐事也。"[9]"戏院之设，歌舞升平。其风始自京师，行于直省，而通商口岸为尤盛。道光初年，粤省有江南史某，禀官设庆春园于内城卫边街，一时怡园、锦园、庆丰园、听春园相继而起。"[10]为此，张维屏在《花地集》中的《庆春园诗》写道："身似在皇州，笙箫助劝酬；岭南为创举，燕北想前游。富庶乃有此，去来皆自由；康衢传击壤，从古重歌讴。"这种在园林胜地中表演戏曲的戏园形式，岭南在此以前是没有的，清人陈良玉当时有诗赞曰："城隅新辟好园林，载酒欢场共阅音。"

随着岭南饮食业的发展，产生了酒楼、茶楼、茶室、饭店、小食店、甜品店等饮食建筑。酒楼茶肆既建在闹市之地，也建在风景优美的地方，广州珠江南岸海幢寺的西面，有一座横跨连通珠江、漱珠涌的石桥，称之为漱珠桥。漱珠涌风光旖旎，道光年间，漱珠涌入江处开阔，船艇可直达漱珠桥下。桥畔建有醉月楼等著名食肆，经营应时海鲜、高级酒菜，吸引着富商巨贾、文人雅士来此饮宴。番禺名人冯询《珠江消夏竹枝词》云："行乐催人是酒杯，漱珠桥畔酒楼开。海鲜艇到争时刻，怕落尝新第二回。"广州明清时的濠畔街，背郭临水，朱楼画榭，鳞次相接，"屋后多有飞桥跨水，可达曲中，宴客者皆以此为奢丽地"[11]。素舫斋建在南濠水畔，池馆清幽，其主人耿湘门自题斋壁曰："背郭临河静不哗，一轩深筑抵山家。茶烟出户常萦树，池水过篱欲漂花。小睡手中书未堕，半酣窗下字微斜。丛兰不合留香久，勾引喧蜂入幕纱。"岭南园林酒家出现的时间，目前查到的资料是清代，如广州天官里的寄园。寄园在小北门内天官里，又名评香小榭，原为秀鱼旧址，其主人以鱼苗为羹，曰秀鱼羹，味极美。主人为谢落成，邀张维屏过饮。寄园池上小亭，张维屏题作"小浪舟"。

　　从晚清到民国，岭南的饮食业发展变化很快。从茶居到茶室或茶楼，渐见"饮茶"风俗越来越浓、品尝的点心越做越精。广州茶楼的前身形式是二厘馆，它以平房作店，木台木凳，供应糕点、清茶，茶价2厘（1钱等于72厘）。清代咸丰、同治年间，二厘馆已很普遍，当初二厘馆是平民百姓歇脚及街坊群众聊天的好地方。到了光绪年间，开始出现茶居，虽然店铺规模不大，但比二厘馆高级、舒适，故受到人们的欢迎，不少二厘馆改为茶居。茶居业的兴起，导致不少人纷纷投资购地建楼，为显规模高于同行，号称"茶楼"。茶楼多为3层楼房，地方通爽，座位舒适，并以"水滚（沸）茶靓（好）、食品精美"作招徕，大受有闲阶层的欢迎，茶楼便逐渐增多起来。广州的茶楼那时讲究"较茶"。所谓"较茶"，就是把同类型而不同产地的高、中、低档价格的茶叶，混合成既有色香味而又耐泡的面市茶叶，这样既适应了顾客要求，又降低了成本。茶楼的点心是招徕顾客的重要手段，点心师傅也不断在产品上求精求新，从姑苏式、京式、沪式和西式点心制法中得到借鉴与启发，创出各种名点。在众多点心师傅的努力下，广式点心发展到了数百种。因此，广州人上茶楼固然可调侃、谈生意、叙友情，同时也是品尝美食的好机会。做饭市的酒楼业也是源远流长的，到清末民初，广州的酒家速增。知名的酒家有福来居、一景、贵联升、聚丰园、玉醪春、南阳堂、谟觞等。早期酒楼茶楼各有经营界限，如酒楼不做茶市，茶楼不做筵席等。后来为了招揽顾客，打破了原有的经营界限，而且奇招迭出，如在店中设置古玩书画、女伶演唱、餐厅兼作舞厅等。各酒家还创造自己的特色。广州的贵联升以"满汉全筵"为号召；聚丰园以金华玉树鸡为招牌菜；南阳堂以一品窝作招徕；谟觞则以环境幽雅见称；而一景的厅堂陈设则均为紫檀木料所制，古色古香。有的酒家干脆将原来的私家宅园买下改建或扩建成园林式的茶楼酒家。

　　南宋末年，皇室南迁，宫廷饮食烹调流入到民间，清代各封疆大吏也都有专门厨师，制作食谱十分讲究，加上广东通商早，汇集了中外各地的饮食文化，从而创造了中国名菜之一的粤菜，逐步形成了"食在广州"的美誉。民国初年到20世纪20年代末，广州民间形成了"四大园林酒家"——南园、文园、谟觞和西园。

　　南园酒家位于广州南堤二马路（不是现在海珠区的南园），原为清代孔家私家园林，建有烟浒楼等建筑，后改为园林酒家，生意畅旺。但到民国初年，因地利不及襟江酒家，生意渐淡，东家何展云以低价转让出。后由陈福畴经营，业务大有起色。陈福畴地头熟，结交广，他争取到不少富豪入股，不但引来生意，还起到了保护作用。他充分利用南园天然园林之胜，增建了亭、台、楼、阁，园内曲径通幽，有独立小庭院，以满足军政要员、富商巨贾消费之需。南园酒家园林绿荫清幽秀丽，是广州当时最高档的酒楼之一。20世纪50年代改做广州海员俱乐部。

　　文园酒家位于文昌巷，也是由陈福畴经营。文园酒家同样为园林式格局，但文化气息更为浓郁，庭园布置幽雅，园中开凿一大莲池，池上建阁，联以曲桥，阁中设有雅座。其主楼文汇楼内大小房间装修古雅，还设神龛供奉文昌帝君，迎合西关商人、文人的心理，因而成了雄踞西关的酒家。园内除亭、台、池、榭外，还有石山盆景、泥牛瓦童、花卉树木。其园林风格，居于"四大酒家"之首。文人雅士、豪富巨贾、西关阔少亦多在此宴客。门前有一对联："文风未必随流水，园地如今属酒家。"后文园毁于战火。

　　谟觞酒家最初设在第十甫，后来迁到宝华正中约的钟氏花园内，即现宝华路愉园的位置。谟觞也是曲径通幽，亭台楼阁，珠帘翠幄，雅致舒适。谟觞的特色是继承了钟家花园原有的布局，其"一拳石斋"、"二酉轩"、"三雅堂"、"四时斋"等餐厅雅座之名亦沿用钟氏花园的旧名。现存的大理石天然画有"平山积雪"四字，是曾任两广总督的乾、嘉、道三朝元老阮元所题。

　　西园酒家建于1929年，位于中山六路，还是由陈福畴经营。当时门面宽敞，也是庭园格局，但规模和档次不及前者。西园以庭院花圃名树取胜，当时园内有两株异常高大的红棉连理树，吸引了不少食客。因近光孝寺、怀圣寺、六榕寺，顾客以宗教人士为多，故西园酒家以素菜作招徕，其"鼎湖上素"闻名于省港澳。

　　西关第十甫的陶陶居，创建于清光绪六年（1880年），"陶陶居"三字为康有为题写，是广州最具传统特色的茶楼之一。陶陶居的前身为一位大户人家的书院，名曰"霜华小院"，改为茶楼后，先易名"葡萄居"，后取名"陶陶居"，寓意来此品茗，乐也陶陶。1933年时改建为钢筋混凝土结构的3层高楼，新修后的陶陶居，雕梁画栋，布局别致，上盖六角凉亭，建筑彩画灰饰，极富岭南传统韵味。首层高达9米多，中间为正厢，偏侧为西厢，再入内为"勾曲仙居"，旁侧庭园置有名花怪石；二楼前为散座，后有"和凝别馆"和"霜华小院"，厅房陈设古雅，饶有诗意；三楼以"八阵图"形式设座，别具匠心。室内装修精美典雅，四壁悬名人字画、诗词对联，为中外人士雅集之所，鲁迅、许广平、巴金等，都曾是陶陶居的座上客。现陶陶居仅存三楼后部的天台花园，原有庭园已建为房子。

　　过去的"四大园林酒家"已不存在。现在人们所称的"四大园林酒家"，是1947年开业的泮溪酒家、民初开业的北园酒家、1963年开业的南园酒家和1935年开业的广州酒家。这四座园林酒家在新中国成立后都重新修建过，但从中我们还是可以看到传统岭南园林酒家的影子。

　　位于荔湾湖畔的泮溪酒家，由于原有建筑破旧危险早已停止营业。20世纪50年代末随着旧城改造和饮食业的发展，将原建筑物拆除重新设计修筑。新的泮溪酒家要求在满足功能、增大营业容量的情况下，运用岭南传统建筑及园林的手法，做到富有地方风格特色。总体布局力求在平易近人中有变化，在朴素淡雅中求精美。

泮溪酒家与荔湾湖结合起来，作为荔湾湖景观的一部分，其环境幽雅，建筑与荔湾湖互相借景。坐在酒家筵席上，内可观赏庭园山池，外可远眺湖面风光，园林酒家通过楼阁廊桥，使内外渗透，形成既与湖相通，又与湖分离的园林空间。建筑基地南北狭长，采取内院分割式的布局，全园分为厅堂、别院、山池、厨房等四个主要部分，各部分之间以游廊联系。顾客流线与输送流线分开，使交通的干扰和交叉减至最低程度。厅堂、别院靠近湖面和庭园山池，而厨房位置则较为隐蔽，避免妨碍园内景观视线。

酒家建筑装修精美，大部分利用旧料或从传统民居中收集而得的构件。五开间正门门廊之后为宽敞的门厅，对着入门有八幅精美的屏门，格心是蚀刻书法套红色花玻璃，镶楠木海棠透花边，裙板是楠木博古浮雕。从门厅的左侧，透过镂空的花窗，可以看到六开间的宴会厅堂，厅堂周围用斗心格扇和套花玻璃窗心组成。厅堂内部西端梢间以木刻钉凸、洋藤贴金花罩作空间分隔，东部梢间则用双层海棠透花镶套色花玻璃贴金花罩隔成可分可合的小餐厅，厅内东端透过斗心花罩门洞，可见到小院内石笋棕竹，别有一番风趣。小院内设有阶梯可上门厅屋顶平台，供登临远眺。在宴会厅堂的北面，通过桂花成丛、幽石起伏的小院，则是三开间的花厅，花厅内的装修主要是木刻花罩和漏窗。花厅西面一廊之隔的水榭，玻璃窗用白色瓦当纹，显得明净高雅。

整个酒家通过各个大小不等的厅堂、游廊、桥榭围合成各种庭园院落（图1-29）。循水榭前廊西走，出廊至山池部分，乃全园的景致中心，曲桥跨水而过，石山脱水而立，全座石山长约30余米，高6～10米不等，叠石造景如同真石一般。山水石庭与厅堂小院用桥廊作空间分割，使人感到隔而不塞。桥廊两旁利用地势高低，形成起落盘旋而使空间

图1-29　广州泮溪酒家桥廊

层次丰富。山馆建筑结合石山构筑，从桥廊拾级攀登，经爬山廊至山馆二楼（图1-30），山馆楼东南临内院山池，楼西则面向荔湾湖，凭栏远眺，烟水空灵，一望无际。楼内装修精巧，其中窗心格扇的套色花玻璃、斗心、钉凸、木刻花罩等尤为精美，有很高的艺术价值。经水榭东侧暗廊北行，穿过长廊，便是别院部分，由楼厅、船厅、半亭、曲廊等组成。别院有侧门通往荔湾湖，其湖滨处设有水埗头，可供游艇停靠。全园虽然采取内院分割式的布局，但从一个院子过渡到另一个院子，交织着池水和石山，院落既自成一格，却又有机相连，使人感觉布局富于变化，空间互相渗透。

图1-30 广州泮溪酒家山廊

二、岭南别墅园林

20世纪二三十年代，广州出现了一批吸取欧美别墅风格的小洋楼，这些近代花园式洋房多为华侨集资或独资所建。洋房大体可分为两大类。第一种洋楼住宅建筑采用砖混结构，外墙红砖砌筑，楼上有阳台或前廊，装饰简洁，线条简练，室内宽敞明亮，地铺水泥花阶砖，柚木门窗，主楼前设有小庭院。如今在广州东山新河浦仍可见的简园、春园、葵园、明园等，就是这种洋楼的代表。第二种是花园式别墅，前后有庭院，主楼2～4层，结构采用钢筋混凝土或砖混结构，外墙有用红砖砌筑，也有用水刷石墙面和拉毛批挡（抹灰），入口门廊采用券拱式或山花顶，形式独具一格。位于东山梅花村的陈济棠公馆（图1-31）、龙津路的陈廉伯公馆与陈廉仲公馆（图1-32），则属于第二种。

图1-31 广州东山梅花村陈济棠公馆

图1-32 广州龙津路陈廉仲公馆

广州东山一带，20世纪初还属荒野之地。1915年起，一些华侨开始在这里建置房产。民国时军政官僚也来这里营建别墅、官邸。于是东山一带，尤以新河浦为代表，出现了许多摩登的花园式洋房。建筑形式多为西洋古典式，也有部分采用中国传统形式，建筑面积较大，平面布局多不规整，灵活多样，层数为2～3层，前后有庭园，建筑多设有门廊或前廊，也有少数不设门廊，仅在门的上方做有三角山墙式屋顶，起雨篷的作用，略似欧洲乡间别墅。室内装修较好，地面多铺优质水泥花阶砖。民国期间控制广东军政大权的陈济棠在梅花村的公馆，占地达5610平方米，有屋4幢，建筑面积约2000平方米。花园置有大片草地，还有假山、六角亭等，环境优美安静。除东山外，东皋大道和昌华大街一带，也有这样的花园式住宅。

近代岭南别墅园林，从园林风格和建筑形式来看，大致上可分为三种：一种是延续传统格式，但一反岭南过去私家园林那种纤细、华丽之风格，大屋顶的建筑显示着霸气，建筑明显受"中国固有式"思想的影响。国民党一次全会以后，强化自我民族意识，反映在建筑上就是将"中国固有式"建筑形式作为一种创作的原则，要求建筑师必须体现。这种思潮在广州当时尤盛，不但政治中心的建筑设计采用这种形式，如广州市府合署、中山纪念堂等，而且图书馆、学校也采用这种形式，像中山大学、岭南大学、广雅中学、培正中学等。同样这种形式也影响了岭南别墅园林的修建，特别是军政官僚的别墅。另一种是中西合璧，但这种合璧不是像现代园林那样将建筑与园林有机地组合在一起，而是建筑完全是西方的手法，园林则用传统的岭南造园手法。再一种就是以西方园林造园手法为主，采用几何形的构图和西方园林建筑小品，这种别墅园林的典型代表是广东开平的立园。

广州福州路某别墅园林是上述第一种别墅园林的典型案例。位于福州路增埗河畔的别墅园林（图1-33），是陈济棠部属

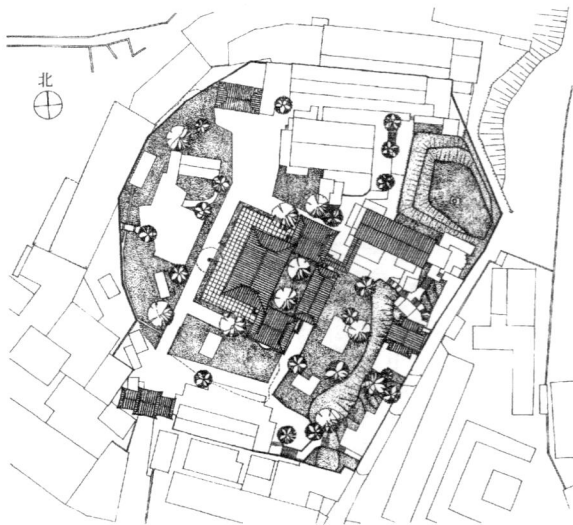

图1-33　广州福州路某近代别墅园林平面图

军需处长黄冠章建于郊外的私家避暑别墅。因为建于民国，建筑在结构与造型风格上都比较复杂，既保持了中国传统建筑及园林方面的手法与风格，又根据实际功能和建筑材料及施工条件，对中国传统建筑造型及风格进行了简化和改变，表现了当时"中国固有式"建筑形式的特点。

从现状调查来看，园林部分已基本毁坏，以往的园地已被工厂征用建做厂房，现只剩下几栋有民国特点的建筑物被用作居民住宅。该园林设计没有太过拘泥于轴线的安排，也没有过于复杂的空间序列。从园外道路入口，首先看见的是一座2层楼高的门楼，门楼坐南朝北，为三开间过街楼形式，建筑中间开间上层可住人，下层通道高3米，宽3米，进深6米。两侧翼房为守门值班之用，并有楼梯通往二层。建筑为山墙承重的歇山屋顶，立面造型对称简洁，比例尺度恰当，绿色琉璃瓦屋顶随着建筑起伏高低错落，给人以朴实稳重且不失气势的感觉。门楼之后便是园林，走10多米有一石桥，石桥宽3.35米，跨度8.2米，桥上有石刻栏杆，桥面拱坡平缓。现在桥下的水面被填平，据调查当初桥下水深达5米，从增埗河开来的快艇可穿过石桥到达园林水榭边的小码头。由此可见当时此别墅园林虽处郊外，但与外界的联系，无论是陆路还是水路都是十分方便的。

石桥之后就是园林主体建筑群，包括大殿主厅堂（图1-34、图1-35）、北面厅房及东面的观赏楼阁。园内地势西低东高，西面为增埗河，厅堂大殿是园内最大

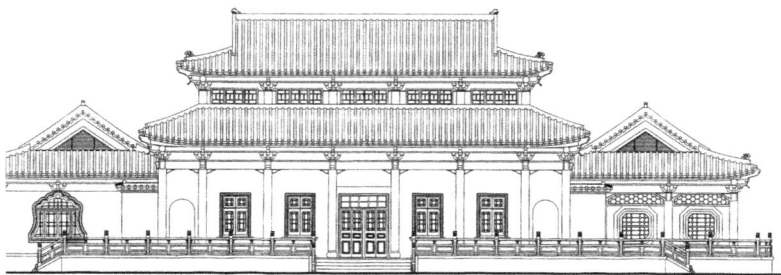

图1-34　福州路别墅园林大殿西立面图

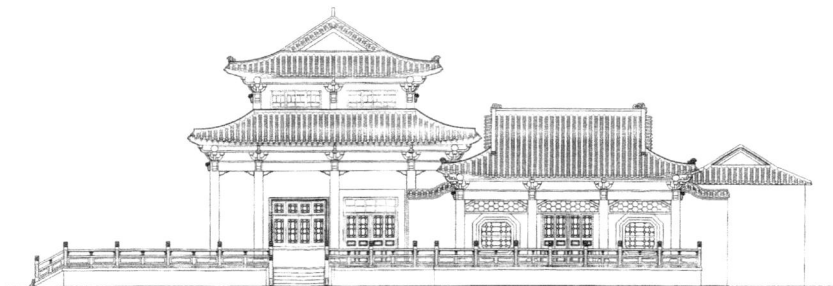

图1-35　福州路别墅园林大殿南立面图

的一组建筑，合院式布局，由殿堂、厢房、水榭和后廊组成。大殿为东西朝向，高2层，四周有一圈柱廊，柱子上有斗栱、雀替，但结构承重是靠墙体而不是柱子，其入口对着西边增埗河，坐在大堂内可看见河中及两岸景色。而厢房、水榭、围廊等均为单层建筑。东北面的厅房高2层，南北向，是娱乐性质的用房，北面有通廊走道，可通向后边半山上的观赏楼阁，楼阁呈十字形平面，为2层外廊式歇山顶的建筑，与大殿庑殿式的屋顶同为绿色琉璃瓦。

从福州路别墅园林特点来看，虽然建筑平面以及立面都带有中国传统建筑的符号形式，是传统文化思想的一种体现，但与中国传统园林做法，不管是北方皇家园林、江南私家园林还是岭南古典园林都有很大的差异和不同，园林造园不拘泥于过去曾有的形式，敢于创造新的形式，体现了岭南近代文化融古纳今、中西结合的思想。

陈廉仲公馆可以说是第二种岭南别墅园林的代表。陈廉仲、陈廉伯公馆坐落在西关上支涌岸边，西关因其历史上特殊的环境因素，成为富商豪绅和社会名流聚居之地。独院式别墅带有明显的西洋风格，建筑又与中式的园林有机地结合在一起，成为20世纪初一种具有岭南特点的建筑类型。陈廉仲与其兄陈廉伯均为英籍华人，陈廉伯当时是广州商团团长、汇丰银行的大买办。广州商团成立于1912年，原系广州商人为了防备盗匪抢劫、保护自己生命财产的一个组织，成立初期，商团还是自爱和安分的。第一次国共合作时期，帝国主义和买办资产阶级为了颠覆广州革命政府，除了积极策划陈炯明叛军进攻广州外，还收买了广州商团。在英帝国主义者的煽动、策划下，商团购械练兵，妄图发动叛乱，建立"商人政府"。镇压商团叛乱后，陈廉伯逃到香港。陈廉伯公馆是座4层楼的西洋式别墅建筑，相邻的陈廉仲公馆为带庭院的3层西洋式别墅建筑，当时陈氏兄弟有私家电船，每天乘船到沙面汇丰银行上下班。民国时，陈廉伯为首的一班洋务人员、工商界头面人物组织的"荔湾俱乐部"就设在陈廉伯、陈廉仲兄弟的豪华住宅内。陈廉仲别墅为西式外柱廊的立面造型，设计严谨，装饰讲究，陈廉伯洋房楼梯还采用了西方建筑风格的螺旋形楼梯。陈廉仲公馆庭园面积有1100多平方米，庭园布置采用岭南传统的园林手法，庭园内种有大叶榕、黄皮、龙眼、桑树、竹子、玉兰、荷花等岭南花木，还有池塘及岭南风格石山（图1-36），其中"风云际会"石山上生有榕树，树与山石浑然一体，而凉亭为一2层楼的西式小品建筑。现陈廉仲公馆已作为广州荔湾区博物馆。

这种近代别墅公馆西式建筑中式园林的做法，当时南北方都有。如天津和平区重庆道55号的庆王府，也是这种做法。庆王府是一幢中西合璧的折中主义建筑，建

图1-36　广州
陈廉仲公馆庭园

于1922年，建筑高2层，立面采用类
似爱奥尼柱式的围柱廊。王府公馆东
面布置有假山石桥（图1-37）、中国
传统的六角亭和西洋古典喷水池雕
饰等。

　　第三种别墅园林的基本布局是以
西方园林几何形平面构图的造园手法
为主。开平立园就是采用这种手法造
园的代表。立园位于广东开平市塘口
镇庚华村，是旅美华侨谢维立先生修
建的一座私人园林住宅（图1-38），
立园占地面积11000平方米左右，始
建于1926年，于1936年完成，历经
10年。立园分为三部分：小花园、大
花园和别墅区，分别用河涌和围墙分

图1-37　天津庆王府园林

图1-38　广东
开平立园平面

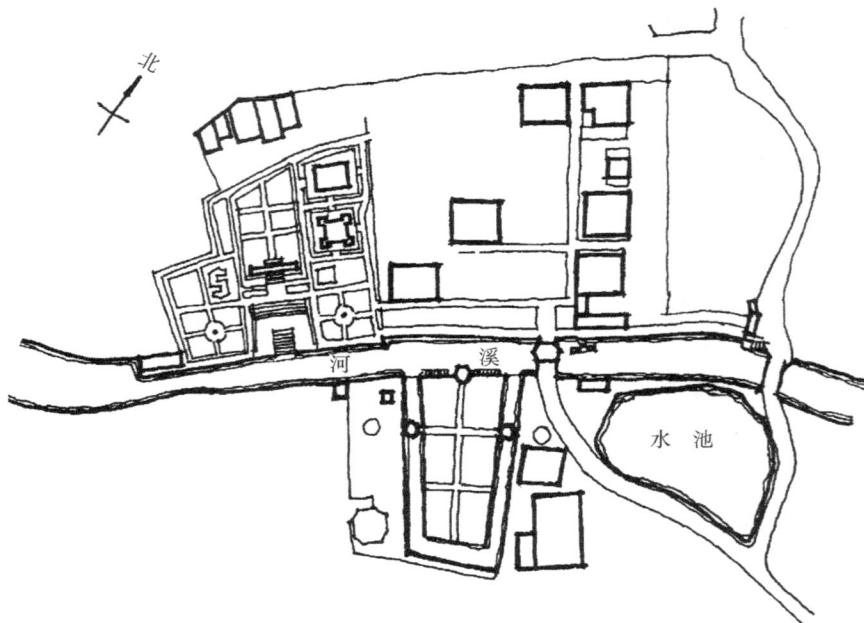

北

河　溪

水　池

图1-39　立园用河涌和围墙来分隔花园和别墅区

隔（图1-39），形成各自相对独立的功能区。大花园中古木参天，浓荫蔽日，曲径通幽。小花园与大花园以河涌相隔，以桥相连，桥上凉亭水榭，园内果树遍布，鸟语花香，生机勃勃，趣味盎然；别墅区内建有别墅和碉楼。别墅外形风格独特，散发着浓厚的西洋风味，同时融入了中国建筑的古朴风格，屋顶一溜碧绿的琉璃瓦，壮观飘逸，工艺精致。中西合璧，相得益彰。

　　立园建筑以西方造园手法为主，同时又融入中国园林建筑手法，成为具有独特风格的近现代园林建筑。无论在规模还是特色上，该园林在开平地区乃至全省、全国都是保存较完整且具有相当价值的近现代园林。目前园内有别墅6座，碉楼1座，普通居住建筑5座，园林建筑2座，牌坊2座，亭（含亭桥）4座，塔1座。建筑用地面积为1.45公顷，现立园布局主要分为四部分：东面入口处为第一部分，主要是菜园，为生活供给区；中部别墅（庐）区为第二部分，为居住区；西面园林及建筑物为第三部分，为游览休闲区；隔河涌而建的园林区为第四部分，该区与河涌北部的景区通过亭桥相通，紧邻虎山山麓，主要种植果树绿化，以自然景观和农作植物景观为主，也是用作游览休闲。第三部分与第四部分亦可成为一体，共同组成园林景观区。立园的南边是虎山，虎山由两个小山头组成，山峰高32.5米和21.6米。立园内河涌穿园而过，水流走向由西向东（图1-40）。立园北侧是村子，东、西两侧为水稻田或菜地，地域平坦开阔。

图1-40　立园园内河涌水流由西而东穿过

[注释]

① 韩愈. 送郑尚书权赴南海.

② 越宫文. 广州发现南越王的御花园——南越国御苑遗址发掘记述. 广东文物，1998（1）.

③④ 周维权. 中国古典园林史. 第二版. 北京：清华大学出版社，1999.

⑤ 吕思勉. 读史札记·上册. 上海：上海古籍出版社，1982：617.

⑥ 南海百咏续编.

⑦ 屈大均. 广东新语·卷17. 北京：中华书局，1985：471.

⑧ 赵起鹏. 锡麓归耕图唱和诗·附录.

⑨ 倪鸿. 桐阴清话.

⑩ 张光裕. 小谷山房杂记.

⑪ 屈大均. 广东新语·卷17. 北京：中华书局，1985：475.

第二章
岭南造园环境因素

岭南古为百越之地，是百越民族居住的地方，秦末汉初是南越王国的辖地。所谓岭南，是指五岭以南。五岭包括大庾岭、骑田岭、越城岭、萌渚岭、都庞岭（一说揭阳岭），又称南岭。五岭大体上分布在广西东部至广东东部与湖南、江西交界的地方。《晋书·地理志下》将秦代所立的南海、桂林、象郡称为"岭南三郡"，明确了岭南的区域范围。岭南北靠五岭，南临南海，西连云贵，东接福建，范围包括了今广东、海南、广西的大部分和越南北部，宋朝以后，越南北部才分离出去。

《晋书·地理志下》又称："秦始皇既略定扬、越，以谪戍卒五十万人守五岭。自北徂南，入越之道，必由岭峤，时有五处，故曰五岭。""峤"在《集韵》中解释为"山迳也"，可见五岭不单是指五个岭名，而且还指穿越南岭的五条通道。

岭南又称岭外、岭表，这是站在不同的地理位置观看岭南的称谓：从中原地区看岭南，称之为岭外，宋代浙江人周去非曾写《岭外代答》一书；从珠江三角洲看岭南，又可称之为岭表，唐代流寓广州的刘恂著有《岭表录异》一书。所以在古籍文献中，两种称谓都有出现。除岭外、岭表外，岭南还有岭海之称，韩愈的《潮州刺使谢上表》云："虽在万里之外、岭海之陬，待之一如畿甸之间、辇毂之下。"

岭南是中国的一个特定的环境区域，夏昌世、莫伯治先生在《漫谈岭南庭园》一文中认为："岭南庭园在地区上的划分主要是广东、闽南和广西南部；这些地区不但地理环境相近，人民生活习惯也有很多共同之处。"由于其自然环境、社会环境等因素与中国其他区域的区别，因此创造出了独具风格的岭南园林特色。

第一节　岭南自然环境

岭南襟山带海，地处较低纬度，大部分在北回归线以南，是我国最接近赤道的地区，太阳辐射热量大，日照多。由于濒临南海，受海洋暖湿气流的调剂，所以气候温和，夏长冬短，雨量充沛，四季常青，生物种类繁多。岭南沿海海岸线曲折绵长，内陆河流众多，土地肥沃，资源丰富。

岭南境内地形复杂，有山地、丘陵、台地、平原等，主要以山地和丘陵为主，平原较为分散，珠江三角洲与韩江三角洲是岭南主要的平原区。其地表形态特征为：南岭北峙，地势南倾；丘陵广布，丘顶平缓；水乡泽国，河网纵横；海岸曲长，港湾众多。五岭是岭南山脉的高峰，连绵起伏，怪石嵯峨，形成了一道天然屏障，横亘在两广与湘赣交界地带，成为长江与珠江的分水岭、华中与华南气候的分界线。

一、岭南气候特征

岭南属东亚季风气候区南部，具有热带、亚热带季风海洋性气候特点，岭南的大部分属亚热带湿润季风气候；雷州半岛一带，海南岛和南海诸岛属热带气候。北回归线横穿岭南中部，高温多雨为主要气候特征。

岭南大部分地区夏长（22℃以上的时间）冬短（10℃以下的时间），终年不见霜雪，仅北部山区偶有奇寒，但时间非常短，韶关以北的粤北北部，冬季也只有1个半月。年平均气温各区有所差异，广东年平均气温18～24℃，1月8～21℃，7月27～29℃；广西年平均气温17～23℃，1月6～16℃，7月25～29℃；海南岛年平均气温22～27℃，1月16～23℃，7月26～29℃。极端最高气温达42℃（1953年8月12日，韶关），极端最低气温为-7.3℃（1955年1月12日，梅州），位于越城岭的资源县曾测得极端最低气温为-8.4℃（1963年1月15日）。

岭南地区太阳辐射量较多，日照时间较长，以广东省为例，全省各地的平均日照时数在1450～2300小时之间。由于受太阳高度、大气透明度、云量、海拔高度的影响，太阳总辐射量有明显的地区差异和时间变化。其分布的趋势为：南部多于北部，东部多于西部。广东地面的太阳总辐射量约在4150兆～5510兆焦耳每平方米·年之间，珠江口以东沿海和兴梅一带多于5000兆焦耳每平方米·年，其余各地均在4500兆焦耳每平方米·年左右。

年平均降水量，广东在1500毫米以上，其南岭南侧迎风坡降水在2000毫米以上；海南多在1600毫米以上，而东南部迎风坡也在2000毫米以上；广西年平均降水量1000～2800毫米，多数地区在1200～1800毫米之间。岭南地区4～9月为雨季，夏季降水占全年降水量的70%～80%，在沿海地区尤为明显。而在其他季节，如冬春季节则少雨，形成了干湿季节分明的气候状况。

岭南为典型的季风气候区，风向随季节交替变更。夏季以南至东南风为主，风速较小；而在冬季，大部分地区以北至东北风为主，风速较大；春秋季为交替季节，风向不如冬季稳定，春季风向与夏季相似，秋季则与冬季相似。我国是世界上少数受台风热带气旋影响最严重的国家之一，而岭南又是全国受热带气旋影响最多的地区。沿海地区每年5～11月常受热带气旋的侵袭，海南岛素有"台风走廊"之称。热带气旋形成狂风暴雨，给岭南地区带来了严重的自然灾害。

岭南的自然灾害除了台风、强风暴外，由于雨季长，所以河流汛期也特别长，从4月至9月都是汛期，都有可能发生暴雨。此外，由于岭南也是冷暖气团强烈交汇之地，每年北来的大风寒流，南来的台风、暴潮，都会对岭南产生严重的影响。

尽管岭南会受到台风和强风暴等不利因素的影响，但由于岭南地处热带和亚热带，全年气温较高，加上雨水充沛，所以林木茂盛，四季常青，百花争艳，馨香氤氲，各种果实终年不绝。岭南地区跨纬度比较大，使得南北之间气候的差异也较大，植物分布大体和气候带等自然环境相适应，北部为亚热带常绿阔叶林，中部为亚热带常绿季雨林，南部为热带雨林和热带季雨林。岭南的植物资源非常丰富，良好的地理环境便于植物生长，据《广东经济地理》[①]统计，广东的野生植物约有5000种，其中种子植物约4800种。森林植物也为动物生长提供了有利的条件，岭南动物种类较多，是全国动物最繁盛的地区之一，野生陆地动物据不完全统计，有700多种，其中哺乳类100余种，鸟类500余种，两栖类800余种，岭南的鸟类种类占全国总数的1/3以上。植物形态和生态环境都为岭南园林造园打下了良好的基础。

二、岭南地理地貌

岭南地貌因在历次地壳运动中，受褶皱、断裂和岩浆活动的影响，形成了山地、丘陵、台地、平原交错，且山地较多，岩石性质差别很大，地貌类型复杂多样的特点。形成这种地貌结构的主要原因，一是岭南地区大多属于稳定的地块，在第四纪没有受到强烈的造山运动的影响；二是高温多雨，风化和冲刷作用强烈。南岭久经侵蚀，只剩下一些中等高度的山地，缺乏挺拔的山峰[②]。岭南山地多呈东北—西南走向，属纬向构造体系。主要分布在粤北、粤东、粤西、桂东北和海南岛。

粤北山地主要包括大庾岭、骑田岭、滑石山、瑶山等，多为花岗岩构成的脉络不明显的山地，或砂岩、石岩构成的山脉，海拔1000～1500米。粤北群山重叠，最高峰石坑崆海拔1902米。山间谷地及河谷盆地，如浈水和章水间的梅岭关，武水和耒水间的折花隘，则为连接赣粤和湘粤间的天然孔道。其山地之间还夹有红色岩系或石灰岩盆地，如南雄盆地、英德盆地、韶关盆地、连州盆地等。这些盆地都有较为宽广的冲积平原和大面的坡地，为山区重要的农耕资源。

与粤北山地相连的广西东北部山地，是南岭山地的一部分，包括越城岭、都庞岭、萌渚岭、海洋山等。五岭中的最高峰为越城岭的猫儿山，海拔2142米，也是广西境内的最高峰。各山间低矮处常为南北交通要道，如越城岭与海洋山间的兴安隘，就是连接湘桂的通道。而岭南广西境内的桂南山地，包括云开大山、大容山、六万大山、十万大山等，名为大山，实际海拔不过1000米左右，山间多峡谷与急流。

粤东山地有莲花山脉、罗浮山脉、九连山脉等。莲花山脉东北起自梅县、大埔间的阴那山，向西南延伸300多公里，尽于大亚湾头，余脉入海于珠江口外的岛屿；罗浮山脉由东北闽粤赣三省交界的项山起，经阳天嶂、桂山，西南止于东江下游的罗浮山；而九连山脉，则经南昆山止于广州的白云山。其山间多为红色地层分布的盆地，如兴宁盆地、梅州盆地。此外，还有山岭之间的梅江、西枝江谷地及东江谷地、龙门谷地等。粤西山地主要有天露山、大云雾山和与广西交界的云开大山，海拔1000米左右，山岭之间有阳春石灰岩盆地，罗定、怀集红色岩层盆地等。

海南岛山地多为海拔500～800米的花岗岩丘陵和低山。五指山、黎母山也是东北—西南走向，但比较短小，主峰五指山最高点海拔1867米，为该岛的最高峰。

岭南丘陵地，大多分布在山地周围，或零星散落于沿海平原与台地之上。海拔在250米以下，丘顶通常较为平缓。台地则分布于靠近沿海的地区，一般海拔在50～100米。岭南的平原可分为河谷冲积平原、滨海平原和三角洲平原。前者在各大小河流沿岸均有断续分布，较大的有广东北江的英德平原，东江的惠阳平原，粤东的榕江、练江平原，粤中的潭江平原，粤西的鉴江、漠阳江、九洲江平原以及广西郁江流域和红水河下游一带平原。后者主要为沿海地区的滨海平原和珠江三角洲、韩江三角洲平原。珠江三角洲位于广东的中部，面积约11000平方公里，三角洲内1/5的面积是丘陵、台地和残丘，平原中岛丘错落，地形复杂，由于三角洲前缘岛屿甚多，地势较高，水道出口处宛如门户。珠江出海的门户主要有八个：虎门、蕉门、洪奇沥、横门、磨刀门、鸡啼门、虎跳门、崖门。

岭南河流众多，具有流量大、含沙量少、汛期长、径流量丰富等特点，这些河流绝大多数源自西北部、北部和东部的崇山峻岭之中。岭南最大的河流珠江，是我国的第五长河，珠江的三大支流西江、东江、北江分别源出云南、江西和湖南，珠江流量仅次于长江，居全国第二位。除珠江外，粤东有韩江、榕江、练江、龙江、黄冈溪、螺河，粤西有鉴江、漠阳江、廉江，海南岛上有南渡江、昌化江、万泉河。还有广西珠江上流的郁江、浔江，以及南流江、钦江和越南北部的红河等。这对岭南的灌溉、航运都十分有利。

　　岭南地理地貌以丘陵、山地为主，这与北方园林和江南园林的基床华北平原和长江下游平原地区有很大的区别。故岭南园林的造园活动，一是多集中在珠江三角洲和韩江三角洲一带，二是在选址、布局、空间处理上形成了自己的特点。而岭南境内的各种山石、木材，以及各水系河流良好的航运条件，为岭南园林造园的基本物质材料来源提供了有力的保证。

三、岭南自然风光

　　岭南自然风光婀娜多姿，既有气势磅礴的山峦，也有水网纵横的平原；既有岩溶洞穴的奇观，也有川峡险滩的奇景，更有海天一色的港湾风光。

　　山峦是构成自然风景的骨架。尽管岭南没有五岳、黄山那样雄伟挺拔、景观奇特的风光，但岭南山地丘陵广布，从东到西，从北到南，由于岩性不同，形成了千姿百态的山体。岭南除了大规模的花岗岩地貌外，还有挺拔俊秀的石灰岩峰林地貌和砂岩峰林地貌，以及由火山喷发岩构成的玄武岩地貌。代表上述岩石地貌的罗浮山、丹霞山、鼎湖山和西樵山，被誉为广东四大名山。矗立在东江下游平原上的罗浮山，系由块状花岗岩构成，山体庞大，山势雄伟。由红砂岩构成的粤北仁化丹霞山、乐昌坪石的金鸡岭，均为典型的丹霞地貌，崖壁峭立，形如城堡。形成于坚硬石英岩的肇庆鼎湖山，以层峦叠嶂的山势、浓荫蔽日的丛林、气象万千的飞瀑，瞬息万变的烟云取胜。而南海西樵山，系火山遗迹，由褐色粗面岩等组成，坡陡顶平，山顶上的天湖碧波泓溢，真谓壁峭水深，清幽恬静。此外，粤东的阴那山、莲花峰、南昆山，粤西的千层峰，粤北的飞来峡，珠江三角洲的莲花山、白云山、石景山等，都有奇、险、俊、秀的特色。

　　广东的名山中，明末清初的岭南著名诗人屈大均最为欣赏的是罗浮山。他26岁时曾隐居于罗浮，除了取室名四百三十二峰草堂之外，还在隐居处大书"南岳草堂"。南岳在《尔雅》中是指湖南衡山，唐代诗人元结认为湖南九疑山应当称为南岳，屈大均则认为罗浮在濒临南海这一地理位置上，宜称南岳。屈大均对罗浮有特殊之感情，写过许多罗浮山的诗句，如《夜上飞云顶》等。他在远游时还高歌"太华虽然好，未若归罗浮"，"粤之山，罗浮最名"。《广东新语》对罗浮作了极其详细的记述，几乎可以抵一部罗浮山志（图2-1）。

　　岭南石灰岩地区因长期受地表水和地下水之溶蚀和冲刷影响，形成了富有个性的岩溶风光，峰林挺拔，溶洞发达。广西石灰岩分布约占广西全区面积的一半，是我国岩溶分布最广、发育最典型的地区之一。岩溶地貌按发育程度，大体可分为三类：峰丛—圆洼地；峰丛—槽谷；孤峰—溶蚀平原。沿河谷平原可见溶蚀残丘和广

图2-1　广东罗
浮山白莲湖

泛分布的石芽。桂林、阳朔一带，为峰林—槽谷型的岩溶地貌，石山秀丽，河水清
澈，山山有洞，无洞不奇，素有"桂林山水甲天下"之称。漓江从桂林至阳朔一
段，长82公里，蜿蜒于岩溶峰林之间，犹如长幅风景画卷。广东肇庆七星岩，因
七座巍然耸立的石岩罗列如北斗而得名，又因四周湖水环抱而称星湖，奇特的天然
奇景，早在唐代已负盛名。湖光山色，倍加秀丽，有"桂林之山，杭州之水"的美
誉（图2-2）。叶剑英所题"借得西湖水一圈，更移阳朔七堆山。堤边添上丝丝柳，
画幅长留天地间"之诗，正是七星岩风景特色的描绘。在岭南地区，石灰岩溶地
貌风景区或景观随处可见，如粤北英德燕子岩宝晶宫、曲江马坝狮子岩、粤西云
浮蟠龙洞、阳春的石灰岩峰丛和峰林，而封开地貌因与桂林相似，有"封开小桂
林"之说。

　　有山必有水，山水不分离。既有峰回弯转、水急浪高的川峡险谷，也有微波荡
漾、景色娇媚的湖泊风光。北江上游的武水，河道蜿蜒，浪高水急，两岸悬崖峭
壁，古木参天。北江上游的另一条河流——浈水，同样风景秀丽，唐代名相张九龄
在景龙三年（709年）之秋，奉使南归。家乡短暂的欢怡日子转瞬又成了追忆，张
九龄望着黄昏日暮，触景感怀，在《自始兴溪夜上赴岭》诗中写道："日落青岩际，
溪行绿筿边。去舟乘月后，归鸟息人前。数曲迷幽嶂，连坼触泉。深林风绪结，遥
夜客情悬。"从诗中可以感受到所描述的情景：夕阳照在青绿的山岩之间，溪水穿

图2-2　广东肇庆七星岩景色

行于绿林的旁边，小舟乘着月光行进，人们眼前的归巢鸟都已安逸地栖息，而迂回曲折使得幽暗的山嶂隐然不辨，相连的岸际淌流着山泉，茂密的树林间微风流连，远离故乡的诗人不禁起了怀乡的情思。北江中上游英德段，河道开阔，江水穿梭于山峰、田野之间，景色秀美宜人。张九龄当年赴广州应乡试，途径英德浈阳峡时，深赏其两岸杰秀，风光旖旎，又惜其僻处岭表，美在深闺，借景抒发内心的感情，写下《浈阳峡》一诗："舟行傍越岑，窈窕越溪深。水先秋冷，山晴当昼阴。重林间五色，对壁耸千寻。惜此生遐远，谁知造化心。"北江中下游的飞来峡，古称中宿峡或禺峡，峡山绵延9公里，南北两岸各有三十六峰，参差对峙。飞来峡山峦层叠，茂林繁卉，飞瀑流泉，奇石澄潭。岭南名刹飞来寺，临江雄踞。飞来峡名胜古迹众多，自古就是著名的游览、避暑胜地。

　　水以峡为奇，屈大均在《广东新语》中对北江的描述重在"三峡"，即中宿峡、香炉峡和浈阳峡，西江也是重在"三峡"，即大湘峡（三榕峡）、小湘峡（大鼎峡）和羚羊峡。从书中两江三峡的描写可看到岭南山水的雄奇壮伟。而岭南山水之中，屈大均最推重的是连江山水。他在《诸峡》一文中作了比较，说乐昌坪石下到六泷，这之间的冷君、蓝豪二峡雄险在水，西江和北江两三峡雄险在山，连江则兼有山水之险。连江两岸多石灰岩峰林，峰高水束，有江峡10余处，其中著名的有楞伽峡、羊跳峡和同冠峡，这就是连江三峡，或称湟川三峡。楞伽峡亦称贞女峡，唐代韩愈所写的《贞女峡》诗曰："江盘峡束春湍豪，风雷战斗鱼龙逃。悬流轰轰射水府，一泻百里翻云涛。漂船摆石万瓦裂，咫尺性命轻鸿毛。"正是因为这"江盘峡束"，才构成了兼有山水之险的自然景观。屈大均在描写同冠峡的景色说："峡转峰旋，舟层层如入螺尾。乍出阴崖，乍入阳窦，凄神寒魄，一日不知几变。"连江三峡间奇峰迭起，钟乳石常从二三百米高的岩上连串或整幅下垂，五色斑斓，蔚为巨观。屈大均描写楞伽峡的钟乳石说："石皆雕镂通透，如破莲蓬，内外有悬乳千万枝，长者逾千尺。"③粤北连江上游龙泉峡、楞伽峡、羊跳峡，全长2公里，誉名小北江三峡，两岸均为石灰岩构成的悬崖峭壁。相传古代羊跳峡两岸仅隔咫尺，山羊可一跃而过，故而得名。西江三峡位于肇庆市区内，三峡从东、南、西三面，与北面的星湖七星岩共同环抱城区，形成了独特的山水景观。

湖泊自然风光，给人以幽静秀美的感觉。岭南雨水充沛，天然湖泊和人工湖泊众多，如惠州西湖、潮州西湖、雷州西湖、肇庆鼎湖、湛江的湖光岩等，过去广州还有兰芝湖和西湖。湖水碧波荡漾，湖边青山作枕，柳堤洲渚交错，亭台阁榭点缀，景致娇媚醉人，极富诗情画意。

岭南海岸大都为岩岸，海湾沙滩洁白细软，海边奇石磊磊，怪石林立。海南岛三亚的天涯海角，海滩乱石棋布，远眺海天一色，滨海林带郁郁葱葱，枝叶婆娑，海风阵阵，凉润舒人，有如宋代大文豪苏东坡所说，"快意雄风海上来"。海南岛风光除了琼中五指山风景区外，还有"珠崖第一山"之称的万宁东山岭、陵水，称为猴岛的南湾半岛，以及文昌的东郊椰林风景区，等等。海岛奇峰异石，清泉涓涓，林深景幽，鸟雀飞鸣，点点渔帆，闪闪波光，呈现出一派热带海滨风光。

岭南优美的自然风光，为岭南园林提供了两种造园条件。一是为园林的造园景观提供了素材和蓝本，特别是岭南庭园的叠山，许多山形走势都是参照岭南的真山真水之意象；另一种是在自然风光优美之处修筑园林建筑，许多寺庙道观都建在这些风景区内。像广西桂林象鼻山西南麓的云峰寺、阳朔福禄山东麓的腾蛟庵，都是依山傍水、风格别具的建筑。广东肇庆鼎湖山上的庆云寺、白云寺，广州白云山上的能仁寺，也是建在山峦叠嶂、林茂水秀、"山灵之气全聚于此"的地方。从庆云寺沿石级而下，便到鼎湖山的溪涧深处"龙潭飞瀑"，这里两侧山峰高峻，林木郁葱，一泓飞瀑，从10多米高的悬崖上急泻而下，然后又沿着溪涧悄然逝去。广西桂林的雁山园（雁山别墅），位于桂林南25公里的雁山墟，建于清同治八年（1869年），面积约14公顷，是一座有真山真水的园林。园中石山平地兀起，屹立奇秀，相思江从园里流过，窄处为溪，阔处为湖，湖堤柳径一边是怪石巉岩，一边临曲港莲菱，岩石余脉随地裸露，暗泉涌出成潭，山青水碧，景致天然，园林概括地体现了桂林山水中之山奇、洞奇、水奇、景奇的特征。园林结合山林郊野与庄园楼亭于一体，建筑物大都依山临湖，过去园林除厅、堂、轩、馆、亭、台、阁楼外，还遍设山廊、水廊以及复廊、复道廊，曲折游廊跨水与湖中亭榭相接，宅园内外柏木荫盖、桂花如林，可谓景色盎然（图2-3、图2-4）。这种真山真水的园林景观在过去岭南园林造景中随处可见，如建在山麓的广东粤北连州书院，就是利用地上冒出的裸露岩石来造景（图2-5~图2-7）。岭南不仅寺庙道观、达官园府，而且村落民宅选址也多在山清水秀之处，屈大均的《广东新语》，对英德石灰岩峰林地带的村景有过这样的描写："自英德南山寺，沿城西北行，一路清溪细流，随人萦折。路皆青石甃砌，泉水浸之。人家各依小阜以居。茅屋周围，有石笋千百丛，与古木长松相乱。草柔沙细，水影如空。薪女露趺，乱流争涉，行者莫不踟蹰其际。"④文中景色既有自然的清溪、石峰、白沙、长松、碧草，也有人文的茅舍、青石板路和赤足联群而涉的采樵村女。前后两种造园条件，归纳起来就是：前一种为人文景观中融入自然景观创造了

图2-3　广西桂林雁山园1

图2-4　广西桂林雁山园2

图2-5　粤北原连州书院入口牌门

图2-6 连州书院自然岩石景观

图2-7 连州书院岩石上的亭子

条件，这主要在城市和平原地区；后一种为自然景观中融入人文景观创造了条件，这主要在风景区和山区。

第二节 岭南社会环境

一、岭南商贸经济

古代岭南，由于高山峻岭的阻隔，与中原沟通困难而开发得较晚。但正是"山高皇帝远"，所以少受中原政治风云波及，经济发展一直较为平稳。早期岭南地区的经济形式，从广州五仙驾羊惠赐谷穗的传说来分析，也是与中原地区"以农为本"的模式相似，农耕作物为五谷，尤以水稻为首，而且种植历史相当悠久。除种稻以外，岭南水网纵横，气候温和，因此还养鱼、种果、植桑、育蚕，重视经济作物与多种经营。宋代时已有粤米北调，"闽中土狭民稠，岁俭则籴于广"⑤。

岭南素讲实效，即使在自然经济条件下的农业产品也是如此，人们喜欢在稻田中养鱼，"鱼儿长大，食草根并尽。既为熟田，又收渔利，及种稻且无稗草"⑥，可谓一举多得，而山前屋后，则种果木等经济作物。荔枝、龙眼成为当时岭南最佳的贡品。

岭南拥有较长的海岸线和较早开放的港口，海上对外贸易无时无刻不在刺激着商品经济和商品意识。中国几千年的自然经济，虽然也有商品交换的存在，但"男耕女织"的家庭生产模式，目的在于满足自身和家庭所需，拿到市场进行交换的仅是生产所剩余的小部分。而岭南"农者以拙业力苦利微，辄弃末耜而从之"⑦。由于外贸日盛，人们不再从自身的日常需求去考虑耕织，而从是否"赢利"的角度去安排生产。广东珠江三角洲一带出现了弃稻谷农田生产而种果、养鱼、植桑的风气，走上"稻田→果基鱼塘→桑基鱼塘"的农业生产商品化的道路，从自然经济逐步迈向商品经济。宋代有"广南可耕之地少，民多种柑橘以图利"⑧的记载。至清道光年间，广东南海九江乡已是"境内有桑塘，无稻田"的情景，雍正五年（1727年）皇帝上谕批评："在广东本处之人，唯知贪射重利，将地土多种龙眼、甘蔗、烟叶、青靛之属，以致民富而米少。"⑨

岭南背山负海的地理环境，造成先民到中原陆上之交通不便，而从海上寻求发展。南越国时，海上贸易就有犀角、象牙、翡翠、珠玑等。汉平南越国后，岭南为交州所辖，交州治所设于广信，时达300余年。广东合浦、徐闻是汉交州对外贸易的进出口港。合浦为郡治所在，濒临南海，溯江而上，可达郁水，是通往岭北各地的商路之起点，而徐闻则位于雷州半岛南端，与珠崖隔海相望，扼海峡要冲，汉代在这里设立专官管理商业贸易，《汉书·地理志》就记载了西汉时中国官方商船从合浦、徐闻等港前往南海诸国的行程。岭南的海上贸易活动，开拓了中国的"海上丝绸之路"。

晋代与南朝时期，岭南对外交往更加频繁，来往贸易的国家增多，从岭南出口的有各种丝绸品与陶瓷器，进口的有珍珠、犀角、象牙、璧琉璃、珊瑚、琥珀、水晶、金、银、吉贝、沉香、郁金、苏合、兜鍪等。唐代的进出口商品与以前相比起了结构性的变化，日常用品和原材料成为贸易的主要商品，尽管在出口的货物中仍然以丝绸为主，但品种更为丰富，绫、绸、缎、锦、绮、纱、绢、缣、帛等优良丝织品，在海外大受欢迎，出口的商品还有茶叶、铁器、宝剑、麝香、沉香、马鞍、貂皮、肉桂、高良姜等。除此之外，北方的"唐三彩"、景德镇的瓷器等，都是运至广州再出口的。

在宋代，与广州往来贸易的国家与地区，见诸记载的有50多个，范围包括今东南亚、南亚、波斯湾、东非等地。广州官府在城南西湖设来远驿安置外国使臣，外国商船抵达广州后或离开广州前，都会在此设宴招待。北宋嘉祐年间（1056～1964年），经略使魏炎修建海山楼，海船来时检查货物后，在该楼设阅货宴招待外商和船员；海船离广州前，又为他们设饯行宴。海山楼在珠江之畔，登楼览胜，极目千里，心旷神怡。当时宋代文人洪适在《设蕃乐语》一诗中曰："海山楼上水朝东，此去弥漫拍太空。捆载宁寻蕞尔国，舟行好趁快哉风。"两宋时期，岭南沿海航运和海外贸易发展很快，从宋代广州经略使程师孟的诗句中可见当时广州城的繁华："千里日照珍珠市，万瓦烟生碧玉城。山海是为中国藏，梯航尤见外夷情。"

明代至清中期，是古代岭南最繁荣的时期，广州长时间成为惟一的外贸港口，也是当时最大的商业城市之一。清代珠江商贸航运更加繁忙（图2-8），英国商人威廉·希克在1768年（乾隆三十三年）到广州后说："珠江上船舶运行忙碌的情景，就像伦敦桥下的泰晤士河。不同的是，河面上的帆船形式不一，还有大帆船。在外国人眼里，再没有比排列在珠江上长达几里的帆船更为壮观的了。"⑩明成祖永乐三年（1405年）在广州设有怀远驿，供外商在广州贸易和住宿。清代康熙二十四年（1685年）在广州建立粤海关和在十三行⑪建立洋行制度，乾隆年间开始，准许外国商人在十三行一带开设"夷馆"，方便其经商和生活居住。美国人亨特（William C.Hunter）在1825年记载十三行的时候，说与洋商打交道"主要的商行有浩官、茂官、潘启官、潘瑞官、章官、经官和鳌官"。不但广州和珠江三角洲地区商贸经济发展，岭南其他地区也同样如此，粤东潮州城内"商贾辐辏、海船云集"⑫，而海口也是"商贾络绎，烟火稠密"⑬。

图2-8 清代广州珠江商贸航运

经济的发达，才能促进城市的建设和建筑的修筑。园林宅第是城镇经济发展的产物。像北方、江南等地区的经济，主要是以农业为主的经济形态，自产自足的小农经济意识同样也反映在园林造园中，园林注重自娱自乐，园林景观注重自我完善、完美，文人士大夫强调在园林天地里的自我人格修养。而岭南的经济模式是商贸经济，中原内地"重农抑商"的传统观念，在岭南，特别是广州，并没有完全大行其道。明清时，珠江三角洲一带经商十分普遍，重商心态显著。人们注重的是人与人之间的交往空间和行之有效的商业行为，而不强调表面上花巧的东西。所以，同样是造园活动，与北方、江南相比，岭南园林更加注重园林的实用性、交际性，即使是宅居园林，也是强调其空间的交往环境，而淡化其怡情养性的休闲环境。清代广州名园海山仙馆，不但是园主富商潘仕成用来宴请四方达官贵人（包括外商）进行交际的场所，而且还作为政府部门外交活动的场所。美国人亨特在《旧中国杂记》中曾对海山仙馆作过详细描写，其中还说道："这是一个引人入胜的地方，外国使节与政府高级官员，甚至与钦差大臣之间的会晤，也常常假座这里举行。"⑭

二、岭外文化影响

商周以后，岭南与中原及长江流域已存在着政治、经济和文化等多方面的往来。战国时，岭北汉人因经商、逃亡或随军征战等原因，逐渐南来。但对岭南的开拓，则是在秦代统一岭南后才开始的，当时驻守岭南的汉兵有50万，秦始皇三十四年（公元前213年）还发配了一批罪人到南海郡筑城建屋，"谪治狱吏不直者，筑长城及南越池"⑮，所谓筑"南越池"，就是"筑城郭宫室也"。秦二世时，镇守岭南的赵佗上书奏请拨3万无夫家女子来南海郡，为士卒补衣，照顾生活，秦皇拨给1.5万女性。从北方移居南海郡的汉人带来了中原文化，带来了中原的先进生产技术和生产工具，从而大大促进了早期岭南的开发。南越国期间，赵佗于公元前196年臣服于汉朝，使汉越贸易合法化，中原地区获得了南越国的特产，南越国也得到中原提供的农业生产必需品。

唐代开元年间，张九龄主持扩建大庾岭新道，使其成为连通岭南岭北的主要通道。"兹路既开，然后五岭以南人才出矣，财货通矣，中原之声教日近矣，遐陬之风俗日变矣。"明代丘浚所撰写的这段碑文，道出了大庾岭新道在文化发展中的重大作用。两宋时期，岭南地区交通更加顺畅，北江航运增加，除了广州至保昌及大庾岭的水陆通道外，粤东的交通也得以改善，沟通了闽南经潮州、惠州到广州的水陆运输，岭南首府广州与中原及岭北各区域交往更为频繁。

晋代因"永嘉之乱"，中原和江南战火连年，而岭南地区则社会较为稳定，经济状况良好。广州市郊出土的晋墓砖上刻有"永嘉世，天下荒，余广州，皆平康"的铭文。晋代不少北方的豪门世家南迁岭南，而普通百姓人家南来的就更多了。据《广东通志·舆地略》载："自汉末建安到于东晋永嘉之际，中国之人避地者多入岭表，子孙往往家焉。"北宋末年，靖康之乱，金兵攻下汴京，宋高宗南渡，导致中原百姓大规模南迁，流入江南各地，高宗建炎三年（1129年），金兵渡江追击，从两浙打到今江西南昌，已到江南的中原士民（包括江南人）辗转南逃，其中一大部分经江西和福建到达广东。至南宋末年，元兵南侵，北人（包括湖南、江西、福建等地）大量迁徙到岭南地区，仅潮州就在短短50年里，人口增加了一倍。人口的大量增长促进了岭南的生产发展。虽然背井离乡、举家南迁是中原百姓的不幸，但却有利于岭南的发展。

历史上历次汉人的大举南迁，不仅加快了岭南的开发，而且汉人长期"与越杂处"，在共同改造自然与社会的过程中，以其先进的生产力和文化影响了越族人。这些陆续南迁的汉人中，许多是饱学知识的文人、经验丰富的商人以及有较高技术的工匠，他们带来了中原先进的铁制农具、生产技术和文化科学知识。同时，历代流人贬官的流放，对提高岭南各地文化素质与文化水平，或多或少地出过力，唐代流贬广东有史籍可考者，流人将近300人（次），左降官近200人，其中皇亲国戚37人（家），宰相49人（次）。而一些著名人物所起的作用则更大，被贬到岭南的中原士大夫有很多，如李邕、李德裕、刘禹锡、寇准、秦观、汤显祖等。他们之中很多人到岭南后，以戴罪之身办学授徒，传播中原先进的文化。三国时代的经学家虞翻，流放到岭南后讲学不倦，门徒达数百人之多。而北宋时的郑侠，贬至英德后，当地人无论贫富贵贱，都派子弟跟其学习，可见其在当地的影响。

唐元和十年（815年），柳宗元从永州（今湖南零陵）再次贬到柳州任刺史。针对岭南的实际，柳宗元制定了一系列适宜的法令和规章措施，引导居民开荒地，修城郭，植树木，还积极兴学办校，发展教育，直至病逝柳州，为柳州开发作出了贡献。唐代韩愈被贬为潮州刺史，虽然仅有7个来月，然而到任后兴教办学，对潮州的文化发展作出了突出的贡献，深受百姓的尊重和推崇，当地父老为感谢韩愈，将鳄溪改名为韩江，东山改名为韩山，连妇女的头巾也改名为韩公帕，还兴建了韩文公祠。宋代苏轼先被贬至岭南的英州（今广东英德），同年再贬惠州，最后贬至海南岛西部的儋州。在惠州的2年7个月中，苏轼推广新农具水碓、水磨及秧马，推动了农业生产。在海南时还办学授徒，据《迁建儋州学记》载，苏轼离开儋州后，"今十余年，学者彬彬，不殊闽浙"，可见苏轼对当地文化发展的巨大影响。

地处边远、长期与中原隔绝的岭南，正是由于秦代以后不断南迁的中原移民和贬臣的文化影响，才逐渐摆脱了经济文化落后的状况，与中原文化渐趋一致。

　　岭南对外经济贸易的交流，同时也带来了文化交流。早期岭南的对外文化交流，集中表现为东西方宗教的传播上。六朝时，不少外国僧人随海船到广州传教、译经、建寺。来岭南传教译经最著名的高僧是菩提达摩，在梁武帝中期经三年泛海达广州，创建了西来庵（后改称华林寺），曾到广州光孝寺传播禅法，后赴少林寺，成为我国禅宗初祖。明代，意大利传教士利玛窦从印度先到澳门，后赴肇庆，在广东等地滞留了相当长的时间，还在西江岸边修筑了第一座天主教堂仙花寺，除了传教外，利玛窦还传播西方的科学知识，特别是天文、地理、数学、机械方面的学识，增添了人们的世界知识、地理知识和自然科学知识，促进了中国和西方的文化交流。M.苏立文在《东西方美术的交流》中说：“由于利玛窦到达中国，中国和欧洲美术的交流才真正开始了。”“这位博闻强识、风度典雅的学者，精力充沛、信仰坚定的神父，因为具有非凡的学识和文采，从而使中国的知识分子的兴趣转向对西方文化的学习，同时也将西方知识分子的兴趣引向中国文化。在那东西方文化开始觉醒和理解的时代，只有利玛窦做到了这一点。”[16]

　　另一位意大利画家、耶稣会的教士郎世宁，绘画多以建筑物为主，参加过圆明园西洋楼部分的设计。现在美国斯坦福博物馆展出的巨幅彩色绘画《羊城夜市图》，上面有郎世宁的签名。《羊城夜市图》用大量的细节饶有兴味地描绘了夏日之夜晚城外河畔的景色，人们推测此画是民间无名画家的作品，不太可能是郎世宁与其他人合作之画。但从另一侧面说明，郎世宁曾到过岭南，对东西方的文化，特别是美术、建筑艺术方面的文化交流有过推动作用。2001年3月15日《广州日报》登载消息称，肇庆发现中国最早的油画《清代四品武官及妻妾肖像》，也可证明岭南在与国外艺术交流方面是非常早也非常频繁的。

　　岭南广东也是我国移民到外国最早、最多的省份，侨居国外的华侨分布在世界五大洲。长期以来，在外的华侨以及到国外求学的岭南人，不断地把所在国的文化精华传给家乡，为岭南文化的发展注入新的内涵。

　　岭外文化影响不仅带来了农业科学技术，促进了经济贸易，而且带来了中原文化思想，特别是儒、道等中国主流文化思想。传统文化思想意识，对岭南园林造园理念起了很大的影响，这不但反映在园林建筑选址、布局等方面，同样也反映在建筑的造型、装饰上。岭南社会基本结构同样是儒家大一统的国家观念和“天不变，道亦不变”的超稳定观念。“学而优则仕”的知识价值观，对科举考试的迷恋以及岭南人对家谱、族谱的重视等，都体现了儒学思想对岭南的影响。而岭南的道德伦理文化，就深深地打上了儒家文化的烙印，像儒家“忠君孝悌”的道德观念，也是岭南人的社会行为规范和准则。所以，像在岭南传统建筑装饰上，儒家的道德伦理思想表现就十分强烈。国外文化的影响，也反映在岭南建筑和园林上，岭南近代建筑，就有很强的外来建筑文化形式，岭南近代公园的出现，就是在国外园林的影响下产生的。

三、岭南文化特性

地理环境、气候条件对文化的特质和发展起着重大作用，列宁认为地理特性决定着生产力的发展，而生产力的发展又决定着经济关系以及附在经济关系后面的所有其他社会关系的发展[⑰]。岭南文化特性，与其自然环境因素有很大的关系。自然环境是人类社会生存和发展的基础，也是文化存在和发展的必备条件。任何文化都是在一定的自然环境中产生、发展并受其制约和影响的。岭南的地理环境和气候条件对岭南经济、政治及文化的形成，都有很大的影响。在古代，尽管秦汉以后，岭南与中原的交往力度加大，但地处南疆边陲的岭南因五岭阻隔，与中原基本上是一种相对封闭的环境，中原人对岭南的了解甚少，而岭南人也很难进入中原。这种半封闭的地理环境极大地限制了古代岭南与中原的沟通，影响了岭南更快的发展。但从另一个角度来看，由于外部因素影响少，则有利于岭南地域文化的形成和发展，特别是有利于民族地方文化的积淀，形成自己特色并易于承袭。半封闭的地理环境和热带、亚热带自然生态环境，使岭南人形成了有异于中原地区风俗习惯的生活方式、生产方式、审美观念、价值观念、人生态度、行为方式，等等。

社会结构的变迁对文化的构成应该说起着关键性的作用。影响文化的构成、特征以及功能的最终因素，还是社会结构的变动。社会结构的变动导致了社会风俗、生活方式以及思想观念等产生重大变化。从岭南文化构成内涵来看，岭南先进文化是在中原文化直接进入以后，与土著文化交汇而缔结成的优化文化，这种优化文化，又在海洋文明的影响下，不断地更新、完善，因而具有同我国其他区域文化不同的特性，这种特性，是其他地域文化所不能代替的。岭南文化因受其独特的地理环境和社会历史条件的影响，在千百年来的演变过程中，逐渐形成自己特色的文化模式。虽然这种文化模式在各种文化交往和碰撞中不断地调整和建构，但岭南文化始终保持着自身鲜明的独特个性，并具有兼容、多元、开放、务实、创新的特性。

岭南文化在我国各区域文化中，是吸收外来文化最强、糅合多元文化最成功的一种区域文化。早期的岭南文化不但吸收了中原文化，而且还吸收了荆楚、吴越、闽赣等地域文化。外来文化的进入和冲击，更加刷新了岭南文化的面貌，是岭南文化转换的契机。许多学者认为：如果没有外来文化的大量进入，岭南文化不可能有着突破性和越来越快的文化发展。岭南濒临海洋，海岸线长，岛屿众多，便于走向世界，接受海外先进文化。但文化是不可能够靠外部强行输入的，文化的吸收和发展更多地还要依赖自身的条件和内部机制。岭南的传统地域文化（原型文化）最大的特点就是具备了吸收外来文化的潜质，对外来文化能选择性地吸收使岭南文化有别于中原文化或其他的地域文化。"如果岭南的原型文化不具备吸收外来文化的潜质，没有对外来文化进行选择吸收的兼容条件，不可能出现岭南突飞猛进的发展和出现一种文化转换的再生机制，也很难达到后世岭南文化的高度和独特性。"[18]岭南人自古以来对"水"的崇拜超过了对"土"的敬服，而"水"的流动性和变化性使得岭南人崇尚自然，追求自由，在潜意识里本能地抗拒禁锢的僵化，这种意识越是在中原文化的严酷控制下越能发挥其功用，越能表现出自己的特点。

　　岭南自古以来就重视海外贸易，岭南人的商品意识和价值观念极强，岭南很早就从以农业为主的黄土文化走向以商贸为主的海洋文化，"重农抑商"的传统意识，在岭南从不居主导地位。经商重商意识，甚至弥漫于市民的日常生活中，规范、制约着人们的价值取向和行为准则，使岭南人除了生产和经营讲求实惠之外，衣、食、住、行都注意从实际出发，讲求实惠。岭南人除了物质上和精神上的基本需求之外，还有享受性的需要，追求个人的身心享受，创造一种舒适的生活环境。

　　可以说，岭南文化是一种极其典型的实用主义文化，这不仅表现在岭南人的衣食住行方面极为注意其实用价值，而且还充分体现在他们的思想观念、价值判断、审美趣味和行为方式上，特别注意实际效用方面。下面的例子可以说明岭南人非常注重实际效用。清代，中国的瓷器在西方很受欢迎，在广州通过海上贸易销售这些瓷器，有反馈消息说：西方的购买者，特别是贵族希望中国的瓷器不要都是中国画，若有些西方的绘画艺术则销售更佳。广州的商人马上建造了瓷器作坊，雇请一批画工和画匠学习西方的绘画艺术，并请西方艺术家给予指导，从景德镇运来素胎瓷器，把传来的欧洲绘画，如素描、水彩画、铜版画、肖像画等，成功地用在中国出口瓷器上。这种彩瓷，就是在清嘉庆、道光年间最为盛行的"广彩"。

　　岭南文化的务实性主要体现在讲实惠、务实际、倡实干、求实效，办事讲求循序渐进，不好高骛远。中原文化是以儒家文化为主，重农轻商，贵义贱利。传播到岭南后，则产生了嬗变，已不再是那种高堂讲经、正统的官方文化。中原文化到岭南之后，与广大人民求安宁、求生存、开拓家园、安居乐业的社会心理融汇在一起，更加讲究经世致用、重商言利，与原来以儒家思想为代表的中原文化拉开了距离。岭南注重实际的经济意识，往往又同关心国计民生紧密联系在一起，形成一种境界更高的经世致用思想，表现为务实学、倡实业的风气。

开拓进取的创新精神也是岭南文化的一大特点。岭南的众多居民原为中原迁民，他们抛弃原有世代生息的家园，而到另一个遥远偏僻的地方去开辟新家园，这本身就需要有勇敢的开拓精神。面对新居地尚未开发的荒凉环境，生存的危机又促使他们要不断地开拓进取。商贸经济形成市场的激烈竞争又使开拓进取的创新精神发扬光大。

岭南人不拘于传统陈旧的格式，只要"万物皆备于我"，便可接纳融合。所以，岭南园林既有中原园林的影子，也有极强的地域特征。在各处岭南园林的造园艺术中，既有其共性特征，也有很强的个性特点，同时岭南造园既有一定的严谨性，也有很大的随意性。总之，岭南文化中的兼容、多元、开放、务实、创新等特性，在岭南园林中都能得到充分体现。

岭南园林的产生和其特点的形成，很大程度取决于其所处的造园环境因素，地域的自然环境和社会环境等因素，都会对园林的造园活动产生很大的影响。岭南气候炎热多雨，有丰富的植被，特别是亚热带的植物景观很有地域特色。岭南的自然环境是靠山面海，以丘陵山地为主，既有珠江三角洲、韩江三角洲这样的开阔水网平原地区，也有喀斯特地貌的溶岩山区，有着许多内地难以见到的自然山川风貌，这些都为岭南园林提供了临摹蓝本和良好的造园基本条件。同时，岭南文化对岭南园林的特色形成起着主导作用，在园林造园上所体现的岭南文化特性主要反映在三方面：1）多元文化，即兼容性和宽容性，造园吸取了中原文化、吴越文化、荆楚文化、闽赣文化以及海外文化特点，并与当地文化融为一体；2）商业文化，即务实性、适应性与创新性；3）水文化和海洋文化，造园依水恋水的倾向性和外来文化对园林的影响，等等。

[注释]

①② 吴郁文.广东经济地理.广州：广东人民出版社，1999.

③ 屈大均.广东新语·卷3.北京：中华书局，1985：75.

④ 屈大均.广东新语·卷2.北京：中华书局，1985：47.

⑤ 宋史·卷四百一列传第一百六十·辛弃疾传.北京：中华书局.12：164.

⑥ （唐）刘恂.岭表录异·卷上.北京：人民出版社，1983，7.

⑦ 屈大均.广东新语·卷14.北京：中华书局，1985：372.

⑧ 庄季裕.鸡肋篇·卷下.

⑨ 光绪·广州府志·卷二·训典二.

⑩　朱培初．明清陶瓷和世界文化的交流．31．

⑪　"十三行"是清代广州一个拥有商业特权的商业团体。其主要业务是：承销外商进口商品，并代为收购出口货物；代表外商缴纳关税；代表政府管束外国商人，传达政令，办理一切与外商交涉事宜。清政府规定广州所有进出口物品都必须由十三行行商办理，外地商人和本地一般商家不许直接同外商做买卖。十三行既是私商贸易组织，又是代表官方管理外贸和外事的机构。

⑫　乾隆·潮州府志·第14卷．

⑬　雍正·广东通志·第7卷．

⑭　（美）亨特．章又钦校．旧中国杂记．沈正邦译．广州：广东人民出版社，2000.91．

⑮　史记·秦始皇本纪．

⑯　（英）M．苏立文．东西方美术的交流．陈瑞林译．南京：江苏美术出版社，1998：43．

⑰　列宁全集·第38卷．459．

⑱　李勤德．试论岭南文化的原生形态．见：广东炎黄文化研究会编．岭峤春秋·岭南文化论集（一）．北京：中国大百科全书出版社，1994：20．

第三章
岭南造园美学思想

第一节　文之以礼乐：园林与"文"饰艺术

一、孔子美学思想

在先秦诸子百家当中，最有影响的是儒家学派。儒家的思想核心是"仁"，提倡行"仁政"。"仁"这个概念在春秋时期已广泛使用，但还没有成为哲学概念，而孔子则给"仁"赋予新的含义，使其成为中国哲学史上最重要的概念之一。孔子认为：仁就是推己及人的忠恕之道，"夫仁者，己欲立而立人，己欲达而达人"[①]。以"仁"为核心的思想体系，贯穿着儒家学说的方方面面。孔子的美学是他的整个思想的一个有机组成部分，它同孔子整个思想的核心"仁"学有直接的联系。孔子的美学，实际是他以仁学为出发点去观察和解决审美与文艺问题所得出的结论。孔子在美学上之所以能提出超越前人的深刻见解，并对后世产生深远的影响，与他的仁学有密切关系。

孔子认为要使社会合理与和谐，其关键在于实行"仁"的原则。而"仁"的原则得以实现，最重要的是要使"仁"成为人们的内心情感上的自觉要求，唤起人们自觉行"仁"，而不是依靠外部强制。孔子曰："知之者不如好之者，好之者不如乐之者。"[②]意思就是说，知道如何为"仁"，不如喜好"仁"，而喜好"仁"，又不如以"仁"为快乐。"好"只是一时的兴趣，"乐"则是内心情感的要求和满足，不会因外部的环境变化而改变。"乐"表明了外在的规范最终转化为内在的心灵之愉快和满足，外在和内在、社会和自然在这里获得了统一，这也就是"仁"的最高境界。

如何才能达到"仁"的这种最高境界，得到人生的这种最高快乐呢？仅仅靠道德教训是不够的，这更不是用刑法的强制所能做到的。孔子曾说过："吾未见好德如好色者也。"③并对"齐之以刑"④的做法很不满意，主张"道之以德，齐之以礼"⑤，即用德政去引导感化人心，用"礼"去规范人的行动。从感化人心来说，"文"（文艺）是能够唤起这种要求、促使人们行"仁"的一个十分重要的手段，文化艺术的特殊作用在于感发、陶冶人们的伦理道德感情。

孔子以"仁"释"礼"的说法，论述了"礼"是植根于人的本性之中、是每一个人都应该而且能够实行的东西。在孔子看来，"礼"所规定的上下等级、尊卑老幼的秩序，并不是人为强迫的东西，而是建立在以氏族血缘关系为基础的亲子之爱的基础上，它们是人性的内在欲求。这种以氏族血缘关系为基础的亲子之爱，就是孔子所说的"仁"的根本。只要唤起人们所共有的这种亲子之爱，并使之成为人们的自觉行动，那就极少有"犯上"作乱的事情发生，社会就可得到和谐的发展。因此，"礼"是人在现实生存中最合适的行为体系。

"兴于诗，立于礼，成于乐"⑥的思想，是孔子以"文"为核心的文艺、美学思想的基础和原则。人的养成和社会的完善是通过人由"文"的途径进行塑造，使人从动物性、野蛮性、粗鄙性中升华提高，从而使人和人所组成的整个社会都达到文明、文雅和美的存在。因此，"文"是孔子美学思想的核心概念，"文之以礼乐"是孔子文艺美学思想的核心命题。

"若藏武仲之知、公绰之不欲、卞庄子之勇、冉求之艺，文之以礼乐，亦可以为成人矣"⑦、"兴于诗，立于礼，成于乐"是孔子《论语》中的两段话，李旭在《中国美学主干思想》中认为这两段话涵盖了孔子美学思想的两个基本观点：一、人的培养是一切文化形式包括文艺的出发点和归宿；二、"礼乐"（文艺）是培养人的最基本的也是最高的手段⑧。孔子所说的"成人"包含了完美、完全之意，"成人"既是形成人格的过程，又是人的形成之目标。这种"成人"，是在"知（智）"、"不欲（廉）"、"勇"、"艺"的基础上"文之以礼乐"。在孔子及儒家看来，"成人"在于"文"也就是在于"礼乐"。因而，"不知礼，无以立也"⑨，"恭而无礼则劳，慎而无礼则葸，勇而无礼则乱，直而无礼则绞"⑩。人的诸种禀性皆需"礼"加以提升、定位，这样才能充分地成就人道。礼、乐应是人的本性，而不单是人的外在的音调或仪式。《乐记》中说："乐者，通伦理者也。是故知声不知音者，禽兽是也；知音不知乐者，众庶是也；惟君子为能知乐。"⑪礼、乐使人得到升华而异于禽兽成为真正的人、全粹完美的人。礼乐是一个"君子"完成修养所必不可少的东西。由此可见，"礼乐"是"文"的具体内涵。

孔子儒家美学思想在于：人的成就或完全之人的形成在于全面地使人"文化"，而美是使人"文化"的基本形式。"文"这个概念在《论语》中的含义是宽泛的、多样的，但不论从社会或个人修养方面来说，都明显地包含有感性形式美的意义在内。孔子把外在形式的美称为"文"，把内在道德的善称为"质"，孔子曾说过"质胜文则野"[12]，就是认为"君子"只有"质"还不行，还必须有"文"的形式教养，认为文质应该统一起来。外在形式的美可以给人感官愉悦，但只有与善统一起来才具有真正的价值。真正的美就是人与人之间有亲疏差等的互助至爱，即实现"仁"这个最高原则。构成这种美的社会内容——"仁"并不是外部强加给人的东西，而是植根于血缘关系基础上的普遍的内心心理要求。所以，美是真正人的存在的内涵。人、文、美一体同步产生，文与美内在于人的本质。孔子强调美与善不能分离，强调"文"（艺术）的感染作用，认为审美与艺术的作用在于感发和陶冶人们的伦理情感，促进个体与社会的和谐发展。

"文"的内涵，孔子并不只是相对于"质"而言，它更是相对于"野"而言的。在孔子思想的这一层面上，"野"是野蛮、粗野，是在人道或人类社会之外，即所谓"化外之民"。所以，"文"、"野"之分就是人和非人之分，也可以说是君子与小人之分。

二、屈原美学思想

屈原生活的时代，是战国时期思想界最为活跃、自由的时代，楚国当时是战国"七雄"中版图最大、人口众多的南方大国，虽然在社会文化的发展上落后于北方，但物质生产上有着优越的自然条件。春秋以来，楚国也同样受到先秦理性精神的深刻影响。处于这种状态的屈原，其思想基本上是和儒家一致的，而楚国传统文化对屈原的深刻影响，使屈原在接受儒家美学思想的同时，又融入了楚国固有的文化，由此产生了异于儒家美学的屈原美学思想。

以屈原为代表的楚骚美学思想，吸取了儒家积极入世的人格精神和儒家美学中"文质彬彬"的思想，以及外在形式的美同内在人格的善相统一的思想，进一步高扬了儒家人格美的理想，但又不受儒家严格的礼法束缚。在美的追求上，非常重视情感的热烈表现和想象的自由抒发，无顾忌地抒发和表现自己的思想感情。在形式上，还追求一种"精彩绝艳"的强烈官能感受，形成一种大不同于儒家所崇尚的"诗无邪"及庄严肃穆的楚骚风格。

追求美——"好修"，是屈原放在第一位的总原则。屈原在《离骚》中多次说到他的"好修"："民生各所乐兮，余独好修以为常"[13]；"余虽好修姱以羁兮，蹇朝谇而夕替"[14]；"汝何博謇而好修兮，独有此姱节"[15]，等等。屈原也谈到"好修"的重要，"时缤纷其变易兮，又何可以淹留？兰芷变而不芳兮，荃蕙化而为茅。何昔日之芳草兮，今直为此萧艾也？岂其有他故兮？莫好修之害也"[16]！从这里可以十分清楚地了解到屈原的"好修"看法：兰芷、荃蕙都为本性芬芳的花草，具有天生的"内美"，由于"不好修"之缘故，结果变成了难闻的萧艾。

屈原的诗句，就有极强的修辞美："青黄杂糅，文章烂兮"[17]表现的光色；"浴兰汤兮沐芳，华彩衣兮若英"[18]表现的香色；"驾龙辀兮乘雷，载云旗兮委蛇"[19]、"与女游兮九河，冲风起兮横波"[20]表现的声色；"合百草兮实庭、建芳馨兮庑门"[21]所表述的芳香；"芷葺兮荷屋，缭之兮杜衡"[22]所表述的清香。还有声、舞、色、香俱全的诗句表述："灵偃蹇兮姣服，芳菲菲兮满堂，五音纷兮繁会，君欣欣兮乐康。"[23]

屈原"好修"的含义十分丰富，不但表现在诗句的华丽修辞，也表现在人格的修养。既有外表形象之美的"修长"，也有外表形象完美无瑕和内在品德纯粹贞一之结合——"修洁"。屈原诗句创作中形象、辞章之美的表现及其表现方法，具有极大的美学意义，不但其浪漫主义色彩的想象方法对中国文学艺术产生了巨大影响，其形象美的修饰和表现，对人们的审美意识也产生了很大的作用。

三、岭南认同儒学审美思想的基因

在岭南文化的研究中，许多学者认为由于岭南远离中央集权，受北方儒家思想影响较少，因此导致岭南文化具有远儒性。其实早期岭南文化受先秦儒家思想和楚文化的影响都很大，特别是孔子美学思想和屈原楚骚美学思想。岭南认同儒学思想主要体现在两个方面：一是儒学"仁"政思想符合"和辑百越"的需要；二是儒学"文"饰美学思想符合岭南原始文化艺术的审美倾向，而"文"、"野"之分有助于改造和提高越人的素质。

公元前221年，秦灭六国，统一了中原。随后，秦始皇命将领屠睢率50万大军进军南越，分五军于东西两线开进。秦军进入岭南后，遭到了当地越人的强烈反抗，发生了长达数年之久的征服和反征服战争。由于秦军统帅屠睢是强调对越人镇压，以致激起西瓯人的持久拼死反抗，使秦军"三年不解甲弛弩"[24]，"伏尸流血数十万"[25]，屠睢丧师殒身。屠睢死后，统帅由任嚣和赵佗继任，他们吸取了屠睢失败的教训，采用了儒家"仁政"的策略，实行汉越民族融合。

赵佗注意对各族文化的糅合，在接见汉使时弃冠带、穿越装，回书汉文帝时自称"蛮夷大长"。从南越王墓葬中也可以看到汉越民族的通融，《南越王墓的人殉》一文指出：在赵眜墓的殉人中，有6人可以确定是以铜镜覆面的。这种铜镜覆面的葬俗，目前还不见于其他地区。在殉葬诸姬中，既有"右夫人玺"，又有"左夫人玺"。"右夫人"之称，仅见于汉代乌孙族的后宫建制，看来，南越王国的后廷建制同样奉行赵佗所制定的尊重当地少数民族、倡导赵氏王室与南越人通婚和睦"杂处"的政策，"右夫人"大概是当地的南越人。㉖《史记·建元以来侯者年表》称赵建德是"南越王兄，越高昌侯"。赵建德乃南越三主赵婴齐之长子，系婴齐与越族女子所生，后来婴齐到了长安，与汉族女子邯郸摎氏生赵兴后，废长立幼，立赵兴为太子。赵婴齐死后，赵兴继位，建德作为王兄，被封为高昌侯。吕嘉叛汉时，杀赵兴，立赵建德为南越王。汉武帝平南越后，赵建德降汉被封为术阳侯、三千户。在广州的考古史上，至今未发现越人的专门墓地，所有都是按地位和地区来分的汉人和越人共葬的墓群。而同一墓群的陪葬品里，中原汉式与当地越式的器皿兼而有之。

秦军入岭南，带来了中原的文化。赵佗统一岭南后，为了推广中原先进的文化和礼乐制度，"以诗书化国俗，以仁义团结人心"㉗，史称"赵佗王南越，稍以诗礼化其民"㉘，使得岭南"华风日兴"，"学校渐弘"㉙，"文"、"野"之分的措施使岭南南越国出现了一个国泰民安的局面。连汉高祖刘邦也承认："南海尉佗居南方长治之，甚有文理，中县人以故不耗减，越人相攻击之俗益止。"㉚

赵佗在南越境内一直实行郡县制，其行政制度连同各级官称也同汉朝内地诸王国相仿。对70岁以上老者赐杖的尊老礼仪也仿效汉制施行。南越国"以诗礼化其民"，大力推广中原礼制文明的措施，在岭南地区的考古发现也可得到证实。南越国时期墓葬的随葬品之中往往也配有一套效法中原的陶制礼器，如鼎、钫、壶、盒等。1983年广州象岗山南越王墓的发掘，出土了数套青铜编钟、编磬、勾，这不仅证明了南越国设有仿效汉朝乐府的主管音乐的机构，更证明了南越国统治阶级也盛行汉朝的礼乐制度。㉛南越王墓出土的成套编钟、编磬、勾，器形与中原战国末年及西汉初期的同类乐器相同，可知南越国的乐府应与汉乐府职同。

早在先秦时代，人们就将舞乐分为雅乐和俗乐。雅乐是我国古代祭祀天地祖先、朝会、宴享时使用的正统音乐，表演庄重严肃。俗乐是指民间的歌舞，表演形式自由奔放、轻松活泼。雅乐以钟磬为主，为金石之乐；俗乐以管弦为主，为丝竹之乐。南越墓葬中，发现不少金石类乐器，包括钟、钲、勾、铎、铃、于、铜鼓以及石磬等。石磬与钟一样是雅乐不可缺少的乐器，汉代俗乐通常很少使用石磬演奏。而钟一般分为铜甬钟和铜钮钟，成组依大小秩序悬挂编排者则称为"编钟"。广州南越王墓就出土了一套14件的钮钟和一套5件的甬钟。

除中原文化外，楚文化也对岭南有很大的影响。春秋晚期，楚国势力已到达湖南，战国时期已拥有湖南全境，《史记·吴起列传》有吴起相楚悼王"南平百越"之说，楚国虽未必派大军征服过岭南诸越，但有威势胁迫之现象。楚虽未直接统治岭南诸越，或统治地区很小，但至少岭南部分地区在战国时附属于楚，与楚保持着某种朝贡关系，楚从岭南曾获取珠玑、玳瑁、犀、象等物。史载古番禺称为"楚亭"。直至今日，端午节为纪念屈原的赛龙舟、吃粽子等民间习俗，在岭南许多地方盛行，比起内地来有过之而无不及。

岭南原始文化艺术有着极强的文（纹）饰审美倾向。1960年2月，在广西灵山县考古发现距今4000～10000年前新石器时代的灵山晚期智人，就有穿骨珠等文化遗物，这表明岭南当时已出现了原始艺术的萌芽。《墨子》、《韩非子》、《战国策》、《淮南子》等书，都有关于越人、楚人"断发文身"或"短发文身"的记载。《淮南子·原道训》还具体谈到岭南越族的断发文身情形：断发就是把头发剪短，文身就是在脸上、身上刺画各种纹样，据说这样下水后可避蛟龙（鳄鱼）的伤害。直至新中国成立海南岛黎族还有文身的遗俗。《礼记》也说，"南方曰蛮，亦曰雕题"。雕题是指用丹青涂于刺刻的脸额上，为文面的一种类型。尽管断发纹身含有祖先图腾崇拜的意思，但重要的是，断发纹身从具有巫术礼仪的重要含义逐步过渡到人体的审美含义。

岭南新石器时代晚期遗址中所发现的南越族陶器表面的花纹装饰已相当美观，大多压印有方格纹、菱形纹、曲尺纹、圆形纹、米字纹、水波纹等纹饰。由于这些花纹图案很多是几何图形，因此，这一类陶器被考古学界命名为几何印纹陶。到了春秋战国时期，几何印纹陶达到鼎盛阶段，形成了独具岭南地方特色的一个陶系，有别于中原地区仰韶文化的彩陶陶系和龙山文化的黑陶陶系。

当时陶器的装饰方法，有横印、拍印、施压、刻划、镂孔、附加堆纹、彩绘等7种，尤以拍印纹几何图形戳印最为突出，成为岭南地区几何印纹陶的代表。根据《广州汉墓》中的统计，这种几何图形戳印形成的印纹共有124个不同结构的图案花纹，通常采用方格纹做陶器的底纹，其上再拍印各种几何图形的小戳印，而每一个戳印则作为一组构图单位。底纹中衬托出主纹，纹样繁而不乱，富有变化，具有南越的地方特色。印纹中还有一种贝印纹，以扇贝、毛蚶等贝壳做制纹工具，印纹呈斜直、斜弧、弦纹状等。刻划纹饰也是南越陶器中的一个特色，其刻划特别精细。纹样有篦纹、圆点、水波纹、陶纹、斜线纹、横线纹等，一般都刻划在器物最显眼部位，由此可见越人对几何纹饰的钟爱。纹饰中以篦纹使用最为普遍，通常刻制成旋转状纹带，给人一种动态的感觉。刻划纹中亦有以贝壳为划纹工具，纹饰有斜线、曲折、水波、菱形、连弧形等。贝划纹和刻印纹陶，其纹饰往往施用于罐釜类的颈部至上腹。

岭南地区早期的陶器，除了大多数是几何形图案外，也有绘彩和施釉。陶器的彩绘主要流行于中原地区新石器时代，岭南发现的不多。南越彩陶多用黄色和白色为底色，红色纹做主题花纹，黑色用来勾轮廓线，彩绘纹饰多为云色纹，亦有少量水波纹和弦纹等，纹样流畅自然，繁而不俗，和南越漆器上的纹饰风格基本相同。

秦汉出土的南越漆器中，大都饰有花纹图案，其中最主要的是彩色漆绘。用色漆绘出的花纹，色彩鲜艳，不易剥落。南越花纹图案可分为三类。一类是几何纹图案，常见的有几何云纹、方连纹、雷纹、波浪纹、菱形纹、"B"形纹、涡纹、栉纹、点纹等。这一类纹饰显然是受到南越几何印文陶器纹饰的影响。第二类是龙凤、云气、花草纹图案，有云纹、凤纹、云龙纹、云凤纹、卷云纹、星云纹、鸟首形纹图案等。还有一类是写生动物图案，有鱼纹、蝉纹和犀牛纹等多种，纹饰的特点总的来说是细致、流利，还常用线条勾勒，图案富丽且复杂。

而南越国的玉器纹饰也是多种多样，依纹样主要分为几何纹和动物纹两大类。几何纹又分为单一线纹和组合纹两种，常见有弦纹、宽带纹、陶纹、斜网格纹、涡纹、游丝纹、蒲纹、蒲格涡纹、谷纹、勾连雷纹和花瓣纹等。

南越国一方面继承了岭南越族先民特有的几何印纹的装饰传统，同时又受到中原文化的影响，从而形成了一种独特的装饰风格。

四、岭南建筑园林中的"文"饰

孔子及儒家"文之以礼乐"的美学思想，从审美的角度上，可以从两个层面去认识：一是对人，通过美育对人的提升，是对人在本质上的升华；二是对物，通过对物的美饰，反过来又作用于人，同样使人得于美育的熏陶。荀子所说的"性无伪则不能自美"，就是强调艺术的人工制作和外在功利。在岭南传统建筑中，最能体现中原文化和楚文化的就是先秦儒家美学思想和屈原楚骚美学思想，即"文"饰和"好修"。岭南建筑具有极强的装饰表现。

1975年，考古工作者在广州中山四路发现南越王宫署遗址（秦汉造船工场遗址），有一段长约20余米的砖石走道，走道上面铺有石和砖，两侧砌有大型的印花砖夹边，砖质坚硬，宽70厘米×70厘米，厚12～15厘米。砖面印有几何印纹图案，全为菱形纹。菱形纹为横五竖九，可能寓意"九五之尊（砖）"，粤语中"尊"与"砖"同音。考古报告认为："砖石建道是属于赵佗称帝之后营建的大型宫室的一个附属部分。"[32]另外，考古人员在中山五路新大新公司大楼基础下，发现一片约130余平方米的汉代大型陶砖铺砌的地面，共发现百余块大型的砖，砖为长方形，长65～75厘米，宽40～60厘米，厚10厘米，砖面划有方格似棋盘状。《广东美术史》中，李公明根据考古学材料作过这样的形象遐想："现在假设我们从北面接近当年的番禺城。在距北城门还有三里地左右，我们看到今天的越秀山上有一座旌旗猎猎的土台，那是赵佗拜受汉高祖诏书的越王台；来到今天的中山四路附近，我们会看到一座堂皇的宫室，地上铺印花大地砖，窗棂是砖质的，瓦当图案涂着朱红，屋脊有朱、绿相杂的塑饰在夕阳下华美增辉；出出入入的官员、办事员有些穿着有金银色印花图案的丝绢衣裳，他们还和晚风一起带出了清越悠扬的乐韵。"[33]

从考古中发现，晋代岭南墓砖有长方形、刀形、楔形三种。砖质细密坚实，砖表面多有拍印或刻划上去的花纹和文字。南朝岭南墓葬建筑装饰有新的变化，在墓壁墙间砌直棂假窗，墓室窗格上下方设砌菱角牙子，墓砖表面纹饰种类较多，图案纹样也趋于复杂，主要有方格、莲花、叶脉、鱼、双鱼、忍冬、朱雀等纹样。岭南青铜器时代的器皿外表装饰存有夔纹、云雷纹、方格纹为组合纹的印纹硬陶。韶关西河晋墓出土的陶畜舍，屋身也印有方格纹。可以说，几何形的图案已从原始工艺美术的装潢装饰走进了建筑装饰。

南汉大举兴宫筑苑，宫苑极为富丽堂皇，《南汉书·高祖纪》有"建玉堂珠殿，饰以金碧翠羽，悉聚珍宝实之"的记载。《五国故事》称南汉"十五年作秀华诸宫，皆极瑰丽"。其中的南薰殿，据《南汉书》称："柱皆通透，刻镂础石，各置炉燃香。"而万政殿则"一柱用银三千两，以银为殿衣，间以云母"[34]。

"文"饰艺术在岭南的建筑及园林中都有很强的表现，有些甚至比起北方或江南建筑来有过之而无不及。在岭南民间建筑和园林建筑中，常用各种工艺手法来表达其艺术效果，包括石雕、砖雕、木雕、陶塑、灰塑、灰批、彩描、嵌瓷等艺术处理，以至于有的建筑看上去有装饰堆砌之感。佛山祖庙建筑屋顶上长达20多米的殿脊，用佛山石湾自己生产的陶塑构成，各种立体的人像烧釉，神态生动，栩栩如生。广州的陈家祠，又称作陈氏书院，采用中轴线对称布局的手法，前后三进，包括9座厅堂、10座东西斋、6个庭院，建筑群主次分明，虚实相间，庭院与建筑紧密结合，体现出传统四合院建筑严谨规整的整体美感。祠堂中大量运用木雕（图3-1a）、砖雕（图3-1b）、石雕（图3-1c）、陶塑（图3-1d）、灰塑、铁铸、铜铸、壁画以及书法对联等艺术装饰，各种装饰工艺充分发挥了材料的性能特质，给人以巧夺天工之感。还有番禺余荫山房深柳堂，其书斋、卧室之间隔屏门，也是采用了极为精工的桃木和紫檀雕刻（图3-2）。

江南园林重在园林空间，模仿大自然的真山真水，造园以自然取胜，通过叠山理水，植物配置，浓缩了自然界俊美的山水风光，园林山水追求逼真，达到"虽由人作，宛自天开"的艺术效果。如拙政园、留园堆土石山，满山遍植林木，颇有山野气氛。网师园的池岸则呈凹凸洞穴状，水石造型自然流畅，给人以弥漫无际、源头不尽之感。环秀山庄则山体自然，酷似真山，被誉为中国园林现存假山中的第一佳构。

a-木雕

b-砖雕

c-石雕

d-陶塑

图3-1　广州陈家祠装饰

岭南园林重在庭园建筑空间，强调以建筑、装饰、小品、植被等综合取得的艺术效果，而这种效果在很大程度上表现为人工的艺术。从南越王宫署御花苑的水池和从南汉药洲遗迹留下的池形以及现存较完善的岭南古典庭园的池形看，园林中的水体布置一般不像江南园林那样，用自然的池形水面，而喜用较为规则的方池或曲池。庭园布局规整严谨，甚至连庭园路径也采用规整的形体图案，有很强的人工艺术感受。叠石手法亦有很强的人工味，岭南庭园堆山极少用土，而用石。岭南名士梁九图在诗

图3-2　番禺余荫山房深柳堂间隔装饰

中更是直言道，"不看真山看假山"，直接告诉观者就是要人工艺术的堆山。叠石堆山通过点题使其艺术性更强，如"东坡夜游赤壁"、"风云际会"、"虎踞龙盘"、"狮子上楼台"、"苏武牧羊"等。岭南庭园和民居宅院里喜爱放置盆景作为观景，同样具有极强人为修饰的艺术效果。

第二节　原天地之美：造园与环境交融

一、老庄美学思想

老子是道家学派的创始人，同时也是道家美学思想的奠基者。在先秦美学中，老子美学无论同儒家还是其他美学相比，都有着很不相同的特征。孔子极力主张"仁学"，调节统治者与人民之间的关系，实行一种较为温和和符合人道精神的阶级统治。老子则认为孔子所提倡的那一套仁义道德不但无益，而且极端有害。老子把社会罪恶现象都归咎于是由文明和发展所引起的，因此他把人类在物质和精神文明上所做的一切努力和追求都看作是一种违背自然的人为活动，这种活动破坏了原有那种天然合理的素朴状态。要清除文明所带来的各种罪恶，就要停止对物质和精神文明的一切追求和努力，以"无为"的原则代替"有为"的原则，事事纯任自然，不要人为地去干预它。在老子看来，这样做的结果，并非无所作为，相反能够成就一切事情，使人民免除灾难，自由快乐地生活，同时也能使国家统治者永保其天下，这就是所谓的"无为而无不为"[35]。老子倡导无为而无不为的思想，主张无为而治天下。

由于老子认为纯任自然的状态是人类最理想的状态，实行自然无为的原则是治理国家社会、使社会摆脱文明所带来的各种灾难的惟一正确有效的途径，因此老子就把他所说的"无为而无不为"提升到了支配整个宇宙的高度，并依据当时已取得的某些自然科学的知识，给以哲学的论证，得出了他所谓的"道"。老子认为无为的"道"是宇宙的本原和根本法则，人应该以"道"为法，清净无为，素朴自然，保持无知、无欲、无争的状态，这是人性之"常道"。"人法地，地法天，天法道，道法自然"[36]，物质的变化，天地之运行，都遵循一定的规律，即自然。

"无为而无不为"的思想观点，决定了老子美学与孔子美学有很大的区别。孔子充分肯定社会的物质文明和精神文明，肯定美与艺术在社会的精神文明中所具有的价值。老子则从"道"的自然无为的角度去观察美与艺术，寻求如何得到自由发展。老子认为"道"的自然无为原则不但支配着宇宙万物，同时也支配着艺术现象，是美与艺术的欣赏和创造必须遵循的根本原则，离开了自然无为，也就谈不上美和艺术了。因此，顺应自然规律去求得个体生命的自由发展是最高的善，同时也即是最高的美。

庄子进一步发展了老子的美学思想，认为自然的一切都是好的，人为的一切都是不好的。庄子的美学思想是和庄子关于"道"的思想联系在一起的，庄子认为"道"的根本特征在于自然无为，并不有意识地追求什么目的，却自然而然地成就了一切目的。人类生活也应当一切纯任自然。这种与"道"合一的绝对自由境界，在庄子看来就是惟一的真正的美。庄子还认为各种人为的审美和艺术活动都是有害于人的自然本性之发展，认为真正的美不是世俗人们所追求的感官声色的愉快享受或权势欲望的恣意满足，而是一种同自然无为的"道"合为一体，即超越人世的利害得失，在精神上不为任何外物所奴役的绝对自由的境界。"素朴而天下莫能与之争美"[37]，"澹然无极，而众美从之"[38]，表明了美在于超功利的自然无为。所以老庄主张审美应"道法自然"，所谓"致虚极，守静笃"，不仅是人生境界，也是艺术审美境界。

庄子曰："天地有大美而不言，四时有明法而不议，万物有成理而不说。圣人者，原天地之美而达万物之理。是故圣人无为，大圣不作，观于天地之谓也。"[39]庄子还曰："夫明白于天地之德者，此之谓大本大宗，与天和者也……与天和者，谓之天乐。"[40]在庄子看来，美的基本表现在于和谐，在于与自然的和谐。"天地之德"就是自然，"天乐"就是"与天和"，就是任随自然。自然事物之美就在于它们自然而然，故"真者所以受于天也，自然不可易者也"[41]，"莫之为而常自然"[42]。庄子所曰的"自然"就是老子常说的"道"。庄子所谓"原天地之美"，就是要把握万物美之所自成，即不作而是、不作而成的根本。庄子的美学本体论就是"物之自尔"、自然而然。这对于自然造物来说，就是"有自性，尽其自性"。这种有自性、尽其自性是自然美的关键。自然而然，物尽其性，对于人之造物——艺术来说，就是要"以天合天"，在于事物方方面面的天然弥合，天然凑泊。

孔子的美学思想，主要突出艺术功效的作用，而老庄美学思想，主要是对艺术本性的认识，所以孔子美学思想在于文、野之分，老庄美学思想在于自然、人为之分。从庄子的"素朴而天下莫能与争美"中，可以看出老庄美学思想与孔子美学思想的差异。孔子主张"文"饰，讲究人为艺术的创造；而老庄美学讲究的是"素朴"，这种"素朴"，不是相对于华彩而言，而是相对于人为伪饰而言，也就是指的自然。庄子有"天籁"之美的说法，认为大自然原始混沌的美是最美的，若加入了人工的雕饰，这种自然美就遭到了破坏。在庄子看来，大自然"不刻意而高"，"刻雕众形而不为巧"，"澹然无极，而众美从之"，于是从中总结出一条规律：最高的美必定是"自然"。所以，以老庄为代表的道家美学思想和以孔子为代表的儒家美学思想，由于观念有别而导致悬别，同样对待艺术审美，一个崇朴素，一个主绚丽，一个以天然胜，一个以人工胜。

孔子美学思想和老庄美学思想反映在岭南园林上，是一种对立的统一，前者体现在园林的造园手法，而后者表现在园林的环境选址。与江南园林相比，岭南园林的特点在于是在自然环境中的人工艺术，而既然是人工的，就要充分表达这种人为的特征。江南园林则是用人工造园艺术表现自然的山水环境，追求自然的环境形态，从而淡化人为的艺术痕迹。

二、园林营造与自然取向

岭南的自然地理位置和气候条件，使岭南人喜欢户外生活，居住场所常选择既生活方便而又景色优美的环境，所以，山水环境的格局成为生活空间的首选。桂林城将奇峰、秀水、异洞结合在一起，城中山峰相峙，漓江与榕、杉二湖相互辉映。山得水而活，水因山而媚，形成"群峰倒映山浮水"、"船在青山顶上行"的如幻似梦之意境，被誉为"桂林山水甲天下"。粤西肇庆城比起桂林来也毫不逊色，城市布局将七星岩湖光山色和西江小三峡连成一片，站在古城七星岩牌坊下，只见湖水浩淼，碧波荡漾，隔湖相望，七座叠彩铺翠的山岩从东南走向西北，犹如贯珠，列峙为北斗七星，明万历年间肇庆府将七座星岩分别命名为阆风、玉屏、石室、天柱、蟾蜍、仙掌、阿坡，一直沿用至今。七座山岩奇峰翠绿，怪石嶙峋，而峰下湖面的湖心堤则垂柳依依，绿树成荫，湖心堤中建有荫梓亭，过去亭里曾写有这样一副楹联："荫林阴里乘凉日，梓里辛劳歇担时。"从楹联中可以悟出生活空间与山水环境之关系。

前面第一章已提及南汉造园时就将园林景观与城市的自然环境形态结合起来，古代广州城的布局是"青山半入城，六脉皆通海"，北面为山，南面为海（江）。白云山以云景出名，"每当秋霁，有白云蓊郁而起，半壁皆素，故名曰白云"[43]，白云山林木荫茂，其主峰摩星岭，海拔372米，风景优美，号称"天南第一峰"。与城北明代城墙相连的是越秀山，越秀山峰上的明代建筑镇海楼，是城墙中的最高点。镇海楼也称望海楼，楼分5层，高28米，阔31米，深16米，红墙绿瓦，雄伟壮丽，凭栏远眺，山川形胜，羊城景色，尽收眼底。屈大均认为镇海楼"其玮丽雄特，虽黄鹤、岳阳莫能过之"。白云山的低谷与越秀山相连，现广州城内的登峰路便是当年攀登白云山的主道。此外，城内和城墙之外还有番山、禺山、东山、西山，可见广州古城内已融入相当面积的青山绿地。古代珠江是非常辽阔的，又有海潮涌入，故当地人不称珠江而称"珠海"，过江称"过海"。从白云山流下来的甘溪和文溪穿城而过，南汉以后凿池形成芝兰湖、西湖、菊湖等，与双溪连通，而后又形成六脉渠，溪水最终汇入珠江。六脉渠是指古代广州城内六条排水大渠而言。渠是按城中地形，利用小河溪、凹地加以疏通而成。《羊城古钞·省会城郭图说》："古渠有六，贯串内城，可通舟楫。使渠通于濠，濠达江海，城中可无水患，实会垣之水利。"通过水体形成点、线、面的城市园林景观，城市的山水环境格局使城市生活空间融入了轻快、活泼而又优美的自然景观环境。

岭南历来对自然景观景色看得较重，从广州历代羊城八景的点题中也可看出这一思想。

宋代羊城八景为：扶胥浴日、石门返照、海山晓霁、珠江秋色、菊湖云影、蒲涧帘泉、光孝菩提、大通烟雨。

元代羊城八景为：扶胥浴日、石门返照、粤台秋月、白云晚望、大通烟雨、蒲涧帘泉、景泰僧归、灵洲鳌负。

明代羊城八景为：粤秀松涛、穗石洞天、番山云气、药洲春晓、琪林苏井、珠江晴澜、象山樵歌、荔湾晚唱。

清代羊城八景为：粤秀连峰、琶洲砥柱、五仙霞洞、孤兀禺山、镇海层楼、浮丘丹井、西樵云瀑、东海鱼珠。

"扶胥浴日"是指浴日亭中观看日出的景色。浴日亭在广州东郊约40公里处珠江边的山丘上，山丘为三面临江的小半岛，岗边岩岸陡峭，当年江水直拍岗脚。登临四眺，海空相接，旭日东升，霞光万道，成为"浴日"的奇景，苏东坡来游时曾写下"忽惊鸟动行人起，飞上千峰紫翠间"之诗句。石门为广州小北江与流溪河的汇合处，以两岸群山对峙、壁石如门而得名，夕阳西下，云蒸霞蔚，与江中水波相映，景观绮丽，故得名"石门返照"。"海山"是指宋代的海山楼，位于珠江边。《舆地纪胜》曰："海山楼在城南，极目千里，为登览之胜。"海山楼美景以"晓霁"特出，当天刚出晓而又雨过天晴时，浴日更加美丽。珠江在清代以前江面是非常宽阔的，秋季时节因沙泥冲入较少，水色清澈碧绿，不似夏季洪涛涌潮时江水混浊，故"珠江秋色"给人们以清新之感。以珠江景色点题的还有明代八景的"珠江晴澜"和清代八景的"东海鱼珠"。珠江晴澜表示晴空万里潮涌成澜的美景。东海是指珠江东面广宽的河段而言，鱼珠是指江中凸起的礁石而言，由于石块被波涛冲刷，圆净如珠，故名鱼珠石。"菊湖云影"中的菊湖得承于南汉池园，宋代时成为游览中心，菊湖水静如镜，因映入晴空云彩而得名。"蒲涧帘泉"是指白云山的山涧，涧中长有蒲草，蒲涧特点是峡谷内林木荫深，泉水在谷旁渗出，水质甘甜，故有甘溪之名。"光孝菩提"是指宋城西北角的光孝寺，寺在林荫之中。大通为宋代寺名，全称"大通瓷应禅院"，相传寺内之井能预报天气，凡下雨前，井会冒烟，故得名"大通烟雨"。

　　元代八景的"白云晚望"，是指白云山南面白云寺晚望亭的胜景。"景泰僧归"一景中，景泰是寺名，僧归是亭名，景泰寺的僧归亭为当时胜景之一，与白云晚望亭一起成为白云山南北之幽境。"灵洲鳌负"的灵洲，是广州西北西江郁水的江心小岛，由礁石组成，又称作灵洲山，其礁石形象如同鳌鱼的背脊，故名"鳌负"，意指人间仙境。"粤台秋月"即指越秀山越王台秋季之夜景。越秀山也作粤秀山，赵佗在此建越王台以来一直是游览之胜地，明代八景的"粤秀松涛"、"象山樵歌"和清代八景的"粤秀连峰"、"镇海层楼"均为此地。"粤秀松涛"因山上的马尾松林在风吹下形成浑厚的"松涛"之声而得名；"象山樵歌"的象山是越秀山西北处的山冈，越秀山一带峰连松茂，为当时砍樵之地；"粤秀连峰"是"粤秀松涛"、"象山樵歌"景色的延续；"镇海层楼"是因在越秀山顶建起了镇海楼，成为广州城的最高点而选入八景。

　　"穗石洞天"是指明初城内坡山的穗石洞，"穗石"是由五仙骑羊持穗飞临楚庭并化为石的美丽传说而得名，《广东新语》曰："穗石洞有一巨石，广可四五丈，上有拇迹，迹中碧水泓然，虽旱不竭，似有泉眼在下，亦一异也，城中天然之石惟此，余皆客石。"穗石洞内因以往江水涡流侵蚀出来的"瓯穴"地形，被称为仙人脚印，旧称"仙人拇迹"。"穗石洞天"胜景中还有五仙观，为人们拜祭五羊仙人之地，自明至清不衰，清代被评为八景之一"五仙霞洞"。"番山云气"是指城中番山园林美景，因林木荫蔽，水汽充足，云霞自生，冬日雾浓而得名。"药洲春晓"的药洲，为南汉时形成的西湖药洲，药洲最有名气的是九曜石，沿湖置有楼、馆、亭、榭，风景秀丽。"琪林苏井"是指明代的玄妙观东坡井，观前有琪林门，观内有苏井，明代时观内古迹甚多。"荔湾晚唱"的荔湾即荔枝湾，唐代始因种植荔枝出名，明代时这里水乡泽国，河涌纵横，渔民聚居荔湾，白天出江捕鱼，晚上返回内湾停泊，这种水乡风光被誉为当时的八景之一。

　　"琶洲砥柱"是指广州东南20公里珠江中的一个江心岛，因山势顶部山形似琵琶，故称为琵琶洲，并在洲上兴建九层名曰海鳌的高塔，成为珠江的中流砥柱。"孤兀禺山"景点当年为城内中心的最高点，明代时已"其上多松柏"，以后建有关帝庙、城隍庙以及禺山书院，为游人集中之地。"浮丘丹井"得名是因丘如同浮于水中。宋代以前该山丘四周为水，宋时丘下有珊瑚井，井因海神献珊瑚而得名，明代开辟为游览区，清代浮丘仍有紫烟楼、晚沐堂、珊瑚井、大雅堂、留舄亭、朱明馆、挹袖轩、听笙亭八景。"西樵云瀑"中西樵指南海西樵山，距广州西面68公里，因山上多树可樵得名樵山，山以流泉飞瀑出名，特别是白云洞飞流千尺的景观"白云飞瀑"更为突出。

在园林景观中，自然景观和人文景观经常是相互交融、相互衬托的，从广州羊城历代八景中，可以看到以自然景观点题要比人文景观点题重要得多，即使是以人文出名的景观，也是以自然景观来点题。相比之下，杭州西湖的十景苏堤春晓、柳浪闻莺、花港观鱼、曲院风荷、断桥残雪、葛岭朝暾、雷峰夕照、南屏晚钟、三潭印月和平湖秋月，尽管其景观是以自然景观为主，但点题之比重还是以人文的居多。从这里可以看出岭南园林的自然取向和受到的老庄美学思想的影响。

在过去岭南城市的布局和建设中，潮州西湖和惠州西湖同样体现了山水环境的格局。潮州城东有韩江穿流，湘子桥雄跨韩江两岸，"湘桥春涨"为潮州八景之一。江旁韩山之山腰建有韩文公祠，前后两进，左右两廊。祠前种有橡树，其"韩祠橡树"是昔日潮州八景之一。清两广总督吴兴之诗碑中描述了此地风光："过桥寻胜迹，徙倚夕阳隈。绿水迎潮去，青山抱郭来。"潮州城西有西湖（图3-3），古为韩

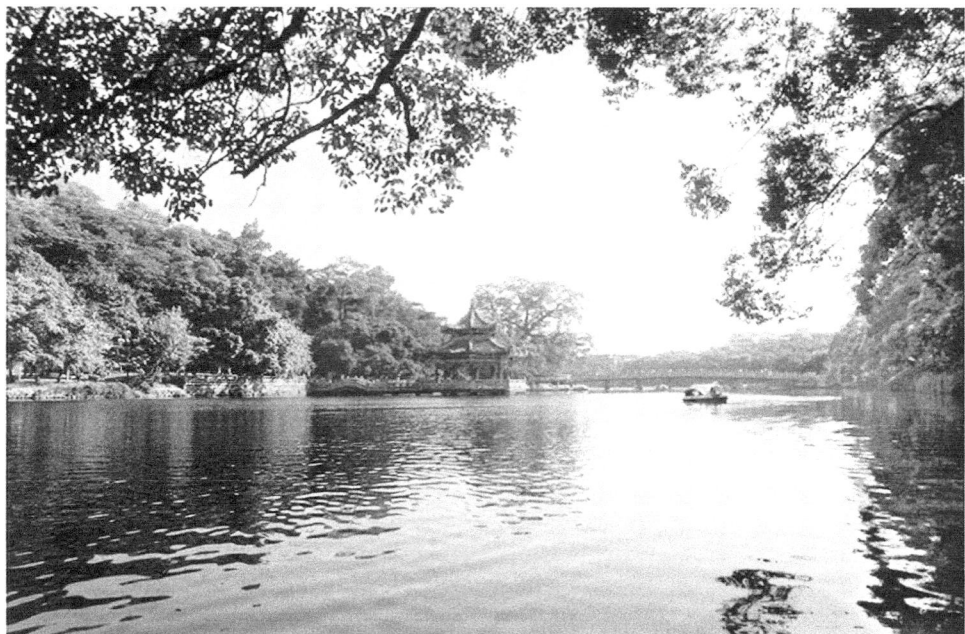

图3-3 潮州西湖景色

江支流，唐代时修北门堤，遂竣之为湖。宋代时重辟西湖，使西湖"诛茅穿藓，插柳植竹，间以杂花，盘纡诘曲，与湖周遭，横架危梁，翼以红阑，境佥平开，虹影宛舒，数步之内，祠宫梵宇，云蔓鳞差，萦绕女墙，粉碧相映"[44]。惠州西湖，古称丰湖，位于惠州城西。西湖北界东江，西依丰山等山地，东、南两面都与城区相接。西湖历史悠久，自然布局甚佳，有五湖六桥八景之胜。五湖为平湖、丰湖、南湖、鳄湖、菱湖，六桥为烟霞桥、拱北桥、西新桥、明圣桥、圆道桥、迎仙桥，八景为水帘飞瀑、半径樵归、野寺岚烟、荔蒲风清、桃园日暖、鹤峰返照、雁塔斜辉、丰湖渔唱。五湖一脉相通，水面宽阔，南北纵长6公里，东西横宽4公里，面积约为24平方公里。宋绍圣元年（1094年）文学家苏轼携妾王朝云、子苏过谪居惠州，一住三年，留下朝云墓、六如亭，以及苏轼助款修筑的苏堤、西新桥、东新桥等遗迹，还有苏轼手迹与宋、明、清名士题咏的摩崖石刻。湖内诸洲交错，沿着竹岸柳堤，可见掩映着的红棉水榭、百花洲、点翠洲、泗洲塔、九曲桥等景物（图3-4）。湖边山影，倒映水中，烟云聚散，深具曲折变幻之妙。杨起元《平湖堤记》曰："泉源淳潏，波澜荡漾，鱼虾产育，菱茨布叶，烟云会散，凫鹭沉浮，桥梁亭榭，沓霭飞动，雨降水溢，循渠奔飞，清澈悦目，傍可列坐，上拟布石，用匮而止。鹅城万雉，半入鉴光，渔歌樵唱，朝夕相闻。"这种素野质朴的岭南园林风光，正如清代吴骞在《西湖纪胜》中所说："西湖西子比相当，浓抹杭州惠淡妆；

图3-4 惠州西湖风光

惠是苎萝村里质，杭教歌舞媚君王。"清康熙年间惠州州守王瑛评论惠州西湖时也说过此话："惠之西湖苎萝之西子也，杭之西湖吴宫之西子也。"从古人对杭州西湖和惠州西湖的比较中，可清楚地认识到岭南园林的造园理念。

钟情于自然山水，享乐于自然环境，已是岭南人的一种生活追求。明末清初广东的著名诗人屈大均，在他的著述和吟咏中，许多笔墨都寄情于山水。他以粤北翁源的翁山为自己的字，又因翁山有八泉而自号八泉翁。屈大均别号泠君，是取义于粤北乐昌的泠君山，其居室名四百三十二峰草堂，则取义于罗浮山的四百三十二峰。他盛称阳春白水山十三叠泉为"天下飞泉之冠"，以"十三叠泉"作为他的琴名。在他的《广东新语》里，多处描写了生活在大自然环境中的情趣，其对珠江三角洲水乡风貌有过这样的描述："顺德有水乡曰陈村，周回四十余里。涌水通潮，纵横曲折，无有一园林不到。夹岸多水松。大者合抱，枝干低垂，时有绿烟郁勃而出。桥梁长短不一，处处相通，舟入者咫尺迷路，以为是也，而已隔花林数重矣。"其河汊纵横如网，小桥流水，花树迷舟，确是诱人。

江南私家园林追求林泉深邃的意境，其表象是园林造园模仿自然景象，但实际上还是受到儒家思想的影响，因为这种自然景象是由人工"艺术"造出来的。而岭南私园，虽然在园林造园手法方面，特别是建筑的装饰和水庭的处理上，人工艺术性较强，但在选址与布局方面，大多结合自然环境，追求或者保持原有的自然景色。广州城北的"杨氏别业，门前临水，旁植水松十九株，颇饶野趣"[45]。而城西有南海人叶梦龙"新构小阁，阁前有亭，其下为白鹅潭，其东有溪，曰'柳波'，其西南即花埭也。三面临水，海阔天空，风雨阴晴，倏忽万状。余颜之曰'天开图画阁'"[46]。"柳波"即柳波涌，是明清时一条风景秀丽的河涌，沿涌园林很多，陈春荣在《香梦春寒馆诗钞》自注中记有："吉祥馆，熊伯晴孝廉筑，在城西吉祥溪上，后一望藕塘，遥接白云山，前绕柳波涌水，馆阶种小草，名曰'吉祥'，紫花香甚，光洁可爱。且梅海竹烟，幽趣有旨焉。""镜花堂，招云生茂才书筑，在柳波涌之荷香别墅。堂开四面环水，复道亭台，花香鸟语，风景可人。"清代丘熙的虹珠园，傍依荔枝湾，编竹为篱，依树为幄，内有擘荔亭可观湖水风光。其园林景色如南海李欣荣诗中所曰："两三株柳菊残丛，留得池亭入画中，香茎惜埋春草绿，野塘新筑夕阳红。"李文秦《海山诗屋诗话》的《漫兴六首》里，也可看出其对自然素野的偏爱：

雨过池塘水气凉，红莲花让白莲香。四围莲叶三分水，一个沙鸥破夕阳。

疏疏篱落野人家，绿树当门路几叉。石蹬月明人独坐，晚风吹折紫藤花。

水浸银塘要跨桥，竹阴清冷暑全消。苍苔满地无人扫，蝌蚪书成字几条。

潮来潮去总无痕，滑滑花泥糁草根。凉露满湖人语净，打渔船到不开门。

凤仙花发半溪红，蝴蝶翻飞四面风。池上水光笼晓树，贩花人立雨丝中。

种菜归来雨满衣，趁晴江上燕交飞。深林月出黄昏晚，终日看花坐钓矶。

江南园林多用水体造景，水景仿自然池岸，水源仿佛从洞穴中溢出。与江南园林一样，岭南园林也喜用水体造景，虽然岭南园林的水体大多呈规则的几何形状，但池水是流动的，多从附近的溪涌中挖渠引入。早在明代时，广州城西南长寿寺内园林的水池，连通荔枝湾和珠江，池水随着珠江的潮汐而增减，当时有一副对联写道："红楼映海三更日，石通江两度潮。"王士祯的《广州游览小志》记有："池北为半帆，循廊曲折而东，为绘空轩，轩前佛桑、宝相诸花，丛萃可爱。由半帆并池而南，缘岸皆荔枝、龙眼。池之南为怀古楼，高明洞豁，其下为离六堂，水木清华，房廊幽窈，如吴越间寺。"道光年间广州的也园，为香山人鲍逸卿太史之别墅。也园别称榕塘、榕堂或庸堂，"有老榕一株，古木参天，浓荫蔽日。榕之下为榕堂，堂之下为榕塘，塘之上有楼、有亭、有轩、有室、有桥、有廊。春秋佳日，榕塘主人置酒邀朋，弦诗续画"。在榕塘内，二月登楼，远眺四面如同火烧，好一派"十里红棉绕画楼"。也园之塘水通城壕，而城壕的水随着珠江潮水有长有消，故塘水也会随着时间的变化而有深有浅。清代广州城西的潜芳园即麦氏花园，麦氏恃势将园林周围用地尽为所有，园近泮塘，引水为池沼，荷香荔色，殊有佳趣。潘仕成的海山仙馆，园内小岗松柏苍郁，岗旁湖广百亩，与珠江水相通，备有游船作游湖之用。园林还巧借荔枝湾水景，俞询庆《荷廊笔记》里评价潘园："胜为有真水真山，不徒以有楼阁华整、花木繁缛称也。"园中不但有荔枝等果品诱人，还养有孔雀、鹿、鸳鸯等动物怡情。

第三节　审时度势：造园之务实思想

一、雅俗嬗变的观念基础

从宋画《清明上河图》上，可以看出以汴京为中心的宋代城市，已构成一个商业、交通都相当繁荣发达的都市景象。中国自宋代开始，城市的生活化、商业化功能得到了极大的发展。到明中叶时，这种因素，也可以说是资本主义的萌芽，更为显著。

商品经济和城市的繁荣，扩大了市民队伍，这样使市民意识作为一种社会意识形态登上了历史舞台，其结果对社会生活和各个方面都发生了巨大的影响。首先是"本末"观念的改变，以往崇本抑末、重农轻商的传统思想和观念开始瓦解，明万历《歙志》称，正德以前，民间还是"妇人纺织，男子桑蓬，臧获服劳"的局面，至正德末嘉靖初时，从商之风始盛，"出贾既多，田土不重，操资交捷，起落不常"。以宣扬儒家思想的士大夫队伍，也在思想上发生了"以末为本"的颠倒，形成"以廉贾起家，力本之谓，何谋买田"[47]的新观念，出现了"官商合一"、"农商合一"的社会发展。许多地方出现了"右贾而左儒"[48]的情况，如徽州有"以经商为第一等生业，科第反在其次"[49]的风尚。徽商或是"先儒后贾"，或是"先贾后儒"，或是"亦贾亦儒"，都为当时士人"贾而好儒"的重要特色。《徽商研究》一书认为"徽商之所以能够在艰难曲折的道路上不断发展壮大，乃至成为称雄商界的劲族，是与这一重要特色分不开的。徽商之所以在经营中重视商业道德，讲求经营之道，也无不是这一特色的体现"[50]。以往士大夫那种"君子不问货币，羞于言利"的思想已逐渐消退，传统的"义利"观念产生了巨大的变化。所以意识形态的变异，对一般的社会风气、社会心理和文化构成起着深广的影响。

明代以后，国内经济与文化的重心已逐渐移至南方，岭南的经济也发展很快。明代至清中期，是古代广州最繁荣的时期，明代把宋代建造的三城合一，扩大了城市范围，促进了商业的发展。广州在嘉靖、万历年间，城市居民"大小俱有生意"，形成"小巷亦喧填"的状况。城内商店种类繁多，尤以城南和城西的商铺最为繁荣，宋代南城的城濠在明代时发展为繁华的玉带濠，由于水路交通便捷，故玉带濠成为商品云集之地，其濠畔街是"天下商贾聚焉"的闹市区。濠上船舫相接，濠畔建筑偕连。明末清初著名文士屈大均在《广东新语·濠畔朱楼》中记有当年玉带濠之情景："背城旧有平康十里，南临濠水，朱楼画榭，连属不断，皆优伶小唱所居。女旦美者，鳞次而家，其地名西角楼。隔岸有百货之肆、五都之市，天下商贾聚焉。""当盛平时，香珠犀象如山，花鸟如海，番夷辐辏，日费数千万金。饮食之盛，歌舞之多，过于秦淮数倍。"[51]南京秦淮河的繁华天下驰名，而广州玉带濠竟"过于秦淮数倍"，可见当初之盛境。而城西则"通夷舶，珠贝族焉，西关尤财货之地，肉林酒海，无寒暑，无昼夜"[52]。清代的佛山已发展为"商贾丛集，阛阓殷厚，冲天招牌，较京师尤大，万家灯火，百货充盈"[53]的商业城市。

以往农村是自给自足的田园经济，是生产与消费直接合一的。商品经济的发展，使流通过程提高到重要的位置，从而导致了自身的生产与个人的消费发生了脱节，人们对商品物质消费就更为依赖，商品经济意识也就越来越强。传统的精神文化也就受到怀疑和抛弃，因为这种文化的符号意义太多，而所具有实际内涵的成分则太少，文化的精神符号已经极大地阻碍和限制了人的存在和发展。如果说，"雅"代表着精致成熟的文化传统和趣味范型，是文化的符号体系的表现，"俗"则代表着人本身存在发展的自然要求与强大趋力，是生存的直接性、生命原创力的表现。这种"雅"、"俗"对立与嬗变，反映了封建文人士大夫的美学趣味，转向了市民倾向的美学趣味，像徐渭、李贽、汤显祖、冯梦龙等名流雅士，都不讲"温柔敦厚"，而放谈"直露怨怼"，不说"中正平和"，而好说"新奇诡怪"，不顾"养气修文"，而倡导"本色独造"，不去"载道佐治"，而提倡"游戏娱性"。

二、经世致用的美学思想

早在明代，曾被称为"有明一代文臣之宗"的海南琼山人丘濬，就主张通经致用、济世安民，特别倡导经世致用的思想。其经世致用思想抓住了当时社会的根本，对有关国计民生的经济，积极寻求对策，提出了财用为立国之本、食货为生民之本、而得民则是为君之本的治国纲领。丘濬除了重视传统的农业生产外，主张应同时发展手工业和商业。商业贸易的日益发展，商品经济的逐渐繁荣，从而也改变了人们对待商业的价值观念，如丘濬就说过："民之于食货，有此者无彼。"丘濬认为财是立国之本，富国必须要做到利民，所以他又说："食货者，生民之本也。"[54]

清代，朱次琦、陈澧等岭南文化学者，反对空谈，务求实用，讲究经世致用，强调面对社会实际，注重学问社会功用。朱次琦在反对脱离实际的学问时提出："读书者何也？读书以明理，明理以处事。先以自治其身心，随而应天下国家之用。"[55]康有为称赞朱次琦，谓其"主济人经世，不为无用之空谈高论"。太平天国的洪仁玕，提倡文风革新，主张文以纪实。他在《戒浮文巧言谕》一文里，强调"文以纪实，浮文在所必删，言贵从心，巧言由来当禁"，对以往"士"阶层的"不务实学，专事浮文"深为感慨。晚清岭南香山（今中山）人郑观应曾曰："今使天下之大，凡有心口，各竭其知，各腾其说，以待轩之采，刍荛之询，不必谓言出于谁某，而但问合于时宜与否。"[56]可见郑观应是把"合于时宜"作为判断言论是否正确的惟一标准，这与"唯上"、"唯书"的传统观念是背道而驰的。岭南文化思想的变革导致了岭南美学观念的变革，因此明代以后，"无论书画艺事、工艺美术、建筑艺术，都粲然大备，表露光芒"[57]。

李公明所著的《广东美术史》在元代美术一章中论述道："文人化的绘画艺术的确是仍未在广东出现，以至在画史上竟是一整段、一个时代的空白。当然，民间绘画的活动仍是在进行着、发展着的，瓷器中釉下彩绘和墓室中的人物、动物等砖刻画像便是带有绘画性因素的文物遗存。但是，它们毕竟与真正的绘画艺术有所不同，它们只是实用性的、装饰性的或宗教迷信性质的器皿或物品。"李公明虽然只是指出元代岭南美术状况，但岭南画坛上直至近代之前都没有形成自己的风格。明代时先受浙派影响，明中期以后，在全国画坛上，以沈周、文徵明为首的吴门画派大盛，浙派对画坛的影响迅速被吴派所取代，当时广东画坛亦大势所趋，吴门风格日渐明显成为粤画的主流。但从另一方面，绘画艺术的实用主义却为岭南经世致用的审美思想奠定了良好的基础。

　　明正统年间的广东顺德人李孔修，笔墨虽近吴门，但其风格绝不媚俗，画意表达也不虚饰夸张。李孔修是位深受民间喜爱、有神奇色彩的画家，其画在民间有许多神化了的传说，如谓其猫画可以治鼠等。生于清嘉庆十九年（1814年）的苏仁山，是广东绘画有史以来最杰出的画家之一，为广东顺德杏坛乡人，其题跋及印章资料表明，苏仁山有非儒排满的思想成分，在他看来，儒学不切实用，无补社会与人生。苏的绘画鲜明独特的艺术风格使人赞叹，其作品在民间曾被视为"仙笔"，苏仁山绘画的题材以人为主，更多的表现是仙人、道士、古医和一些非贤非圣之人或神，但都是在民间深受百姓敬奉的人物。如《岭南十五仙》、《五羊仙》、《八仙》、《光孝寺十八罗汉》等，所塑造的各种人物形象，貌极平凡，情极平淡，但都自然地表现了人物的气度和神韵。与苏仁山基本为同时代人的苏六明，也是顺德人，当时与苏仁山被誉为"二苏"。苏六明之画最有特色和为人称道的是表现市井平民生活的风俗画。其《谭三献艺图》，画一位身怀绝技的盲人乐师，手足并用，自奏自唱，人物形象的神情、动态都恰到好处，自然如实地表现出画家的感受。岭南清末花鸟画家居巢、居廉兄弟，在传统的没骨法（不用墨勾线条轮廓，直接以色彩点染）基础上创造了撞水撞粉技法，注重实地实物写生，追求形象逼肖自然，一反明清画坛上占主导地位的脱离现实之风气，其不囿于传统笔墨成规、直面自然生态生灵的画法，对后来岭南画派影响深远。

　　岭南明代陶瓷在装饰性方面，在全国明瓷艺术中占有重要的一席之地。最为人瞩目的是广东佛山石湾窑的颜色釉和窑变釉，石湾窑不仅能仿烧景德镇的彩瓷、钧窑的青釉夹紫红斑、磁州窑的白釉与绣花等全国名窑产品，而且其中许多釉色还超出所仿对象的局限，有青出于蓝的称誉。如仿钧窑的艳丽蓝釉，有所谓"钧窑以紫胜，广窑以蓝胜"的说法。可见其有超出仿制对象的高超艺术特性。

　　18世纪中叶时，广州的外销画开始兴起，至19世纪初达到兴盛的时期。所谓外销画，主要是指一种带有风俗、风景写生和纪念旅游性质的外销商品绘画。直至今天，晚清中国外销画研究在海外仍是一个很受关注的领域，美国的克罗斯曼（C.L.Crossman）在1972年出版了专著，香港艺术馆在1982年成功地举办了题为

图3-5　广州外销画家在作画
引自《老广州屐声帆影》

《晚清中国外销画》的展览。当年外销画的起因是18～19世纪在欧洲各国普遍流行的"中国热"，东方的神奇色彩令西方人感到惊讶，而中国的瓷器、家具、丝织品则使商人、市民乃至王公贵族爱不释手。由于欧洲人对绘画艺术作品仍保留了很大程度的欧洲风味，故广州的画家看准时机，大量临摹绘制以西洋绘画技法为主的、西方画家在中国沿海城市，如香港、澳门、广州等地所描绘的风景、风俗民情方面的作品（图3-5）。

　　岭南之广东音乐早期受中原古乐、昆曲、江南小曲小调的影响很大，有不少曲目类似江南丝竹乐，后来逐渐形成自己的风格特色，以曲调玲珑剔透、优美流畅，节奏清新明快，音乐清脆明亮，旋律婉转动听而著称于世。其表现技巧和艺术性，具有大众性、娱乐性和创新性。客家山歌、壮家山歌、流行于珠江三角洲的咸水歌等，形成了自由活泼、不拘一格的特色，内容与生产生活、风俗人情结合很紧。可见岭南民歌，不管是汉族还是少数民族，都意深情厚，富于浓郁的生活气息和乡土情调。

三、岭南造园的务实表现

　　经世致用的务实精神，表现在岭南园林中，就是不拘于传统的形制和模式，重在适用。明代中期的岭南学者陈白沙提出了"学贵乎自得"、"以自然为宗"的主张，"自得"就是要有自己的见解、自己的风格。陈白沙在谈到以自然为宗时，作过这样的描述："天命流行，真机活泼。水到渠成，鸢飞鱼跃。得山莫杖，临济莫渴。万化自然，太虚何说？绣罗一方，金针谁掇。"[58]陈白沙的诗文中，很喜欢用"鸢飞鱼跃"之词，水阔凭鱼跃，天高任鸟飞，这种自然生态，确有天机活泼、生意盎然的感受。人们只有在"真机活泼"的"万化自然"中，才能绣出罗帕一方独特的图案。这种不拘一格和充满情趣的生活方式，以及反对矫揉造作、华而不实的美学思想也影响着岭南园林造园艺术的创作构思。东莞可园的构筑便是在"水流云自还，适意偶成筑"的立意上，巧借园外山水之色，灵活自然，造园达到"可以"

即成，一切以"可"字为中心，不去追求过分的东西。

　　岭南人追求生活的真实，注重生活的过程和意义，关心和需要的是现实和身心的体验，不停留在表面的矫饰和虚幻的风雅上。"不为无用之高谈空论"的思想渗透在百姓的价值观、审美观以及生活方式等诸多方面。以适用出发，注重园林的经济实用、布局的便捷旷朗、装饰的平和通俗、园景的自然实在。园林空间将日常功用与悦目赏心有机地结合起来，达到情趣雅俗共赏。

　　岭南园林的务实表现，主要体现在下面三个方面：

　　第一是园林造园与日常生活联系密切，具有实际性与实用性。岭南造园的思想立意与北方、江南园林有所不同。北方、江南园林有着浓厚的传统文化根基，园林造园模仿名山大川，园主人寄情于园林山水之间。岭南园林虽然也叠山理水，但园主人并不像江南园林那么刻意追求山水，也并不完全陶醉于山水园林的享乐之中，岭南园林没有像江南园林那样"怡情写意徜徉游憩"，在岭南人眼里，园林生活只是全部生活的一小部分，所以，并不刻求园林某些细部的精雕细琢，并不居于某一园林的终生享用，而强调园林的随见性和环境的怡人性。因此，园林不仅存在于私园，也存在于城市公共活动区域之中，如惠州西湖、潮州西湖、肇庆星湖和以前的广州西湖、荔枝湾等，以及公建园林，如酒家、茶楼、戏园园林等。

　　江南园林受传统的儒、道、禅文化的影响很重，注重造园的完美性，会不断地经营、改进园林的布局和景观艺术效果。而岭南园林受商业实利思想的影响，强调生活的跟进性，园林的布局构成和造园立意受某一阶段的社会思想潮流影响很大，因此园林的变动性较大，故园林造园不强调其完美完善而去精雕细琢。岭南园林与江南文人士大夫园林相比，其世俗功用的审美观念表现得更为强烈浓郁，岭南这种物质享受型的园林与北方、江南文化享受型的园林有着极大的区别。

　　岭南私园以生活享受、实用、游乐为主，反映在布局上，园林与住宅融为一体，并以居住建筑作为园林的主体。江南私园虽然也具有生活享乐之功能，但同时更是文人雅士归隐逸世之地，反映在布局上，园林与住宅有较为明确的分布，通常分开设置。即使是合建，如苏州的网师园（图3-6）、扬州的个园（图3-7），住宅与园林部分也相对独立。住宅部分平面和形式深受儒家思想的影响，规整，突出轴线，形成层层深进的院落天井式布局；而园林部分则深受道禅思想的影响，追求自然、幽静、深邃的意境。同样，北方园林在布局上，与江南园林的造园思想有相近之处。北京的王府园林，如恭王府，其住宅与园林也是相对独立，园林与住宅布局是前府后园，或是主府旁园，北京帽儿胡同的可园（图3-8）就是如此。北方园林和江南私园相比，则可看出受儒家思想影响更重，园林的地位是从属于府第的地

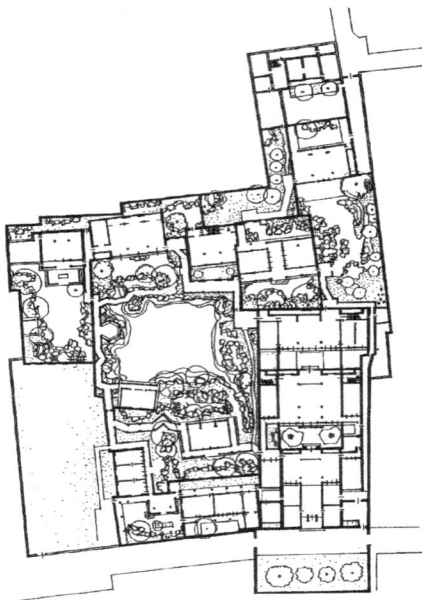

图3-6　苏州网师园平面图
（摹自《中国古典园林史》）

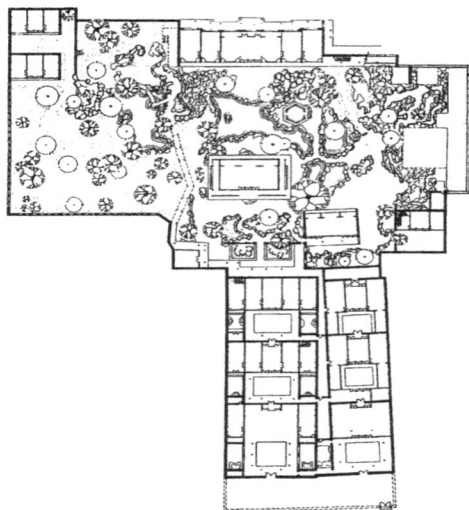

图3-7　扬州个园平面图
（摹自《中国古典园林史》）

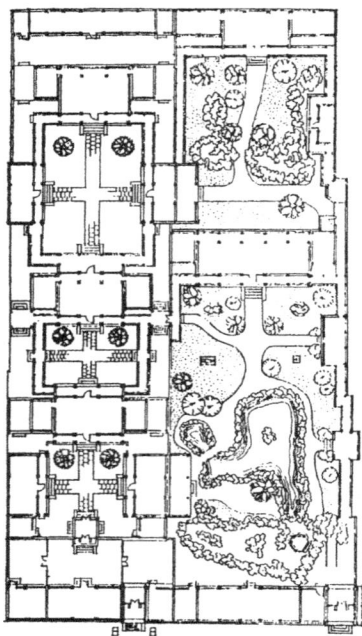

图3-8　北京帽儿胡同可园平面图

位。江南园林中，园林与住宅的比重是园大于宅，至少也是园、宅的比重对半。岭南城镇的大部分私园，由于用地紧张及经济等原因，规模都较小，但通过不规则的序列方式形成灵活多变的庭园空间，生活起居和庭园结合在一起，既满足居住功能，又享受"山林水泉"之乐。

第二是结合岭南的地理气候特点。岭南地区气候炎热多雨，湿度很大，夏秋季常有台风暴雨。园林造园比较周密地考虑了气候的因素，非常注意朝向、通风条件和防晒、降温。岭南园林的庭园布局特别是粤中庭园，常用的有两种方式，一种是前疏后密式，一种是连房广厦式，这两种布局方式都有一个共同的特点，就是前低后高（南低北高），迎合夏季主导方向。前一种以顺德清晖园为代表。清晖园的前部

（南面）布置庭园，后部是密集的建筑群，它通过庭园、天井院落、巷道以及敞厅等形式来组织自然通风，夏日的主导风，无论从平面布局或纵向的设计布置，都能吹到后院的每个角落。后一种以东莞可园、广州小画舫斋为代表。岭南园林喜用庭园或庭院的园林布局方法，这除了岭南地处丘陵地区、农耕地少、土地价贵而造成园林用地狭小之外，最为重要的原因就是受气候条件的影响，用建筑围合而成的庭园或庭院可利用建筑的楼宇和廊墙来减弱强风暴对园林的侵袭，将肆风对园林景观植物的破坏尽可能地减少。同时，墙体遮阴避晒，形成大面积的阴影区，减少热辐射。上述两种方式在园林中常混合灵活使用，像清晖园后庭密集的建筑布局，使院落、门窗、墙面等经常处于阴影之下，减少阳光的直接辐射而取得了较好的降温效果。

前低后高，也即南低北高的园林建筑构成方式，夏季使主导风南风和东南风流通，冬季能阻挡北风的侵袭，这是园林中常用的方法。像前面提到的清晖园、东莞可园等都是如此。此外，园林建筑常与水面结合，建筑紧依水面，通过水体形成降温阴凉的小气候。岭南园林很少用土堆山，且园内满铺地面，硬质铺地和软质种植相互结合，减少外露土，以避免暴雨的冲刷。

第三是园林营构往往结合物质生产，尽量做到多种用途。城市园林的大型水体常结合供水、排涝、灌田养鱼、浚渠筑堤、舟船通行。惠州西湖"筑堤捍水，延袤数里，中植水门备潦，叠石为桥与上，鱼利悉归于民，奏免课钱五十万"。"湖之利，溉田数万顷，苇藕蒲鱼之利，岁数万，官不加禁，民之取其利者众，其施丰矣。是以谓丰湖"[59]。雷州西湖"如筑堤储水，建东西二桥，名曰惠济桥，下置闸，西闸引水由西山坡坎灌白沙田，东闸引水南流至通济桥，转与特侣塘水合渠东洋田，二闸以时启闭"[60]。并环湖建八亭，使"湖宜民又适于观"。广州荔枝湾水面上种植莲藕、荸荠、菱角、茨菇、茭笋"五秀"，其菱色翠角尖，肉轻脆甘美，《广东新语》还提到"种莲者十家而九，莲叶旁复点红糯。夏卖莲花及藕，秋以莲叶为薪。其莲多红，以宜藕宜实也"。堤岸上种植荔枝，"居人以树荔为业者数千家，长至时十里红云，八桥画舫，游人萃焉"[61]，被誉为千树荔红，白荷玉立，五秀飘香。端州（肇庆）西湖也记有"多鱼利及莲藕，菱茨之属"。在合理利用湖水资源上，《广东新语》记得更为详细："广州西郊，为南汉芳华苑故地，故名'西园'。土沃美，宜蔬，多池塘之利。每池塘十区，种鱼三之，菱莲茨菇三之，其四为薙田，以莨为之，随水上下，是曰'浮田'，一名'架田'，亦曰'篻'。冬时去篻以种芹，而浮田不见矣。芹生冬春之交，得木气先，长至四五尺，茎白而肥，以西园所产为上。"

在庭园栽种果树，是岭南园林的特色之一。果树不但具有观赏价值，又有遮阴的功效，还能让人们品尝佳果美味。南汉时广州城西的苏氏花园种有蕉林，以"幽胜第一"，刘鋹"微形至此，憩绿蕉林"，并"命笔大书蕉叶曰'扇子仙'"，苏氏则在蕉林处建"扇子亭"。元代时在昌华苑故址作御果园，栽植柠檬树八百株，制成"渴水"，"香酸经久不变"，被列为贡品。吴莱为此还题诗一首："广州园官进渴水，天风夏熟宜檬子。百花酝作甘露浆，南园烹成赤龙髓。"果树栽植的品种较多，有龙眼、荔枝、枇杷、芒果、黄皮、杨桃、蒲桃、香蕉、芭蕉、橙、柑、橘、番石榴、番木瓜、白梅、凤眼果、人心果、沙梨、白梨等等。东莞可园内有以荔枝、龙眼等岭南果木为主要景物的庭园，几棵枝柯粗壮的荔枝在庭中崛起，绿叶吻檐，浓荫交加，使人感到幽邃宁静。当夏日荔熟蝉鸣时，来客常在树下观园赏乐，品尝新荔。有诗曰："频歌摘得新，差免此腹负。"

第四节　西学东渐：园林之西化手法

鸦片战争以后，岭南成为了国外资本主义势力入侵的前沿，外来文化的输入是采取强制性的方式进行的，尽管这种交流方式是不对等的，但客观上带来了文化交流的发展。鸦片战争在使中国人看到西方的侵略性与血腥性的同时，也使中国人觉醒到中国文明的不足。鸦片战争始于岭南，这就使岭南首先直接面对近代中国文化的变革，中西文化的碰撞一方面使传统文化受到冲击，另一方面却使岭南文化在短时间内，吸收了西方文化大量精华并将其糅合在岭南多元一体化的文化格局中，使得岭南近代文化产生了质的变化。

岭南地区在接触、吸收西方文化方面有着"得风气之先"的优势，岭南文化思想利用其优势，从被动接受西方文化到主动适应时代要求，开启了了解世界、学习西方的历史过程，从而完成了由"得风气之先"向"开风气之先"的飞跃。"得风气之先"与"开风气之先"相得益彰，相互促进，形成良性循环。

一、西学东渐的思想理论

"西学东渐"最早由岭南的思想家开始传播，提出了向西方寻求真理的新思想和新观念。梁启超说过："广东人旅居外国者最多，皆习见他邦国势之强、政治之美，相形见绌，义愤自生。""广东言西学最早，其民习于西人游，故不恶之，亦不畏之。"[62]广东香山县南屏镇（今属珠海市）人容闳，曾就读于美国耶鲁大学，是中国第一位进入美国名牌大学的留学生。回国后写下了著名的《西学东渐记》，认为"以西方之学术，灌输于中国，使中国日趋于文明富强之境"[63]。容闳在推行近代教育外，还为谋求中国的近代化而提出创办机械工业的主张。曾国藩接受了容闳的建议，委以全权，拨款六万八千两，设机械厂，后定名为江南机械制造局，这是东方第一家机械厂。

岭南近代思想家、太平天国后期领导人之一的洪仁玕，其《资政新篇》吸取了"师夷长技"的思想，明确提出采用西方文化科学以达到"富民"之途。《资政新篇》是中国人开始意识到必须建设器物文明的产物，表明了中国人已经认识到中国当时社会自身之不足。从不足而产生革命，是中国人民觉醒的标志。《资政新篇》涉及政治、道德、科技、世俗习惯变化的新因素，可以看作是揭开岭南地区中西文化互补思想的新界碑。

1864年太平天国农民运动被镇压后，农民战争暂时转入低潮，汉族督抚集团曾国藩、李鸿章、左宗棠等推行起"洋务运动"，洋务运动首先是创办军事工业，然后推广机械工业。早在第一次鸦片战争失败以后，魏源在林则徐《四洲志》的基础上编成了《海国图志》，在《海国图志》中提倡"师夷长技"来发展近代军事工业的所谓"器物"文明，指出"为以夷攻夷而作，为以夷款夷而作，为师夷长技以制夷而作"[64]。"洋务"对岭南官办工业影响较晚，但在通商、文化方面的影响却非常大。当时曾任过两广总督的近代洋务派思想家张之洞提出了"中学为体、西学为用"的主张，认为旧学即中学，是根本，纲常名教是"礼政之原本"，而西学即近代西方文化教育、科学技术只在于"应世事"。以张之洞为代表的洋务派创办的一些书院教育，以及康有为在广州创办的万木草堂，造就了一批从事传播"西学"的人才，对岭南近代文化思想的形成有一定的影响。

传播西学与重铸传统儒学，形成了中西文化交汇的各种思想形态，如"道本器末"、"道不变而器可变"、"中体西用"、"体用一致"，等等。从魏源到洋务派的官员们都主张"变器不变道"，甚至想通过"变器"来"正道"。近代早期资产阶级改良派思想家郑观应的《盛世危言》以本末关系来折中糅合中西文化："中学其本也，西学其末也。主以中学，辅以西学。"[65]并主张道器结合，"道器贯通，体用兼备"。认为"器"即器物，"道"则为性命之原、天人之故，器由道生，道为实，器为虚，两者关系应是"虚中有实，实者道也；实中有虚，虚者器也。合之则本末兼赅，分之乃放卷无具"[66]。康有为发展了郑观应的思想，提出道器一致、体用一致的理论，他说："购船置械，可谓之变器，不可谓之变事；设邮便、开矿务，可谓之变事矣，未可谓之变政；改官制、变选举，可谓之变政矣，未可谓之变法。日本改定国宪，变法之全体也。"[67]康有为以日本变法颇有成效的经验，批判了"变器不变道"的理论。

针对洋务派的"中体西用"说，何启、胡礼垣也提出了"体用一致"的新见解，在他们看来，体和用、本与末是不可能绝对割裂的整体，"本末者，事之终始也，指一事之全者而言"，"体用者，身之全量也，指一身之完者而言"，因而"本末有先后而无不同也"，"体用有内外而无不同也"。这种学说用在中西学之关系上，就是不但要学习西方的长技，而且还要学习西法的全体。

二、中西合璧的审美观念

列强的洋枪洋炮轰开了中国闭关自守的大门之后，西方文化汹涌而入，成为一股难以抗拒的潮流，民间的许多知识分子，甚至连一些朝官、士大夫也转而仰慕西方文化，不少学生纷纷涌向西方和日本留学。随着时代的变迁，岭南审美观念发生了很大的变化，在传统世俗观念的基础上融入了西方的思想，岭南艺术风格方面，中体西用的审美观念较为突出。各类艺术以各种途径和方法进行着变革的探索。

康有为主张诗歌的新形式，反映时代的新精神。他在《菽园论诗兼寄任公孺博曼宣》中就直表心愿："新世瑰奇异境生，更搜欧亚造新声。"主张在继承优秀传统的基础上，运用新的艺术表现手法来创造雄奇新异的诗歌意境。梁启超在诗歌方面也进行了诗意、诗体和诗境多方面的革新尝试，积极改造旧体诗形式，诗歌的内涵融入了新思想、新知识、新名词及民间口语。其许多诗歌都是当时"诗界革命"浪潮中涌现出来的上乘之作，像《读陆放翁集》、《太平洋遇雨》、《东归感怀》、《澳亚归舟杂兴》、《南海先生倦游欧美》，等等。在当时的《新民丛报》半月刊上，梁启超撰写的《饮冰室诗话》，采用了诗话的形式，积极赞美诗界革命，总结新派诗的创作经验，校正诗界革命的方向，这对当时诗坛起着重要的激励作用。

许多有识之士在看到中华民族文明的同时，也看到西方文化的优势。魏源曾到澳门花园听洋女弹奏洋琴，赞叹如入"蓬莱"。西方乐器有着它独特的演奏魅力。产生、流传和发展于珠江三角洲一带以及粤西、广西广府方言区的纯器乐演奏的民间音乐——广东音乐，在吸收中原古乐、昆曲和江南小调的基础上又融入了西方音乐的某些因素，特别是西洋乐器的应用，如小提琴、木琴、吉他、小号等，音域、音色、音质都得到改善，广东音乐的表现力更为丰富。乐曲中带规律性的使用装饰音和"加花"的旋律发展法被普遍运用，从而使广东音乐逐步成为明显有别于其他地域的民间乐种。被广泛用于地方音乐主奏及说唱、戏曲伴奏的扬琴，起源于中东、波斯地区，明代传入中国，最初流传于广东沿岸，后遍及全国。正因为扬琴首先在广东流传，加上在广东音乐、曲艺、粤剧中的作用，逐渐形成广东地方乐种独特的演奏手法和特色，如用右竹法演奏技巧表现的《旱天雷》《到春雷》，用滚竹、坐竹、轮竹等丰富技巧演奏的《倒垂帘》《连环扣》，等等。

　　自明代以来，岭南绘画就开始逐步形成自成一派的特点，通过取法自然而求新求变，富于创造性。外国绘画艺术的传入，使岭南绘画风格走向融汇中西绘画艺术、改造旧传统表现形式的求变之路，形成了国内非常有影响的岭南画派。岭南画派产生于20世纪初，以高剑父、高奇峰、陈树人为创始人，主张"折中中西，融汇古今"，以建立现代化、民族化、大众化的美术流派。"二高一陈"早年都留学日本，受到日本画家参酌西方绘画以革新日本画的启发，在艺术风格上，"二高一陈"既有来自日本画和西洋画的影响，也有师承岭南名画家居廉、居巢国画艺术的脉络，以及广东画坛历来师法自然、求新求变的传统风气影响。高剑父认为，"折中"就是博采众长合于一身而已。虽然"二高一陈"与稍后的徐悲鸿、林风眠等人都是走融合中西绘画艺术之路，但在融合中西上，"二高一陈"与徐、林等人所不同的是紧紧依附于国画的命脉，由此出发，亦以此为皈依。

　　把西洋、东洋画法引入中国画，是岭南画派艺术风格的主要特征，在岭南画派外，也有不少画家学习西画，但仍为"西画自西画，国画自国画"，岭南画派率先冲破中、西画法的鸿沟。"二高一陈"把追求国画中的"形似"建立在比较完善的现代科学知识的基础上，运用西方绘画上的投影、透视、光阴法、远近法、空气层等技法，在保留国画固有的笔墨、气韵特点的基础上，吸取西欧水彩画的光彩特色，使画面显得色彩明丽，墨晕清新。

三、岭南造园的西化手法

　　西方文化不仅对岭南的文学、音乐、绘画等艺术类影响很大，而且对岭南近现代建筑园林也有很大影响，特别是在岭南建筑的外观造型和园林的造园手法上。

　　西式建筑出现于广州可上溯至晚清，因对外文化与商贸的发展、外国传教士和商人在岭南的定居而兴起。如位于广州今中山大学校园内的马丁堂，建于1905年，是国内较早的钢筋混凝土建筑，属券廊造型建筑。该建筑在岭南近代建筑技术史上有重要地位。而位于沙面的西式建筑群，则为外国商人晚清所建，形式有新巴洛克式、新古典式和折中主义式等。民国以后，留学回国的工程师、建筑师日渐增多，广州开始出现中西风格融合的一般建筑和高层建筑。20世纪初，广州开辟马路，西方古典建筑中的券廊等形式与广州传统形式相结合，演变成广州的"骑楼"建筑。"骑楼"是跨人行道而建的，建筑之间相互连接形成有遮蔽的人行道长廊，适应亚热带气候，方便行人，成为广州商业区街景的主格调。位于商业中心的各大茶楼，其外观形式无论偏重传统特色还是模仿西洋古典风格，但多以折中糅合为主，形成岭南饮食文化市井风情之特有形式。如位于中山五路的惠如楼，创建于清光绪元年（1875年），立面二楼采用四柱三拱券形式，外置凸出的半圆阳台，有西方巴洛克的风韵。而第十甫的莲香楼，开业于1889年，其外立面采用华丽的科林斯柱廊装饰，与室内的中国传统装修迥然异趣。1937年4月落成的爱群大厦，是广州第一幢仿美国摩天楼式的高层建筑，高15层64米，占地800多平方米，气势雄伟，既吸收了西方建筑艺术风格，又保留了岭南建筑的艺术特色。外观设计采用垂直线条手法，十五层则以宝冠状为顶。爱群大厦落成后声誉鹊起，被誉为"南中国建筑之冠"、"开广州建筑之新纪元"。当时陈济棠《登爱群楼》诗云："万尺云楼日影悠，目空四海五湖舟。早年建设今何在，但见珠江滚滚流。"

　　岭南的欧式园林最早出现在外国人的洋房花园内，沙面从1859年起沦为英法租界后，分别在英法租界里建成"皇后花园"和"法国花园"。而英法领事馆也都布置有园林格局，像位于广州惠爱路的原法国领事馆，1929年辟为动物公园，1933年改为永汉公园（图3-9）。1932年时，英国领事馆的一部分被辟为公园，取名净慧公园（图3-10）。澳门的南湾公园，是一座近乎欧式设计的园林，因靠近加思栏兵营，又称加思栏公园。花园分成高低两部分，园林低处置有八角亭公众书报室，原为花园的酒水部（图3-11）；高处再分两级，上下有石级相连，挡土墙下的壁亭采用圆拱形门状，外有喷水池（图3-12），高部建有一座颇为别致的圆柱形建筑物，高2层，原为欧战纪念馆，纪念第一次世界大战的阵亡葡军，建筑外观也是

图3-9　广州永汉公园（原法国领事馆）

图3-10　广州净慧公园（原英国领事馆的一部分）

图3-11　加思栏公园八角亭

图3-12　加思栏公园喷水池

采用圆拱形的门窗，墙壁塑有图案花纹，顶端筑有皇冠形状的装饰（图3-13），现已改为伤残人士协会。该处园林建筑有南欧沿海地区的建筑风格。西方几何形平面构图的园林，虽然很早就被介绍到岭南来，但在岭南完全采用西方园林构图手法来造园，还是在20世纪初。目前岭南存留下来用西式手法造园的园林，最早的要算广州的人民公园。人民公园位于广州市公园路和府前路之间。园内古树参天，奇花异草，环境十分幽静。它是1918年由孙

图3-13　加思栏公园原欧战纪念馆

中山倡议辟建的，原为清抚署故地，1921年建成时的名称是第一公园，1926年改名为中央公园（图3-14），直至1966年才改称人民公园。中央公园由留法工程师杨锡宗设计，采用了意大利公园规整中轴对称的几何构图法。用西式几何构图手法修建的公园还有当时的海珠公园、永汉公园等。海珠公园为一椭圆形的小岛，称之为海珠石，位于广州今沿江一路总工会大厅前"开拓者"雕塑一带，清代时为海珠炮台，1928年扩建为公园，岛上木棉成林，公园轴线起端为海军将领程璧光的铜像（图3-15），1931年因扩筑新堤而将海珠岛并入陆地。现只有人民公园是广州至今惟一保留下来的西式古典公园。

　　开平立园是由华侨谢氏家族于20世纪20年代开始兴建的，立园的规划布局采用了西方的造园手法，即园林为中轴对称的几何形平面构图和西方的建筑造型。立园河溪北部的两个园林建筑亭子，一个为平顶，平顶上面竖有五个圆拱小塔亭，四角较小，中央的最大（图3-16）；另一个亭子颇有特色，平面呈矩形，四周和穹隆顶

图3-14　广州中央公园

a-中央公园亭子

b-1992年在中央公园开设的市立美术学校

图3-15　原海珠公园内海军将领程璧光铜像

图3-16　开平立园西式亭子

盖都做成镂空状，阳光射进亭内，形成网状的阴影效果（图3-17）。这种造型的亭子，应该源于西欧北部地区。德国汉诺威市郊的赫恩豪森花园，是德国至今在整体上还保留着原状的极少数巴洛克园林之一，其小花园对称的两个亭子，就是采用镂空穹隆顶的。西欧北部地区天气较冷，阳光从漏空的穹隆顶射入，起到纳阳休闲的作用（图3-18）。还有英国皇家植物园邱园，也有这种镂空的凉亭（图3-19）。立

图3-17 开平立园凉亭

图3-18 德国赫恩豪森花园凉亭

图3-19　英国邱园内的凉亭

园的亭子在这里是反其道而用之，亭子周围种有高大的树木，这与欧洲以花卉草地为主的花园做法截然两样，在夜晚或树荫下于亭子内休息观赏，夏风徐徐吹拂，备感安逸。立园的水池造型，也是采用西方几何形的喷水池形式，水池四周用栏杆围合，这与中国传统造园的山石池岸做法大相径庭（图3-20）。立园的主体建筑庐，是一种具有地方侨乡特色的别墅（图3-21），庐的平面为2～3层，屋顶以平顶为主，立面及入口采用柱式和西方的建筑语言符号。

图3-20　开平立园西方几何形的喷水池

图3-21　开平立园别墅毓培楼

岭南地区在19世纪初期起受外来建筑的影响特别大，特别是粤中、粤东、闽南和台湾地区，钢铁、混凝土等材料以及西方柱式、外廊式建筑、地下室等一些外来形式在庭园中得到了广泛采用。如潮阳西园的假山圆亭及地下水晶宫，用陶立克柱廊楼房形式，建筑还深入至潭底（图3-22）；澳门卢廉若花园的水榭厅春草堂，外观造型采用的是外廊式平顶建筑，其柱子采用古罗马混合柱式（图3-23）。庭园建筑造型吸取外来形式的还有广州西关逢源大街陈廉仲公馆，临涌处建有一座西洋古典式的水阁，和假山"风云际会"石景互相配合起来，饶有风趣（图3-24）；除外观造型外，建筑细部、装饰装修等方面吸取外来建筑形式和技术的就更多了，如拱形门窗、外廊式阳台、铁枝花纹栏杆等。

图3-22　潮阳西园的假山圆亭

图3-23　澳门卢廉若花园的春草堂水榭厅西洋柱式

图3-24　广州陈廉仲公馆西洋古典式水阁与假山石景

[注释]

① 程昌明译注.论语·雍也.太原：山西古籍出版社，1999：64.

② 同上：61.

③ 程昌明译注.论语·子罕.太原：山西古籍出版社，1999：94.

④⑤ 程昌明译注.论语·为政.太原：山西古籍出版社，1999：10.

⑥ 程昌明译注.论语·秦伯.太原：山西古籍出版社，1999：81.

⑦ 程昌明译注.论语·宪问.太原：山西古籍出版社，1999：153.

⑧ 李旭.中国美学主干思想.北京：中国社会科学出版社，1999：2-3.

⑨ 程昌明译注.论语·尧曰.太原：山西古籍出版社，1999：220.

⑩ 程昌明译注.论语·秦伯.太原：山西古籍出版社，1999：78.

⑪ 乐记·乐本篇.

⑫ 程昌明译注.论语·雍也.太原：山西古籍出版社，1999：60.

⑬⑭⑮⑯ 李振华译注.楚辞·离骚.太原：山西古籍出版社，1999：13，10，15，33.

⑰ 李振华译注.楚辞·橘颂.太原：山西古籍出版社，1999：147.

⑱ 李振华译注.楚辞·云中君.太原：山西古籍出版社，1999：43.

⑲ 李振华译注.楚辞·东君.太原：山西古籍出版社，1999：59.

⑳ 李振华译注.楚辞·河伯.太原：山西古籍出版社，1999：61.

㉑㉒ 李振华译注.楚辞·湘夫人.太原：山西古籍出版社，1999：51.

㉓ 李振华译注.楚辞·东皇太一.太原：山西古籍出版社，1999：42.

㉔㉕ 淮南子·人间训.

㉖ 吕烈丹.南越王墓的人殉.广州文博，1984（1）.

㉗ 大越史记全书·越监通考总论.

㉘ 黎崱.安南志略.

㉙ 黄佐．广东通志·卷40.

㉚ 《汉书·高帝纪》十一年立赵佗为南粤王诏.

㉛ 张荣芳，黄淼章．南越国史．广州：广东人民出版社，1995.

㉜ 广州市文物管理处等．广州秦汉造船工场遗址试掘．文物，1977（4）.

㉝ 李公明．广东美术史．广州：广东人民出版社，1993：123.

㉞ 南汉纪·卷五.

㉟ 梁海明译注．老子．太原：山西古籍出版社，1999：87.

㊱ 同上：44.

㊲㊵ 雷仲康译注．庄子·天道．太原：山西古籍出版社，1999：135.

㊳ 雷仲康译注．庄子·刻意．太原：山西古籍出版社，1999：158.

㊴ 郭庆藩．庄子集释·庄子·知北游．北京：中华书局，1961：735.

㊶ 郭庆藩．庄子集释·庄子·鱼父．北京：中华书局，1961：458.

㊷ 雷仲康译注．庄子·缮性．太原：山西古籍出版社，1999：162.

㊸ 仇巨川，陈宪猷校注．羊城古钞·卷二．广州：广东人民出版社，1993：108.

㊹ 潮州·西湖山志.

㊺ 徐灏．灵洲山人诗钞.

㊻ 张维屏．松心十集.

㊼ 四友斋丛说·卷13.

㊽ 汪道昆．太函集·卷54.

㊾ 二刻拍案惊奇·卷37·迭居奇程客得助.

㊿ 张海鹏，王廷元主编．徽商研究．合肥：安徽人民出版社，1995：381.

(51) 屈大均．广东新语·卷17．北京：中华书局，1985：475.

(52) 温训．纪西关史．见：广东文征·第五册.

(53) 徐珂．清稗类钞·第十七册.

(54) 大学衍义补·卷25.

(55) 简朝亮．朱九江先生年谱.

(56) 郑观应．易言·自序.

(57) 李公明．广东美术史．广州：广东人民出版社，1993：417.

(58) 陈献章．示湛雨．陈献章集·卷二.

(59) 惠州西湖志.

(60) 嘉庆·雷州府志.

(61) 黄佛颐，仇江等点注．广州城坊志．广州：广东人民出版社，1994：642.

(62) 梁启超．戊戌政变记·戊戌变法（一）.

(63) 容闳．西学东渐记·第五章·大学时代．郑州：中州古籍出版社，1998：89.

(64) 魏源．海国图志·原叙．郑州：中州古籍出版社，1999：67.

(65) 郑观应．盛世危言·西学．郑州：中州古籍出版社，1998：76.

(66) 郑观应．盛世危言·道器．郑州：中州古籍出版社，1998：57.

(67) 康有为.日本变政考·卷七·按语.

第四章
岭南园林审美特性

第一节　岭南园林美学特征

　　园林美学的内涵很广，但首先给予人们美感的是园林的形式，园林通过空间形态、形体特征、景观物象等，最终形成了象外之象、景外之景的艺术意境美。造园艺术的美学就是通过造园手法来表述其造园理念，岭南园林的造园形式和表现有着自己独特之处，所以其园林美学特征与北方皇家园林和江南园林有很大的区别，下面就环境特征、空间特征、性格特征、艺术特征四个方面分别论述。

一、环境特征

　　北方园林包括皇家园林和王府园林等，造园活动是以皇家园林为主。皇家园林造园的大环境主要依托自然山水景观，在环境选址方面，皇家园林造园是在利用自然环境的基础上进行改造，因此，首要条件是必须要有良好的造园环境，即山水景观环境。北京的大型园林集中在西郊（图4-1），从自然环境来看，西郊有着得天独厚的条件，太行山自南蜿蜒而来，到这里形成有名的西山，峰峦起伏，列嶂拥翠，成为造园极好的借景。山水是中国园林必不可少的因素，有山还得有水，而北京西郊也是永定河冲积"洪积扇"边缘的泉水溢出带，地下水水量丰富而通畅，自流泉遍地皆是，泉水涌出地面，汇成大大小小的湖泊池沼。玉泉山和万泉河两条水系像连续不断的银线把西郊十几座大小园林串连在一起。造园家利用水这个园林中最活跃的因素，巧妙安排，使其在各园中体现出不同的艺术风格，或辽阔浩渺，或蜿蜒回旋，既有宁静的平湖淡泊，也有喧嚣的流泉飞瀑。大小变化，开合放收，气象万千，形成了活泼多姿、生趣盎然、各具特色的园林。

　　清代北京著名三山五园[①]之一的静宜园，位于西郊香山，园林总面积有160公顷，山势陡峭，树木葱茏，环境幽雅，景色宜人，园林布局以山为主，景点分散于山野丘壑之间。位于西郊玉泉山麓的静明园，也是清代北京西郊著名的三山五园之

图4-1　清代北京西郊园林分布示意图

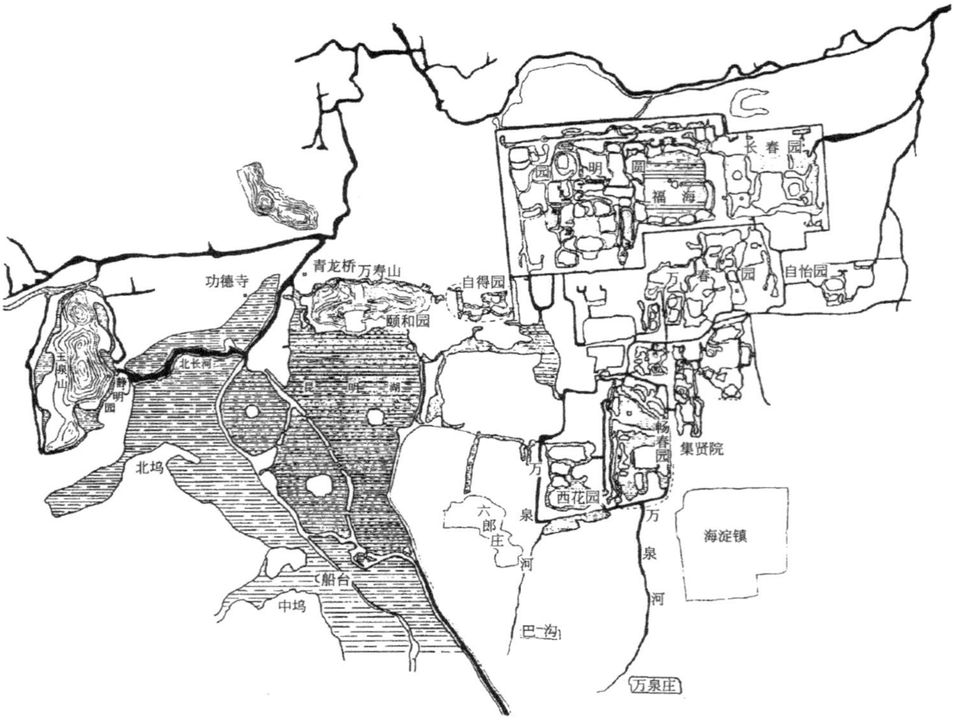

一。明蒋一葵《长安客话》载："玉泉山，山以泉为名。泉出石罅间，潴而为池，广三丈许，名玉泉池。水色清而碧，细石流沙，绿藻翠荇，一一可辨。"静明园就是利用这优美的环境造园，这里"六峰连缀，土纹隐起，作苍龙鳞，沙痕石隙，随地皆泉"。静明园南北长1350米，东西590米，面积约65公顷，园以泉取胜，环山有玉泉、宝珠、镜影、裂帛、含帛、含漪等五六个湖泊相串连。其中以玉泉最为有名，泉水自石穴喷涌而出，高达尺许，汇聚成湖，为静明园十六景之一的"玉泉趵突"，水质轻而味甘，乾隆评为"天下第一泉"。玉泉山主峰上建有一座7层八面的玉峰塔，是静明园十六景之一的"玉峰塔影"，亭亭玉立，为玉泉山的秀丽姿态增加了诗情画意，同时也成为了清漪园（颐和园）的重要借景。

颐和园原名清漪园，也位于北京西郊，是我国最大的古代皇家园林之一，它由万寿山和昆明湖两大部分组成，素以人工建筑与自然山水巧妙结合著称于世（图4-2）。万寿山是北京西山的一支余脉，山下有湖泊，《长安客话》描述此地的景况时说："环湖十余里，荷蒲芡茨，与夫沙禽水鸟，出没隐见于天光云影中，可称绝胜。"清乾隆年间，对山湖进行了大规模的改造与建设，扩大了水域范围，利用浚

图4-2　北京颐和园总平面图

湖的土方按造园布局所需堆筑成坡，使万寿山东西两坡舒缓而对称，成为全园的主体，并将水系延伸，与后山湖水形成环抱之势，从而形成"秀水明山抱复回，风流文采胜蓬莱"的胜境。光绪十一年（1885年）修治清漪园后改名为颐和园，颐和园总面积290公顷，其中水面占3/4，建筑面积达50000平方米，园中营建了各式园林建筑3500余间。颐和园总体布局依托山湖之自然地势环境，北侧依山，南面临水，湖光山色，相映生辉。

依据自然水体进行人工造园的圆明、长春、绮春三园，既有广阔的湖面，也有狭窄的溪流，既有岸芷汀兰、饶有野趣的山间深涧，也有引水围以厅堂楼阁形成的水庭。碧水长流，清泉涌出，水没有一定的形状，也没有固定的范围和流线，可任造园家刻意安排，形成不同的姿态和风格，水景成为园林中造景得景的重要因素，使园林大为增色。这些变化多姿的理水艺术，同配置适当的叠山、丰富多彩的建筑以及类别繁多的树木花卉巧妙结合，使圆明三园成为我国造园艺术达到一个新高峰时的大型皇家园林。

清代帝王的离宫别苑承德避暑山庄（图4-3），也是以嵯峨险峻的高山峡谷做

图4-3　承德避
暑山庄总平面图

图4-3　承德避暑山庄总平面图

骨架，辅之以湖河旷野，雄伟陡峭的山峦装点着苍松翠柏，显得郁郁葱葱，生机勃勃。山水相依，布局得体，自然造化加上人工雕琢使得风景如同灿烂的群星。"自然天成地就势，不待人力假虚设"，康熙的这两句诗，准确地表现了山庄的特点和设计指导思想，无论是理水开湖，还是营林铺路，都审物度势，大多依据自然地势，顺理成章，略加修饰而尽少暴露人工修整之痕迹。楼阁亭馆、桥台轩榭、寺观塔碣，也都巧妙地因借地形地貌，极富清新幽静的自然美。可以说，天然野趣是避暑山庄的基本格调。"山庄以山名，而胜趣实在水。"避暑山庄破土兴建，在自然水体状况下挖沟开渠，疏浚湖泊，前后拓出澄湖、如意湖、上湖、下湖、内湖、半月湖，形成洲岛堤岸。而后又将湖区向东扩展，增辟了镜湖和银湖。与此同时，在洲岛湖滨修筑了大量的亭榭楼阁，湖畔植垂柳，但湖岸不砌砖石，以求自然之美。山庄的一大特色在于其热河泉，清澈的泉水由地下涌出，流经澄湖、如意湖、上湖、下湖，最后汇入武烈河。盛夏时热河清泉水雾如纱，一派烟雨水态；严冬时其他湖面已是冰雪皑皑，而此处却云蒸霞蔚，春意盎然。

　　同样成为中国造园一绝的江南园林，其造园环境与北方皇家园林有着截然不同。江南宅园大都在城区，其园基往往是一无山二无水的平地，最多是小有起伏的地面而已。因此，所谓"高阜可培，低方宜挖"②，就得倚仗大量的人工。这就是说，此类园林从总体上看，更多的是通过人为艺术地进行造"假"。如苏州园林，虽居市井，但也不惜以人工的方法"开池浚壑，理石挑山"③，在极为有限的空间内，用象征的方法去造成咫尺山林的气氛，从而在这小小的环境中重现大自然的境界，使庭园成为自然山水的缩影。皇家园林大多利用真山真水环境，而江南园林，特别是江南宅园，一般来说，其自然原型的依托性和凭借因素就相当少了。

　　江南私家园林的造园环境，是通过人工造景的掇山理水方式，但"虽由人作，宛自天开"④。《宋书·戴颙传》中记有苏州南朝的戴颙"出居吴下，士人共为筑室，聚石引水植林开涧，少时繁密，有若自然"。而沈复在《浮生六记·浪游记快》中品评明、清时期的江南名园时说："游陈氏'安澜园'……池甚广，桥作六曲形，石满藤萝，凿痕全掩，古木千章，皆有参天之势，鸟啼花落，如入深山。此人工而归于天然者，余所历平地之假山园亭，此为第一。"江南园林的叠石理水，也都无不以其"有若自然"而赢得人们的赞赏，王士禛在《居易录》中赞美道："怡园水石之妙，有若天然。"这说明在江南造园理念中，园林艺术的最高境界，是由人工之"假"最终归复到天然之"真"，园林造景本于自然，有若自然。

　　如果说皇家园林是在依托自然环境、利用自然环境的基础上进行大规模人工改造自然环境的造园方式，而江南园林大多是在一般的人文环境中进行模仿自然山水的造园方式的话，那么岭南园林则有与上述两种都不同的造园方式。岭南园林基本上是依托和利用自然环境，对自然环境尽可能不作大的调整和改造。可以说，岭南宅园的构筑艺术、审美取向、选址命意都有其独特之处，以致瞿兑之在《人物制度风俗丛谈》一书中谈到广州名园时说："园林之美，广州仅次于吴中。"瞿氏非岭南人士，所以不是粤人的自赞之语。⑤

　　岭南园林的营建，最重视的是选址，而选址也最能表现出建园者的审美取向和生活意趣。苏州园林的选址原则是：辟园于小巷深处，园林混杂在民居中间，也就是在闹市中求僻静去处，通过艺术构思和人工手段去营造出一片城市山林之境。而岭南的建园原则是尽可能离开闹市，把园林宅第建在真山真水的大自然环境中，甚至将宅园融入大自然，成为其中一部分，建园者崇尚自然，追求平实，不太重视人工制造的假山流水，也不羡慕江南园林那种在咫尺中营造山林的巧构。

从第一章"广州明清宅园"一节里，我们会发现各个园林群落表现出来的选择意趣。城北诸园所取的是背枕林木耸翠的越秀山，前面或其左右则为全城最大的池塘——将军大鱼塘，碧波荡漾与苍山丛树相映，园林环境清幽且兼具野趣；城南诸园则一致选择在珠江沿岸，珠江的江岸已在南城墙之外，这里远离通衢闹市，面对浩浩大江，视野开阔，风帆沙鸥，凌波溯流，朝晖夕阴，渔歌唱晚，都可尽情领略；有些园宅直逼江边，一舟到门，虽幽静逊于城北诸园，但耳目所感则另异其趣。广州城倚山面海[⑥]，建园者着眼于这个自然环境，不依山则近海，务求环境清幽，融入大自然而得山水之趣。城西诸园与上述两处的宅园环境有所不同，既非山野，也非阔江，而是河涌纵横、湖池清秀的城郊村野风光。荔枝湾、柳波涌景色俊美，田中的植花、湖中的荷花与无数荔枝树相映生辉。广州最大的园林海山仙馆就建于此，当时的盐运使方濬颐称此园"广袤十里，虽屡游而未获遍揽其胜"，清人俞洵庆评价该园道："然潘园之胜，为有真水真山，不徒以有楼阁华整，花木繁缛称也。"[⑦]海山仙馆之所以能尽情发挥景物配置之妙，相信与这里的优越环境有关。

保留至今的粤中四大名园，清晖园、梁园建在小镇边缘，可园、余荫山房则建在乡村，以求得良好的环境条件。岭南园林造园常利用自然的环境因素，特别是利用水网体系来造园。揭阳是广东粤东地区水乡城镇，城内小河纵横，溜埕小河就是其中的一条。河道两旁临水庭院建筑是以三间屋或四合院平面作为基本单元加以组合变化而成，建筑组合灵活，外观丰富多样，充分利用水面，把河道作为建筑物的景色（图4-4）。溜埕太和巷二号某宅园（图4-5），建在溜埕河道和另一条小河的

图4-4　粤东揭阳溜埕沿河庭园建筑群

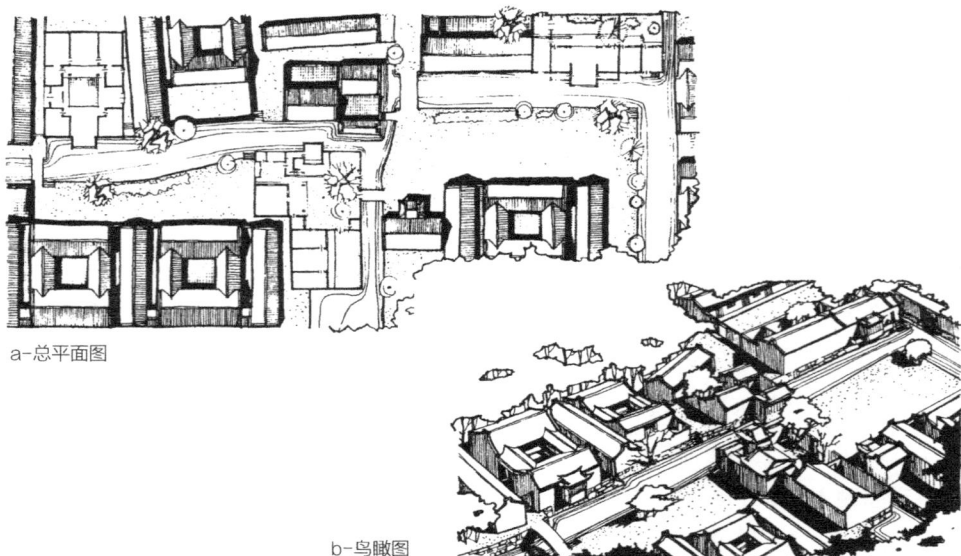

a-总平面图

b-鸟瞰图

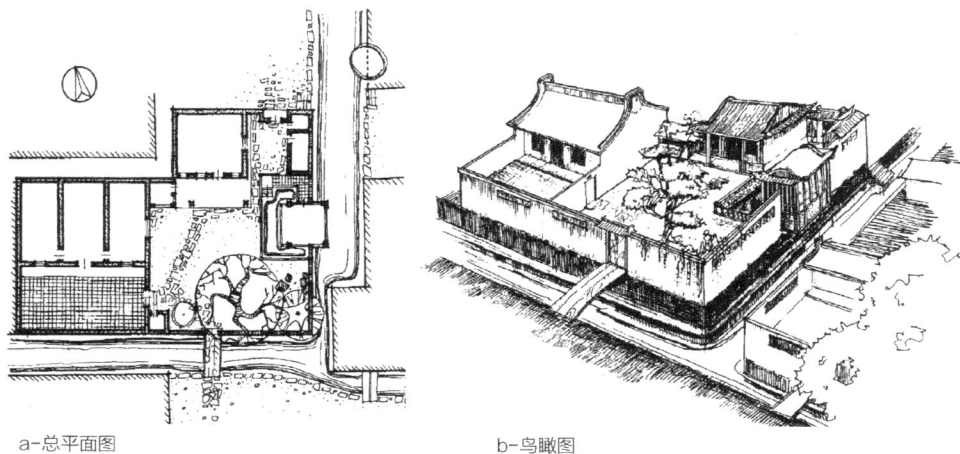

a-总平面图　　　　　　　　　b-鸟瞰图

图4-5　粤东揭阳滘乾太和巷二号宅园

交界处，宅园是一座书斋式的宅居庭园，分为东、西两部分，西边为住宅，东边为书斋庭园。庭园中，将书斋置于北边的偏角地，这样留出庭园东、南面的空地与两条小河相接，布局紧凑而朝向又好。庭园南面的围墙中，辟有漏窗和一洞门，洞门外有一石板做桥面，它跨过小河可与外面小巷接通。其东面则安一小型方亭，方亭的一部分伸出墙面之外并置于小河水面之上。在墙内庭院中则辟有环亭池水，它把河水引入内院池中，曲池虽小但水则流通，给院内景色带来了一种活力感。人坐亭中，既可见到墙外河面水景，同时又可欣赏墙内庭园风光，在书斋读书之余，来到亭中稍事休息，精神为之焕然一新。粤东普宁洪阳镇南门外的清代宅园春桂园，还有粤中四邑地区仿西式园林的开平立园，造园时都将自然的溪流引入园林中，让小河穿园而过，增添了庭园的自然气息。

二、空间特征

　　江南私家园林的空间特征是一种封闭性的内收型，造园注重园内空间和景观之间的关系，把人们娱乐、观赏等注意力都放在园内。尽管园内造园在景观或景点的处理上是采用开阔、开敞、通透、渗透等手法，园内空间富有层次，但园林基本上与园外空间是隔绝的，并不发生多大关系。这种造园布局方式主要与文人士大夫推崇的隐逸风气有关。

　　在中国古代社会，出仕做官为士人们追求人生理想和价值的根本出路，孔子所言的"学而优则仕"，成为中国古代千古不变的金科玉律，人生价值的体现首先在于是否能进入仕途成为官僚机构中的成员。士人有了功名，等于说有了当官的资格。而当上官，便有可能建立功业。不管其求仕目的是为了满足个人私欲，获得金钱、美女、权势等东西，还是胸怀理想，济世拯民，都必须通过得到功名担任官职来实现。毫无疑问，在任何时代，总会有许多有任职资格的士人被排除于官僚机构之外，倘若不能进入官场，这些士人的人生理想便无以实现，其人生价值亦无以体现，那么为出仕而作的各种努力当然也都徒然无益。对于大多数士人来说，进入仕途已不容易，进入仕途之后要想青云直上，获取高官厚禄更非易事。

中国的古代思想体系，具有非常实用的功能。儒道佛互补是古代思想理论的精髓，它以儒家思想为主，倡导入世，而又以佛、道思想为辅，构成了一个复杂开放的互补系统。士人们可以在这个系统中各取所需，谋求当官者可用孔孟之理来勉励求进，而图求隐逸者亦可从老庄禅道里寻求慰藉。禅宗学说及道家思想是士人精神世界的另一组成部分，是儒家思想的重要补充，在中国思想史上，地位仅次于儒家。作为不同的思想体系，佛学与道学之间，对世界和人生的看法不尽相同，但二者在注重内省、拒绝物欲诱惑方面有共同点。这些正好能给失意士人以精神上的慰藉。

"达则兼济天下，穷则独善其身"，这向来是中国士大夫人生哲学的基础。士大夫既受到孔子儒学中杀身成仁、克己复礼观念的影响，也受到老庄和禅学中的修性、退隐、追求自在适意的人生观之熏陶。中国士大夫的人生哲学分成两个部分，入世与出世、进取与退隐、杀身成仁与保全天年并存。士大夫与社会发生关系，一方面投身于社会，以有限的人生与社会盛衰相连，同时也是为了争取更大的欲望得以满足。当社会和时代给士大夫们创造了外在的理想追求和内在的欲望满足的可行之路时，儒家人生观的积极面便开始占据主导地位。反之，士大夫则避开社会的盛衰兴亡，退归自己的躯壳之中，自我陶醉于有限的满足之中。"据于儒，依于老，逃于禅"成为文人士大夫的一种精神生活模式。士大夫阶层在政治抱负难以实现的打击下，可以对现实生活采取超然的态度，追求老庄无为浪漫、逍遥悠游的隐士生活方式，虽然不都吃斋念佛，但对老庄和佛学有着浓厚的感性，奉其为圭臬，热衷于山水间的静思默想，退隐山林，游山玩水，以诗酒琴画为乐。

然而，传统的隐逸方式要求在幽寂的山野中深居简出，过着禁欲般的清苦生活，这对于大多数士人来说，实难做到。山居虽好，但远离市朝，亦难以满足士大夫向尘世的瞭望。既要坐享山村之美，又不愿脱离尘世，于是产生了"朝隐"思想。南宗禅主张"直指人心，见性成佛"的顿悟说，投合了士大夫们的心意。尽管南宗禅也要人实行禁欲主义，但这种禁欲主义并不严格。相反，因为它既不坐禅，又不苦行，也不念佛念经，所以只不过是一种更为高雅的生活方式而已。南宗禅的理论为士大夫的纵情声色大开了方便之门，朝隐不求遁迹深山，只要在城郊山水之地，甚至于城中僻地修建园林，便可成为人工山水中的"隐士"。因此，隐居亦可于市朝之中。

　　苏州四大名园⑧之一的拙政园，是明正德初年御史王献臣因官场失意，辞官回乡，占用道观废址和大弘寺营造的园林。王因仕途不得志，遂以西晋潘岳自比，取潘岳《闲居赋》"庶浮云之志，筑室种树……灌因鬻蔬……此亦拙者为政也"句意，题园名为"拙政园"，意为"笨拙人"只能把筑室种树、浇花卖菜作为政事，用以嘲讽"聪明人"把升官发财作为政事，它反映了士大夫在仕途失意时聊以自慰的心情。苏州另一名园网师园，主人是曾当过侍郎的史正志，时称"万卷堂"，带有花圃，号"渔隐"。清乾隆年间，此园为宋宗元所得，易名"网师园"，所谓"网师"，即"渔翁"之别称，也含有"隐"的本意。而苏州自宋以来用"隐"、"逸"来命园庭之名的，就有隐圃、渔隐小圃、隐园、招隐园、道隐园、乐隐园、洽隐园、壶隐园、逸园、静逸园、逸我园、小隐亭、小隐堂、招隐堂、盘隐草堂、瓶隐庐、"就隐"、"安隐"、"梅隐"、"石涧书隐"、"笠泽渔隐"、"桃园小隐"、"桤林小隐"、"东园小隐"，等等。

　　江南私家园林的造园虽然讲究对景、借景，也只是园中景色的相互因借。拙政园尽管对西面园外的北寺塔采用了借景的艺术手法，但也是被动的，因北寺塔正好就建在园林不远处，从造园理念上来讲，园主人并非要求园内外空间的交融或视线交流。城郊的沧浪亭，三面环水，为宋代诗人苏舜钦被谪废闲居于苏州时所建，该处"纵广合五六十寻，三向皆水也。杠之南，其地益阔，旁无民居，左右皆林木相亏蔽"⑨。从表象来看，园内外景色交融，沧浪亭"前竹后水，水之阳又竹，无穷极。澄川翠千，光影会合于轩户之间，尤与风月为相宜"。诗人"予时榜小舟，幅巾以往，至则洒然忘其归。觞而浩歌，踞而仰啸，野老不至，鱼鸟共乐"⑩。苏舜钦建造沧浪亭的目的，也是在于"隐"，沧浪之名，来源于屈原《渔父》中的"沧浪之水"。别的宅园是用院墙与园外空间相隔，而沧浪亭则用湖水来相隔，只有一座小桥联系。苏舜钦另一首《沧浪亭》诗便直接道出其造园倾向，"一径抱幽山，居然城市间"、"迹与豺狼远，心如鱼鸟闲"，通过"隐"来远离官场险恶和"豺狼"小人。所以，沧浪亭里只有诗人一人，也没有野老与他交往，仅有鱼鸟与他共享自在之乐。

　　正是由于江南私家园林的这种园内外空间的限定性，为了使空间层次丰富，私家园林于是将园内大空间分成若干个不等的小空间，通过院门、漏窗等渗透手法以及空间对比、延长观赏路线等形式来解决空间的约束和限定，以达到小中见大的效果。

　　与江南私园相反，皇家园林有扩散开放型的空间特征，尽管园林也有垣墙围护，但因为园林范围太大，所以垣墙的空间限定感消失。园内局部也有封闭内收型的园林空间，这大多是园林中的园中园和园中院，如颐和园的谐趣园，北海的静心斋，避暑山庄的文园狮子林、文津阁（图4-6），等等，但园林整体上是开放式的。皇家园林不但注重园内景点之间的关系，也十分注重与园外空间的对话，善用借景的手法，把园外景色引入园内，如颐和园西面玉泉山的借景、北海东面景山的借景。避暑山庄除西面直接靠山外，其余几面均借周围山峦作景色。园林内外空间的交融，使皇家园林的空间没有限制感，园林深远无穷，这样也就容易造成园林的视觉景观分散而导致中心不突出。为了不使空间漫无边际地扩散，常用高耸的主体建筑来形成园林构图中心，突出视觉中心点，如颐和园的佛香阁（图4-7）、北海的白塔（图4-8）等。在平坦的区域，通过若干个突出的景点来控制人的视觉，不让

图4-6　皇家园林园中园

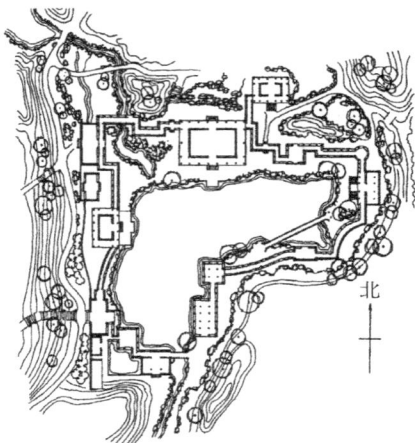

a-颐和园谐趣园平面图

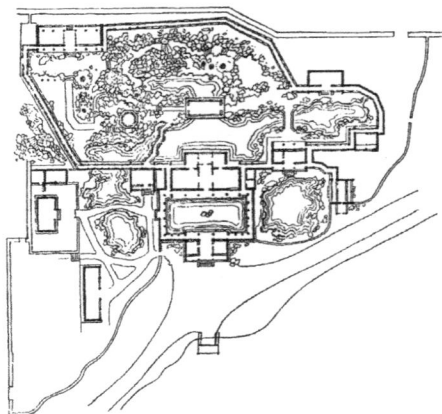

b-北海静心斋平面图

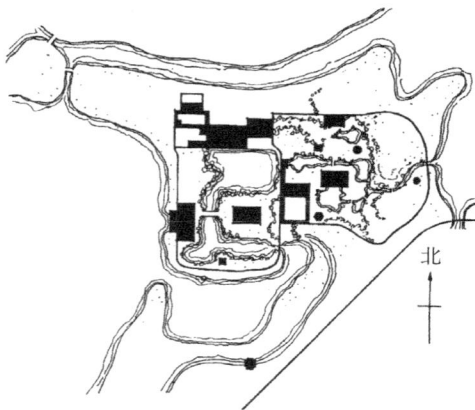

c-避暑山庄文园狮子林复原平面图

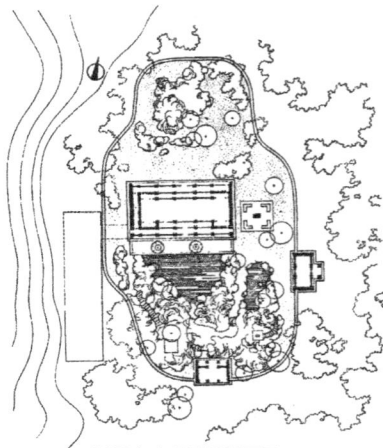

d-避暑山庄文津阁平面图

图4-7　颐和园佛香阁

图4-8　北海白塔

视线漂游，像承德避暑山庄，就是用烟雨楼、金山亭等景点来形成视觉中心。

如果说北方皇家园林是一望无际的山山水水，感觉是没有特定的环境空间限定，而江南园林是筑有自己的天地，以"隐"的思想为主导，那么岭南庭园则反映了园主人既想拥有自己的一片小天地，但又想向外扩展，了解外部世界的思想情感。岭南庭园的空间特征是内收型和扩散型的结合，岭南宅园的园内空间也是属于围合封闭的内收型，但在景观组织上，特别是在视线组织上，将园内外空间有机地结合在一起，产生了空间的扩散感。岭南宅园面积较小，园林空间组织较为简单，不能像江南园林那样运用穿插、曲折、渗透等各种手段来丰富庭园空间，但岭南园林造园通过借助园外景色，把园外景色组织到园内来，从而形成了园林空间的丰富层次。

岭南这种借助于外部景色的手法主要有两种形式：

其一是临界面交融法。前面多次提到，园林选址大多在自然景色优美的地方，因此，造园时在宅园与外界交接处，利用环境景观最好的面向采取开敞的方式进行布局。岭南园林常用的方法就是借用水面，水面能起到很好的作用，平坦开阔，视野宽广。而且还将厅堂作为界面，在园内可观赏园外风光，而园外观看园林建筑，因造型之优美更显出园林的魅力。像广州小画舫斋、揭阳滘墘沿河宅园是利用河面景色，澄海西塘、东莞可园（图4-9）是利用水塘、湖面景色，借用园外景色，通过

图4-9　临可湖而建的可园船厅、观鱼簃和可亭

园内园外的共同组景，来扩大园林空间。

其二是景观视点抬高法。当登上楼阁或假山时，不仅园内空间景色一览无遗，而且能望到园外的流溪、池湖、田野，还有远处的峦群山峰，庭园高处视野开阔，高瞻远瞩，有海阔天空之感，园林构成十分丰富，取得了"山外青山楼外楼"的效果。广东东莞可园原有2层的"可楼"一座，为木结构，四周是窗，夜晚在园内园外，都能见其灯火通明。可楼因白蚁所蛀，在抗战前拆除。园主张敬修在《可楼记》中表述了其造园思想："居不幽者，志不广；览不远者，怀不畅。吾营可园，自喜颇得幽致。然游目不骋，盖囿于园。园之外，不可得而有也。既思建楼，而窘于边幅，乃加楼于可堂之上，亦名曰'可楼'。楼成，置酒落之。则凡远近诸山，若黄旗、莲花、南香、罗浮，以及支延蔓衍者，莫不奔赴、环立于烟树出没之中。沙鸟江帆，去来于笔砚几席之上。劳劳万象，咸娱静观，莫得遁隐！盖至是，苏子曰：'万物皆备于我矣。'"张敬修的这段话，实际上也道出了岭南宅园与江南私园的造园差别，岭南造园尽可能做到"园之外，不可得而有也"，目的在于"则山河大地，举可私而有之"。因此，可园除可楼外，其住宅"绿绮楼"，虽在问花小院之内。但从二层楼上，内观可见庭院绿池假山，外望可见可湖秀色和开阔无边的田野。至于4层的高楼"邀山阁"，远眺更不在话下。

澄海西塘的书斋庭园，其书斋是一座2层的楼阁，楼阁首层与园外水面一墙之隔，为了防范，外墙采用封闭的处理手法。而二楼则采用通透开敞的方式，不但其围护结构全部用木槛窗，而且还有外檐廊和露台，使人能从四面向外观景（图4-10）。书斋楼阁还与庭园假山相连，在庭园中可顺石级登楼，随着步级移动视点

图4-10 澄海樟林西塘书斋

升高，园中景观也随之变化。而园外宽阔的水面，波光闪烁，映入眼帘，远望群山与农舍，好一派山村风光。园林边界利用楼阁、假山而不设围墙，把园外空间和景色引入园内，使园内外空间紧密结合，扩大了视域范围，增添了庭园的开阔感。

三、性格特征

在园林的性格特征上，北方宫苑园林尺度大，山高水阔，园中建筑体量大，使人感到庄重威严、雄伟巨大和权势气派。北方皇家宫苑这种壮观之风格，首先表现为面积的广袤性，其次表现在园内山大体高，水阔面广，建筑物数量多且体量大。正是因为园大物多，所以园林景观丰富。北京西苑北海总面积约68公顷，其中水面39公顷，琼华岛白塔山高32.8米；颐和园总面积达290公顷，水面占3/4，囊括了整个万寿山和昆明湖，建筑面积5万平方米，有宫殿园林建筑3000余间；圆明三园面积5200余亩，东西长约3公里，南北宽2公里，周长约10公里，以数量众多的山和水，分割和围合了百来个各具特色的大景区，建筑的总面积达15万平方米，可见园林规模之宏大。乾隆五十八年（1793年），英使马戛尔尼游圆明园后在《乾隆英使觐见记》[11]中曰：“周大人导我游圆明园。此园为皇帝游息之所，周长18英里。入园之后，每抵一处必换一番景色。与吾一路所见之中国乡村风物大不相同。盖至此而东方雄主尊严之实况，始为吾窥见一二也。园中花木池沼，以至亭台楼榭，多至不可胜数。”[12]而承德避暑山庄面积竟达564公顷，周边依山就势，筑有宫墙长达10公里。皇家宫苑面积之大和景物之多，体现了“东方雄主之尊严”。

北方皇家宫苑的造园风格，受到宫殿的建筑风格的影响和精神需要的制约，《汉书·高帝纪》中载：“天下方定，故可因以就宫室。且夫天子以四海为家，非令壮丽，亡（无）以重威，且亡令后世有以加也。”可见，宫殿建筑除了物质的实用功能性以外，还有其精神性的作用。通过宫殿建筑的“壮丽”风格，以加强和渲染皇权的神圣威严，从而在精神上也能威震“四海”。宫苑是宫殿在功能上乃至精神上的补充，宫苑园林必然也要体现出其“壮丽”之美，过去文人笔下的“君未睹夫巨丽也，独不闻天子之‘上林’乎？”[13]“至京师仰观天子宫阙之壮，与……城池苑囿之富且大也，而后知天下之巨丽”[14]，都是指大型宫苑具有“巨丽”风格的美学特征。

与宫苑这种雄伟壮观的园林风格对比，江南宅园体现的是含蓄、收敛的秀美，这种园林性格也与文人士大夫的隐逸思想有关。受佛教南禅宗之影响，“终日昏昏醉梦间，忽闻春尽强登山。因过竹院逢僧话，又得浮生半日闲”的悠哉游哉，深得士大夫阶层的欢心。恬乐山水之趣，无拘无束，悠然自得，正是士大夫梦寐以求的境界。王维有诗曰：“晚年唯好静，万事不关心。自顾无长策，空知返旧林。松风吹解带，山月照弹琴。君问穷通理，渔歌入浦深。"朱熹也有"归把钓鱼钩，春昼五湖烟浪。秋夜一天云月，此外尽悠悠"的词句。这种平淡悠然的心境追求和林泉之趣，已深深地沉淀于中国士大夫的生活中。城市宅园兴起之时，宅园的"山林"意识也随之体现出来。苏舜钦的"一径抱幽山，居然城市间"、"迹与豺狼远，心如鱼鸟闲"之句，描绘了城市宅园给人心神的闲静和恬淡、体验到的"独绕虚亭步石，静中情味世无叹"之感。治园目的是看重恬淡自适与闲静，片山勺水、一花一木也能导致内在心性的舒展，有池边小路供以闲步，有林石能随意弄琴自娱便足矣，这种园林趣味的变化是随士大夫人生哲学的发展而得来的。

唐宋以来，禅宗普遍渗透到士大夫中间，影响其人生态度和生活情趣，以清净淡泊之心性而随缘任何，以心性之常去应付世间沧桑，文人士大夫追求平淡清深、幽雅脱俗的意境美。庄、禅融合而形成的逍遥物外、超越名相、适意达性的心灵世界，是士人园林创造空灵隽永意境之基础。士人园林的境界是与禅境相通的，平凡、朴实却又微妙、精深，在这样的园林境界中，文人士大夫所获得的不单是身心之乐，而且能够寄托他们的精神理想——得其心源，游心适意。禅的精神实质就是要人不向"外"寻觅，而要向"内"体悟自己的生命本性。只要心性虚空自在，无所束缚，处境不染，便可处处得法、时时在道。不管自己实际位于何处，都能在自己的内心世界构筑一片安然自在的天地。自然脱俗的情怀不必靠迹寄荒野来实现，也不必非要山环水绕的园林环境依托，只要片石勺水，丛花数竹，即使身处闹市，也能达到进退自如、宁静自然的野逸境界。这心性境界，是不依赖外界环境的，而靠恬和淡泊的心去获得。士大夫们倾心于这种精神天地，立足于自己的心性之中，在有限的空间形态中求得一己性情的自得自适。"正因为如此，江南宅园往往地不求广，园不求大，山不求高，水不求深，景不求多，只求能供留连、盘桓、守拙、养灵、隐退、归复自然……"⑮

岭南园林的性格表现为开朗、明快、简捷、直述，它的表达方式是直接明了，不像江南宅园那样含蓄，要用"心"去体会。园林的审美取向和艺术性格与园主人的身份和地位很有关系，岭南宅园的主人，大致上有三种：一是在任或退隐的中小官员，他们除了做过官外，还是诗人、文士、画家、藏书家或者刻书家；二是文人雅士，他们当中有的人即使为官，也只做过短时期的教官；三是富商及其家族后人，如广州的颜时瑛、伍崇曜、潘仕成、孔广陶、潘有度等，当然这些人中有的过去是弃儒从商，故致富后仍爱好风雅，结交名士，热衷于藏书、刻书等文化工作，但更多的为经商富起来的商贾。三种人中，能拿出许多钱来造园的是商人，也就是说造园者最多的是商贾。

岭南宅园中，文人雅士也在追求园林意境，景观景点喜用点题来表达意境，如题名、匾额、对联等。粤东庭园石景中，常在叠石上刻题点景，以增强观赏景色的效果，像潮阳磊园的"飞色清影"，用圆滑的大石砌成悬崖，在阳光下反映出银白的色调，人观其景，有如清泉从山上流溅。潮阳西园中的"蕉榻"，点题假山亭旁的叠石形象似芭蕉叶，"潭影"则为微风轻拂引起涟漪绿波的叠石水潭倒影，题意贴切。另外，潮阳西园还有"钓矶"、"云水洞"、"别有天"、"不竞"以及澄海西塘的"挹爽"等。点题起了画龙点睛的作用，有助于游人领会园景境趣，激发人的联想，使人玩味无穷。岭南名园余荫山房的园主邬彬曾为园林建筑玲珑水榭的精美景致而题有一副对联："每思所过名山，坐看奇石皱云，依然在目；漫说曾经沧海，静对盼漪印月，亦是莹神。"此联道出了岭南造园也追求园林之意境。但总的来说，岭南造园因受商品意识和商人思想的影响，园林讲究的是实用，园林景观景象的表述也不拐弯抹角而直接易懂，在园林的尺度上是近距离的对话。江南造园讲究园林的深邃，园林路径曲折迂回，复廊中以花窗漏墙间隔，人于其中可望而不可即，意在将咫尺拉向天涯。岭南庭园造园意在园林的融合性与亲近性，其庭园围合空间大多偏小，而在较大的庭园空间当中常设有较大体量的亭榭，这些亭榭也多为园林的主要活动空间之一，这样可以减少空间的距离感，像番禺余荫山房的玲珑水榭、东莞可园的拜月亭、佛山梁园原有的壶亭，这些可以说是岭南人，特别是商人间喜欢交往、洽谈的心理性格，反映在园林造园中的一种表现。

北方宫苑的"壮丽"，还反映在建筑物的题名和建筑物的装饰、装修、色彩以及陈设上，建筑物的题名使人感到珠光宝气、五光十色，单是西苑北海就有琼华岛、九龙壁、五龙亭、"玉蛛金鳌"桥、"积翠"和"堆云"牌坊、蟠青室、紫翠房、宝积楼、环碧楼、琳光殿、大琉璃宝殿，等等。就现存的北京宫苑来看，其建筑物都喜用多种强烈的原色，如屋顶的黄、绿色琉璃瓦与屋身的红柱彩枋交错成文，以求鲜明的对比效果来突出其崇高壮丽，使之颜色鲜明，金铺交映，玉题生辉，雕绘藻饰，绚丽斑斓。

江南宅园所追求的色调风格，不是那种铺锦列绣、错彩镂金之美，而是一种清水芙蓉、自然淳真之美。如果说北京宫苑是一曲繁富宏丽的大型交响乐，那么江南宅园则是一曲素朴恬淡的抒情小夜曲。刘敦桢先生在总结苏州园林粉墙黛瓦的建筑色调说："园林建筑的色彩，多用大片粉墙为基调，配以黑灰色的瓦顶，栗壳色的梁柱、栏杆、挂落，内部装修则多用淡褐色或木纹本色，衬以白墙与水磨砖所制灰色门框窗框，组成比较素净明快的色彩。"[16]总的来说，江南宅园既不用彩饰，又不尚雕饰，如苏州园林，景观内容虽然十分丰富，却没有过多不必要的饰物，使人觉得确实没有什么明显的人工雕琢味，体现了一种素净淡雅的美。

岭南宅园，造园面积不大，庭园空间小巧玲珑，与北方宫苑的崇高壮美有天壤之别。而在建筑的色彩装饰格调上，却艳丽多彩、纤巧繁缛，这既不同于北方宫苑的富丽堂皇、金碧交辉，也不同于江南宅园的自然素朴。如果说北方宫苑建筑是"壮丽"、"浓丽"的话，那么岭南宅园建筑则可谓"绚丽"，像粤中四名园的顺德清晖园、东莞可园、番禺余荫山房和佛山梁园，建筑物的体量不大但装修装饰雕镂精美华丽，红、橙、青、绿等各种色彩交错运用，相互辉耀，有时觉得这种装饰已达到堆砌的程度。但岭南庭园建筑装饰的这种绚丽多姿，和园林图案形的布局、几何形的水池等，已成为岭南地区园林的造园特色和中国园林造园艺术的一个流派。

四、艺术特征

园林的艺术特征是通过其造园的各种手法来表述的，像北方园林，为了突出其严谨庄重的效果，布局基本上都有规整的轴线，产生对称严整的秩序美，轴线布局是园林的主要造园手法。北京紫禁城内的小型宫苑，均以整齐对称为美。紫禁城御花园平面基本呈矩形，从坤宁门始，至天一门、钦安殿、承光门，最后至顺贞门，是一条由南而北的中轴线，居中的钦安殿是全园的主体，围绕着钦安殿组成了内廷花园，园的东南和西南二角，设有琼苑东门和琼苑西门，辅卫着居中的坤宁门，东、西门内的绛雪轩和养心斋，分别对面相向，而花园东部和西部，各有体量高大、重檐多角的万春亭和千秋亭耸然对峙，东北和西北又有浮碧亭和澄瑞亭相对呼应，北面的承光门两翼，也各有延和门和集福门对称置列（图4-11）。

图4-11　北京故宫御花园平面图

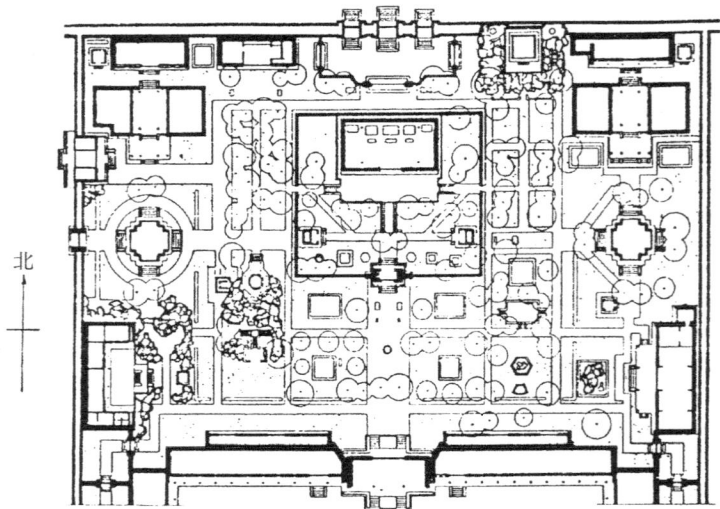

北

　　清代紫禁城宫廷园林还有慈宁宫花园、建福宫花园和宁寿宫花园（乾隆花园）。位于紫禁城内前三殿西北角的慈宁宫花园，建于清顺治十年（1653年），花园占地约6800平方米，其布局为典型的宫殿四合院格局，南北主轴依次排列着临溪亭、感若馆和慈荫楼。建于清乾隆五年（1740年）的建福宫花园在紫禁城北部，于1923年6月被火焚毁，现仅存遗址。建福宫占地虽不足4000平方米，但也是采用规整的轴线布局手法。南北主轴线有两条，一条为入口建福重花门到静怡轩，另一条为延春阁、敬胜斋的南北轴线。而东西方向也有两条短轴，分别为静怡轩至碧琳馆和延春阁凝晖堂。宁寿宫花园（乾隆花园）位于紫禁城内东北隅，建造在一块东西宽37米、南北长160米的狭长基地上，园林布局中通过多进庭院将狭长的地块分隔成若干个大小不一的空间，各院落空间处理十分得体，山石树木、亭台楼阁疏密有序。南北狭长的地块同样通过南北轴线控制，为了使空间布局较为活泼，轴线在中间耸秀亭处错开，使南面前轴与北面后轴稍稍有些错位，但基本上是南北轴线展开布局（图4-12）。

　　西苑北海的琼华岛和颐和园的万寿山也都是通过主轴线来控制，并通过主轴的中心建筑物形成制高点统帅整座园林。琼华岛上轴线是从前面的永安寺山门入口，沿轴线依次展开为法轮殿、正觉殿、普安殿、善因殿、白塔至后面的漪澜堂，通过白塔起到全园中心控制作用（图4-13）。而颐和园则通过南北中轴将万寿山分成东

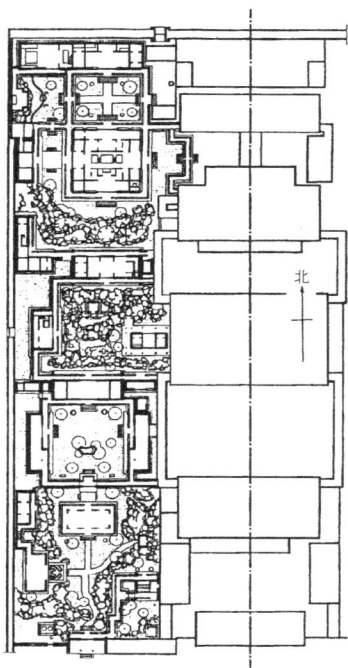

图4-12　北京紫禁城宁寿宫花园（乾隆花园）平面图　　图4-13　北海琼华岛平面图

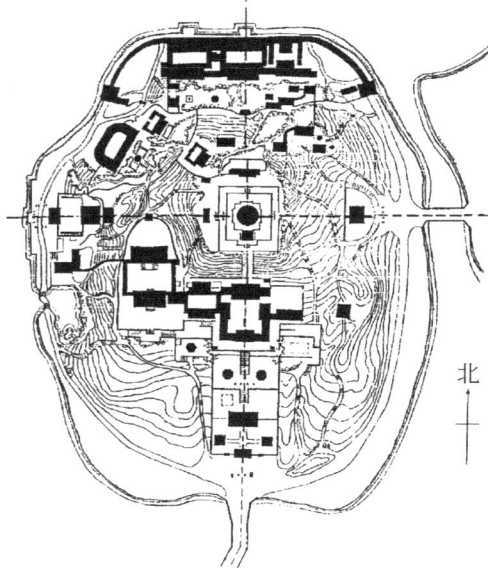

西两坡，轴线沿山势逐渐升高延伸，从前面临湖呈弧状的长廊始，经大报恩延寿寺入至排云殿、佛香阁和智慧海，轴线在万寿山顶向东旁移后继续沿长至须弥灵境。在主轴两侧的东、西次轴线上，东侧有慈福楼和转轮藏，西侧有宝云阁和罗汉堂（图4-14）。颐和园整座园林除有主控轴线外，其他建筑群组也有自己相应的轴线，如颐和园东宫门轴线、德和园轴线、乐寿堂轴线和听鹂馆轴线，等等。

同样，北京的王府园林也基本上体现着严整、规则之美。恭王府萃锦园，其轴线是极为分明的，园中分中、东、西三路，中路中轴线与园林前面府第的中轴线贯通。从南面西洋式石雕花拱券门起，经一居中蝙蝠形的水池"福河"到正厅"安善堂"，再经方形水池到假山上的"邀月台"，最后至主体建筑"福殿"。中轴两侧也各有对称的廊、墙、配房，围合成规整的庭园，形成次轴线（图4-15）。

北方园林这种讲究对称秩序之美，表现出一种强烈崇闳严肃美的艺术效果。而江南园林的艺术特征强调意境和韵味，追求山峦林泉、池水幽深之效果，讲究山石造型和山石皱、透、漏、瘦的纹理质感，以及造园的细腻性和丰富性，造园的目的是表现一种寓情于景的境界，即通过对直观景物形象的创造而竭力激发人的思想感

图4-14　颐和园中央建筑群轴线关系

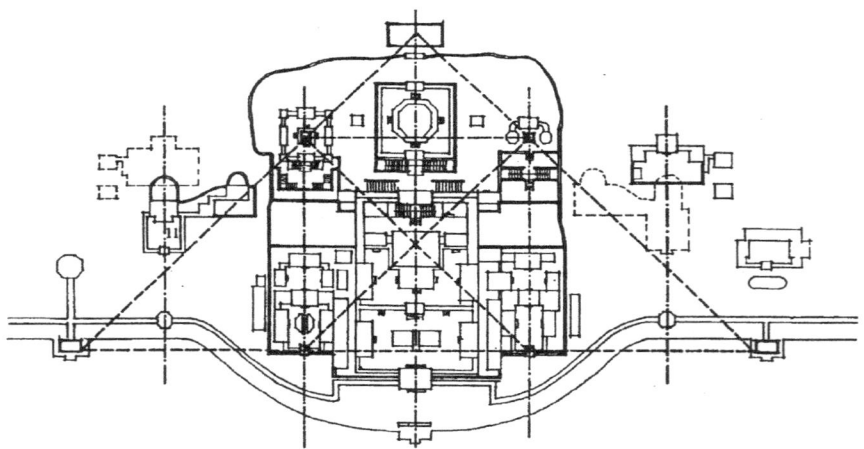

a-颐和园中央建筑群平面轴线关系

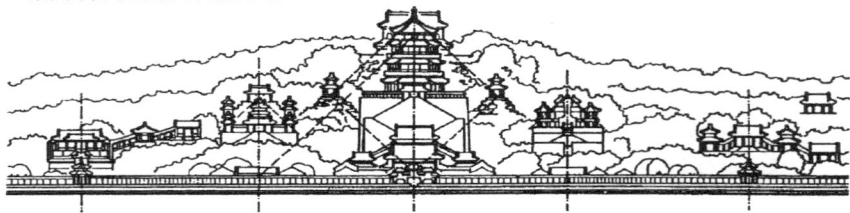

b-颐和园中央建筑群立面轴线关系

情，并使人玩味不尽。江南宅园中，文人
士大夫追求的园林美不只是单纯的物质空
间形态的创造，更重要的是注重由景观引
发的情思神韵，在园林中，山水、花木及
建筑的形态本身并不是造园之目的，而由
它们所传达或引发的情韵和意趣才是最根
本的，造园不仅仅是为人们提供一处优美
的景观环境，或是消遣的娱乐场所，而是
传情表意的时空综合艺术，通过有限的园
林具象来表达微妙深远、耐人寻味的情调
氛围，使游赏者睹物会意。在庭园中大至
建筑物的布局、空间处理及体形组合，小
至一山、一水、一石、一木的设置，都是
在这种创作思想的指导下，务求其达到尽
善尽美，做到"片山有致，寸石生情"[17]。
造园通过艺术手法对具体对象进行处理，
来创造不同的意境和情趣，使人确实能为

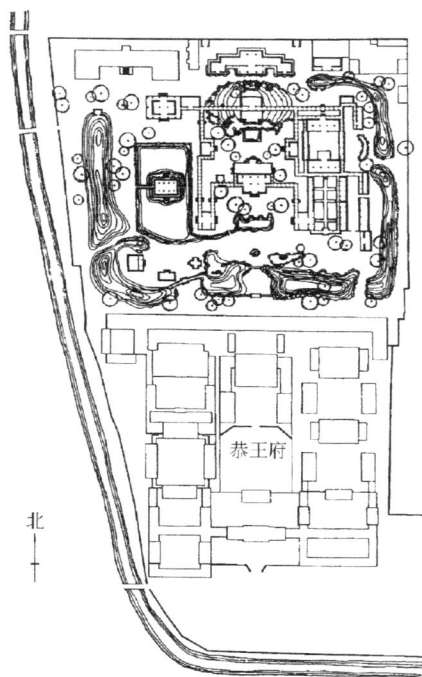

图4-15　北京恭王府萃锦园平面图

园林的景物所感染，从而产生情绪上强烈的共鸣，哪怕是微小的园林窗景处理，也
如《园冶》一书中所云，"借以粉墙为纸，而以石为绘也，理者相石波纹，仿古人
笔意，植黄山松柏古梅美竹，收之园窗，宛然镜游也"，从中获得敛景如画之效果。

　　文人士大夫在园林景物中寄托了更深层情欲，追求象外之意趣、神韵，使物境
与心境融为一体，启动人的心灵的主观能动性。江南宅园为了创造象外之象、景外
之景的园林意境，造园花费了许多心思，在艺术手法上，除了采用借景、对景、分
景、隔景等实景处理手法来组织空间，扩大空间外，而且重视声、影、光、香等虚
景形成的效果。园林意境的产生，是虚实的结合，情景的结合，不但有景，而且
有"声音"、"光影"、"香味"这种景外之景，从而达到增加景色的层次。苏舜钦在
《初晴游沧浪亭》中就写道："夜雨连明春水生，娇云浓暖弄微晴，帘虚日薄花竹
静，时有乳鸠相对鸣。"许多文人墨客也对由园林这种虚景所产生的意境，进行了
生动的描述："留得残荷听雨声"（李商隐）；"柳外轻雷池上雨，雨声滴碎荷声"（欧
阳修）；"云破月来花弄影"（张先）；"粉墙花影自重重，帘卷残荷水殿风"（高濂）；
等等。

　　园林造园的意境美，不仅仅存在于江南园林中，同样存在于北方园林和岭南园

林中，只不过在江南园林中特别注重也特别突出。岭南园林的造园布局，不同于北方园林的规整对称和江南园林的因势自然，庭园造园喜用几何形体的空间组合和图案方式，但几何形体常采用不规则的形式，从而获取庭园空间的多变性和丰富性。番禺余荫山房的平面布局，虽然主体建筑中轴对称，南北轴线汇交方形水池之中心，但由于庭园围合界面的不规则性和采用曲廊相连，加上入口进园轴线的转折弯曲，人在园中不同的位置感到空间形态的不同，庭园面积虽小但景致丰富，从而达到小中见大之效果。东莞可园的平面布局，建筑和连廊沿不规则的园墙曲折布置，形成凹凸大小宽窄不一的空间格局，再配以曲尺形的水池，直线转折的路径，各种图案形状的花池、平台和硬质铺地，当年岭南著名画家居巢写有小诗称赞："开径不三上，回旋作之折；人穿花里行，时诮惊蚨蝶。"园林建筑甚至连装修也富有极强的几何图案美，像双清室，其厅堂的平面形式、窗扇装修、地板花纹和家具陈设都用"亞"字形状的图案，故被称为"亞"字厅。

皇家园林造园模仿各地名山胜水，集各处名园胜迹于园林之中，北京颐和园有仿无锡惠山脚下寄畅园的谐趣园，承德避暑山庄的烟雨楼（图4-16）就是仿江南嘉兴烟雨楼而建，还有仿镇江金山寺的金山亭（图4-17）。其园林观景有多条不同特色的观赏路线，观景以动观为主，静观为辅。江南园林造园追求山水形似自然，取自然风景中最突出、最有特点的景色浓缩于园内，园林观景设有主导观赏路线和观赏支线，观景以静观为主，动观为辅。岭南园林造园喜用较为抽象的山水，造景

图4-16　承德避暑山庄烟雨楼

图4-17　承德
避暑山庄金山亭

取其神其意为主，而形为辅。岭南园林中的主体建筑船厅就是一种取"船"之意、实质是作为厅堂使用的临水建筑，说是船厅，但大多数船厅的外观并不像船只。广州宅园石景"风云际会"，石山沿墙而设，由峰、峦、岩、峒、壁、路、桥及台等组成，山径盘旋婉若蛟龙，其峰石踞显著地位，顶挟一株粗老筋突、形态优美的榕树，石山选用了皱纹细、变化多的英石做材料，加上叠石工艺制作熟练，整座石山怪石嶙峋，势态起伏，洞穴狰狞，光影迷离，石景抽象地体现了风云翻涌的艺术效果。岭南宅园观赏路线的布置形式一般多为环形路线，通常以连廊、房屋、走道绕庭园山池一圈，厅堂、亭榭、曲廊等建筑物大都兼有观赏和交通双重功能。观景也是以静观为主，动观为辅，因为岭南宅园比江南宅园面积更小，所以庭园的静观、近观更为重要，这也是岭南宅园的建筑装饰装修内容繁多、制作精致的原因之一。

　　岭南庭园的厅堂为全园的主要观赏点，它要求有最好的位置与最多的对景。厅堂通常设在主要水景的正面，采用隔水而立的手法，如清晖园的船厅、碧溪草堂、澄漪亭和楚芗园水榭都是隔水相对，登上船厅平台，前望六角亭伸出水面，澄漪亭倒影映入池中，花崀亭与狮山咫尺在望，隐没在丛树群峰之中。回首楚芗园，池水平波，临池设立的亭榭和弯曲的水廊与清晖园方池连廊相靠，两园之水仿佛相通，池水顿感倍增，觉有另番景色。余荫山房的深柳堂与临池别馆隔池相对，东侧透过"浣红跨绿"拱桥的廊柱，隐约可见玲珑水榭，加上水榭四周名花异木以及山石所形成的幽深气氛，更增加了迷离之感。可园可楼之顶邀山阁，使整个东莞城景尽收眼底，园外雁塔与金鳌洲塔南北相峙，远眺遥望黄旗岭下，江水如带，田野争碧；俯览园内，造型生动的叠山狮子扑向楼台，灰瓦青砖的亭台楼阁有聚有散，互相呼应。庭园除有主要观赏点外，还布置有次要观赏点，凡楼阁、亭榭都属此列。观赏点的位置有高有低，有进有退，或开阔明朗，或幽深曲折，宅园空间变化多样，各具特色。

园林景物与观赏点之间有适当的视距才能保证良好的视觉条件，据陆元鼎、魏彦钧先生对岭南粤中园林的研究[①]，认为人们在平视状态下，观赏距离等于建筑高度的3倍，即观赏角处于18°的垂直视角，是从群体的角度看建筑全貌的最基本距离；视距等于建筑高度的两倍时，即观赏角等于27°，是观赏个体建筑全貌的最佳距离；当观赏距离等于建筑的高度，即观赏角等于45°时，是观看个体建筑的极限视角。根据陆先生等人对粤中几个庭园的实测，其视距和建筑高度的关系见表4-1，从表上来看，庭园的高远之比在1：3～1：1：6之间，即观赏角在18°～35°之间，这说明粤中庭园在设计时均考虑了视距和景物的关系。

岭南粤中庭园景物与观赏点之视距关系   表4-1

园名	观赏点	主景名称	距离（米）	主景高度（米）	高远比	配景与层次
清晖园	澄漪亭	船厅	22.5	13	1：1.7	左：廊子六角亭 右：惜阴书屋
		六角亭	15	9	1：1.6	左右景水松 后面廊子
	惜阴书屋	澄漪亭	24	8	1：3	左右景廊子
		六角亭	19	9	1：2.1	前景水松 后碧溪草堂
	船厅	澄漪亭	22.5	8	1：2.8	
		楚芗园水榭	22.5	8	1：2.8	
可园	"亚"字厅	狮山	16	5.3	1：3	左：拜月亭 后：廊子
		擘红小榭	16	6	1：2.6	左右后：均为廊
余荫山房	深柳堂	临池别馆	15	6	1：2.5	
		浣红跨绿桥	12	5.5	1：2.1	

（此表摘自陆元鼎、魏彦钧《粤中四庭园》）

岭南园林与皇家园林、江南园林相比，有其独特之处，其特点详见表4-2。

皇家园林、江南园林、岭南庭园比较分析　　表4-2

类别	皇家园林	江南园林	岭南庭园	
			粤中庭园	粤东庭园
功能性质	朝政、居住、享乐	居住、享乐	居住、休闲、享乐、改善气候	休闲、享乐、改善气候
指导思想	神仙世界、信佛观念	归隐、逸世	户外生活	户外生活
园林特征	权势，凌驾于世	出世，文化享乐	入世，物质享乐	入世，物质享乐
园林规模	大	中或小	小	更小
总体布局	中轴对称，宫殿、宅园分区明确	住宅、园林分区明确	住宅带园林，有一定分隔	宅旁庭园或庭院绿化
园林造景	集仿各地名园胜迹于园中	仿天下山水自然景色	以岭南山水自然景色为蓝本	同左，以点景为主
设计原则	大自然山水园林与人工园林的结合	有限面积内创造更多的景色	有限面积内创造更多的景色	有限面积内创造更多的景色
观赏方式	动静结合，以动为主	动静结合，以静为主	静观，近观为主	静观，近观为主
建筑处理	1. 官式建筑，规整严肃 2. 建筑装饰富丽堂皇 3. 以塔阁庙宇为布局中心	1. 建筑布局自由灵活 2. 建筑造型轻巧飞翘 3. 色彩淡雅，风格素朴	1. 连房广厦，通透爽朗 2. 装饰华丽，色彩丰富 3. 受外来影响	1. 通透爽朗，较为规整 2. 装饰丰富，结合地方特色 3. 受外来影响较多
堆山叠石	利用大自然山石造景，假山与真山结合	土山、土石山为主	石山和孤赏石景为主	孤赏石景为主
理水筑池	1. 大自然湖水、面积大 2. 沿袭一池三岛布局思想	1. 不规则自由布局，面积中等 2. 理水方式有聚有分，以聚为主	1. 引水入园或掘地为池，面积小 2. 规整，几何形平面为主	小而规则，几何形平面，也有自由布局方式
花木植被	自然与人工栽植相结合	人工栽植，以单株欣赏为主	人工栽植，浓荫为主	人工栽植，浓荫为主
经济条件	不限制	有限制	有限制	较为经济
艺术风格	庄严壮观，刚健雄浑	纤秀绮丽，高雅飘逸	舒朗华丽，雅俗共赏	舒朗华丽，质雅明快
典型实例	北京颐和园，北京西苑北海，承德避暑山庄	苏州拙政园，苏州留园	顺德清晖园，番禺余荫山房	潮阳西园，澄海樟林西塘

第二节　岭南园林审美个性

尽管岭南园林与北方园林和江南园林有很大的差异，在造园审美上有着自己独特之处，各处的岭南园林有着自己的审美共性，但由于园林的环境选择、园林的面积大小、园主人的性格、地位及喜好等不同，因此，各处园林造园的审美个性也非常突出。下面就一些有代表性的园林谈一下其造园审美个性。

一、广州海山仙馆

清道光年间，广州西郊荔枝湾曾建有一座闻名海内外的特大型私人园林海山仙馆，又名潘园。园主人潘仕成（1804～1873年），字德畲，应道光十二年（1832年）顺天乡试，中副榜贡生，曾被任命为两广盐运使、浙江盐运使等官职。清道光、咸丰年间，在广州行商中有所谓潘、卢、伍、叶四大巨富家族，其中以潘氏居首，而潘仕成则是潘氏家族的代表人物，主要经营盐务和外贸进出口生意。海山仙馆园林占地面积约12公顷⑩，规模宏大，风景优美，造园艺术高超，内容丰富多彩，当时有"南粤之冠"的美誉。此园之美不但吸引了四方达官贵人、文人雅士，还曾作为官府的外交活动场所。可惜园林后来因园主盐务亏空而拍卖，清孙樗《余墨偶谈》载："后因亏帑籍没，园亦入官，园基固大，领售无人。"一代名园现只留得部分石刻藏于今广州博物馆之中。

此园原为嘉庆年间富商丘熙所建，名虬珠园，有人赞它如唐代荔园。潘仕成得此园后，除保持原来幽雅景色外，还筑小山，修湖堤，增建戏台、水榭、凉亭、楼阁，面积扩大至数百亩。园内小岗松柏苍郁，岗旁湖广百亩，与珠江水相通，备有游船作游河之用。园中不但建筑雕梁画栋，气势非凡，而且有荔枝等果品诱人，养有孔雀、鹿、鸳鸯等动物怡情。清李宝嘉《南亭四话》载："俯临大池，广约百亩，其水直通珠江，足以泛舟。"《南亭四话》还说园林"有白鹿洞，蓄鹿数头"。潘仕成于道光二十八年（1848年）曾请江苏名画家夏銮画有《海山仙馆图》（图4-18），画卷长13.36米×0.36米，画心3.5米×0.26米。该图是从园东北角高处俯

图4-18　夏銮所画《海山仙馆图》

瞰园林的全景图，图中可见西南一边有茫茫江水环绕流过，远处是沉沉苍山，片片风帆、点点渔舟在波涛中若隐若现。近在岸边的海山仙馆，由一道高墙围绕。高墙之内是一浩瀚如海的大湖，内有三山两塔和为数众多的亭台楼阁、长廊曲榭，临水屹立在湖的西周。有一座构筑在湖水上的大戏台，可容众多演员在此演出。环绕湖边，是一道蜿蜒曲折以石铺砌而成的堤岸。湖上的三座山，一高两低，高的筑有石道，环回曲折，可以拾级而登，低者奇石峥嵘，青翠多姿。两座塔，一在湖东，六角五级，以大理石雕砌，一在湖西，圆柱形。在建筑组群之间有跨水筑起的大小道路，回廊台榭及大桥、小桥、拱桥、曲桥相连（图4-19、图4-20）。湖上有停泊或正在行驶的艇舸及扁舟几只，园内路上有马车正在奔驰。[20]

清俞洵庆《荷廊笔记》描述甚详："其宏规巨构，独擅台榭水石之胜者，咸推潘氏园。园有一山。岗坡峻坦，松桧蓊蔚，石径一道，可以拾级而登。闻此山本一高阜耳，当创建斯园时，相度地势，担土取石，壅而崇之，朝烟暮雨之余，俨然苍岩翠岫矣。一大池，广约百亩许，其水直通珠江，隆冬不涸，微波渺弥，足以泛舟。面池一堂，极宽敞，左右廊庑回缭，栏楯周匝，雕镂藻饰，无不工致。距堂数武，一台峙立水中，为管弦歌舞之处，每于台中作乐，则音出水面，清响可听。由堂而西，接以小桥，为凉榭，轩窗四开，一望空碧。三伏时，藕花香发，清风徐来，顿忘燠暑。园多果木，而荔枝树尤繁。其楹联曰：荷花世界，荔子光阴。盖纪

图4-19　海山仙馆水榭

图4-20　海山
仙馆柳波桥

实也。东有白塔，高五级，悉用白石堆砌而成。西北一带，高楼层阁、曲房密室复有十余处，亦皆花承树荫，高卑合宜。然潘园之胜，为有真水真山，不徒以有楼阁华整、花木繁缛称也。"

美威廉·亨特《旧中国杂记》也载有："整个园子由一道八九英尺高的砖墙围着，加上用暹罗柚木做的厚重的双扇大门。大门上画着两个和生人一般大小的古装人像，一文一武，表示这是个官宦人家。这围墙内的一大片地方，包括几处各自分离的住房，风格轻松优美，是中国富裕人家居住的那种特有的样式。弯弯的屋顶，上边有雕刻的屋脊，屋脊的中央有一个大大的球形或兽形的东西，看上去很醒目。这些房子有的是平房，有的是两层；房子周围有宽阔的游廊。房屋的布局令人想起庞培（Pompeii）[21]的房子，相互之间由开放的天井和柱廊隔开，天井里可以张设凉篷。从外面穿堂连接着宽阔的通道，两侧设有杂役的小屋。门也是双扇的，跟大门相似。房间通常是三间并列，用间壁隔开。有时也用镂花木雕，雕刻着花鸟或乐器。相通的门都挂着富丽的门帘。"[22]《旧中国杂记》还转引了《法兰西公报》1860年4月11日登载的一封寄自广州的信，该信谈到海山仙馆时道："整个建筑群包括三十多组建筑物，相互之间以走廊连接，走廊都有圆柱和大理石铺的地面。妇女们住的闺房则更不止是东方式的华丽了……水潭里有天鹅、朱鹭以及各种各样的鸟类。园里还有九层的宝塔，非常好看。有些塔是用大理石建造的，有的是用檀木精工雕刻出来的。花园里有宽大的鸟舍，鸟舍里有最美丽的鸟类……妇女们居住的房屋前有一个戏台，可容上百个演员演出。戏台的位置安排得使人们在屋里就能毫无困难地看到表演。"[23]

　　园内主要建筑物有凌霄山馆、文海楼、越华池馆（图4-21，图4-22）、贮韵楼、雪阁、眉轩、小玲珑室、东西两塔以及水上音乐台等。张维屏《游荔枝湾》诗曰："游人指点潘园里，万绿丛中一阁尊。"并自注："潘园有雪阁，高数百尺。"[24]园林建筑装修讲究，工艺精致华美，各种石木砖雕、琉璃通花、灰塑彩画、贴金油漆等，应有尽有。潘园的室内装修，吸取了不少西洋的做法，真可谓"中西合璧"。《旧中国杂记》有这样的记载："住房的套间很大，地板是大理石的。房子里也装饰着大理石的圆柱。极高大的镜子，名贵的木料做的家具漆着日本油漆，天鹅绒或丝

図4-21　广州海山仙馆之越华池馆（庭呱所作）

a-越华池馆（1）　　　　　b-越华池馆（2）

图4-22　广州海山仙馆之越华池馆，为法国人于勒·埃及尔1844年所摄

质的地毯装点着一个个房间。每个套间都用活动的柏木或檀木间壁隔开，间壁上刻着美丽的通花纹样，从一个房间里可以看到另一个房间。镶着宝石的枝形吊灯从天花板上垂下来。"㉕潘仕成与各国商人交往多，故能大胆地吸取外来装饰文化来美化自己的房子，在当时广州私人住宅、园林别墅等建筑中，应该说潘园也是开中西建筑融合之先河。

海山仙馆园林造园的审美特点，正如俞洵庆所说："潘园之胜，为有真山真水，不徒以有楼阁华整、花木繁缛也。"曾两次到过海山仙馆的著名诗人、学者、书法家何绍基曾评论该园是"园景淡雅，略似随园、邢园，不徒以华妙胜。"又称海山仙馆："妙有江南烟水意，却添湾上荔枝多。"海山仙馆将田园景色与文化韵味、地方特色三者融合在一起，潘仕成在建园时就保留和利用原有园林的环境条件，形成堤上红荔、水里白荷、庭中丹桂、苍松翠桧、竹影桐荫、奇花异卉的园林自然风光，园林筑有凸起岗峦和高楼塔阁，可将珠江风帆和园内湖山等胜景尽收眼底。正因为园林内、外都有良好的环境条件，就使得园林建筑中亭榭楼台的设计和安排能有更大的自由度，到处都有景可借，有绿化可衬托。潘仕成一生酷爱书法，收集了晋、唐以来各种绘画、书法和诗文，并建有长廊收藏自己心爱的书法碑石，方睿欣《二知轩诗钞》自注云："海山仙馆筑回廊三百间以嵌石刻。"可以说廊榭多、蜿蜒曲折，是整个潘园建筑上的一大特色。海山仙馆受到当时人们的喜爱，特别是文人雅士的喜爱，不仅在于其面积大、位置好且景色宜人，更重要的是它有着丰富深厚的文化内容。游人可以在赏园中看到许多别处见不到的各种古代珍贵文物和藏画、藏书等，还可以看到许多当时名人才子的诗词、对联和书画，甚至可以听到看到当时有名的音乐家、艺术家的演奏和演出，等等。

二、顺德清晖园

清晖园位于顺德大良镇华盖里，建于清嘉庆年间，园址原为黄氏花园。明万历三十五年（1607年），顺德杏坛镇右滩村人黄士俊高中状元，官至礼部尚书、大学士。为了光宗耀祖，于明天启元年（1621年），在城南门外的凤山脚下修建了黄家祠和天章阁、灵阿之阁，并在祠阁围园植木种花。清乾隆年间，黄家衰落，庭园荒废。当地龙氏碧鉴海支系二十一世孙龙应时（字云麓）得中进士，便将天章阁、灵阿之阁购进。该园归龙家后，由龙应时传于其子龙廷槐和龙廷梓，后来廷槐、廷梓分家，庭园的中间部分归龙廷槐，而左右两侧为龙廷梓所得。龙廷梓将归他的左、右两部分庭园建成以居室为主的庭园，称为"龙太常花园"和"楚芗园"，人们俗称左、右花园。南侧的龙太常花园在园主衰败后，卖给了曾秋樵，其子曾栋在此经营蚕种生意，挂上"广大"的招牌，故又称广大园。

　　龙廷槐字澳堂，于乾隆五十三年（1788年）考中进士，曾任翰林编修，记名御史。嘉庆五年（1800年）辞官南归，居家建园。嘉庆十一年（1806年），其子龙元任请了江苏武进进士、书法家李兆洛书写了"清晖园"三字塑于园的正门上方，以喻父母之恩如日光和煦照耀。园林经应时、廷槐、元任、景灿、渚惠五代人的多次改建、扩建，逐渐形成了格局完整而又富有特色的岭南园林。抗战沦陷期间，园主人龙渚惠死后，庭园逐渐荒芜。直到1959年对清晖园进行重修，将清晖园、楚芗园、广大园及龙家住宅（介眉堂）等一起收入园址，使原来占地6000多平方米的清晖园扩展至13000多平方米，方基本恢复了当年黄士俊花园的范围，并在庭园东北部增建了园门，将李兆洛所书"清晖园"重刻于白石园门之上。

　　原来清晖园的旧址仍是岭南园林的精华，其面积为5亩多（图4-23，图4-24）。整个园

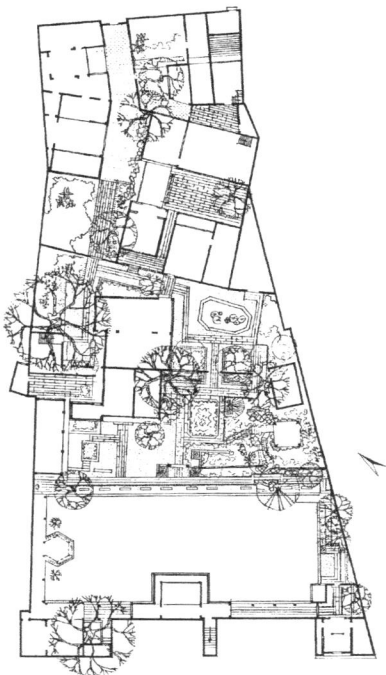

图4-23　广东顺德清晖园平面图

图4-24　顺德清晖园鸟瞰图

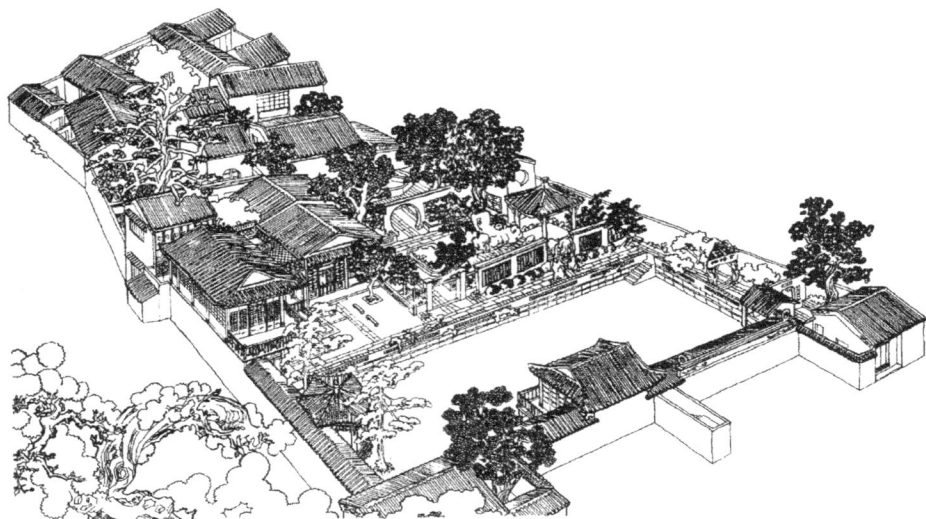

从布局上分成三部分。南部筑以方池，满铺水面，亭榭边设，明朗空旷，是园中主要的水景观赏区；中部由船厅、惜阴书屋、花罛亭、真砚斋等建筑所组成，南临池水，敞厅疏栏，树荫径畅，为全园的重点所在；北部由竹苑、归寄庐、笔生花馆等建筑小院组成，楼屋鳞次，巷道幽深，是园中的宅院景区。各景区通过池水、院落、花墙、道廊、楼厅形成各自相对独立，又相互渗透的园区景色，使得清晖园内"园中有园"、"诗中有诗"。

步入清晖园大门，穿越明暗变化、虚实结合的通道，来到绿潮红雾门，纵观水光景色，顿觉豁然开朗，只见澄漪亭依水而立，六角亭隔池而筑，对岸假山洞门耸峙，花罛亭透过竹窗隐现园中，池水清碧，绿树成荫，亭台楼阁高低错落，真是一派"绿潮红雾"的园林美色。有如园中"香雪林"处的对联所题："翁之乐者山林也，客亦知乎水月乎。"

南部澄漪亭是突入水池的点景建筑，与六角亭一起打破了方池单调的池岸线，使池水既规整又有曲折变化（图4-25）。澄漪亭的窗户用贝壳制成的薄片镶嵌而成，室内明亮通透又古朴幽雅。亭的两侧建有连廊，以木制通花为饰，依廊而行，可尽览池中水色。澄漪亭上挂有对联："临江缘山池沿钟天地之美，揽英接秀苑令有公卿之才。"六角亭也是水池的点景建筑，近水三面设有"美人靠"，凭栏而坐可观赏亭外景色（图4-26）。亭子入口两柱挂有即景木刻对联，如实地描绘了这里的景色面貌："跨水架楹黄篱院落，拾香开镜燕子池塘。"亭子两旁水中立有苍劲挺拔的水松，远处林木花卉争妍，一片郁郁葱葱。在这浓郁的绿色帐幕下，充满着亭中所书"置身福地何消爽，流咏新诗兴激昂"的诗情画意，不愧为名书法家、雕刻家黄士陵所题的"绿杨春院"。出六角亭，经有菠萝、木瓜、杨桃、石榴、

图4-25　顺德清晖园水庭

图4-26　清晖园六角亭及连廊

金瓜等岭南佳果为木雕题材的滨水游廊，便可来到碧溪草堂，此堂为道光丙午年（1846年）所修建。其正面是以木雕镂空成一丛绿竹为景的圆光罩，工艺精美，形态逼真。圆门两侧为玻璃格扇，格扇池板上各刻有四十八个"寿"字，有隶、篆书和以花鸟虫鱼演化成的象形文字，称之为"百寿图"，形象各异，可谓别具匠心。格扇下槛墙上刻有清道光年间所题名曰"轻烟挹露"的砖雕竹石画，画中题词为"为出土时先引节，凌云到处也无心"。

越过方池，便来到庭园中部地段，穿过花墙，拾级而上，便到"花蕚"四角亭。花蕚亭为赏园休息之处，原名叫做凤台，后被大风刮倒，龙渚惠于清光绪十四年（1888年）重建后改此名。亭子轻巧古雅，梁柱用精致木刻通花"撑角"相接，结构与装饰融为一体，给人以明快通敞之感。亭内柱上挂有原为清代书法家邓云伯所书之对联："连嶂叠献岳，长林罗户庭。"船厅后面的惜阴书屋和真砚斋是一组相连的园林小筑，是园主人读书治学之处，建筑较为朴素。真砚斋的雕刻生动，其槛窗雕有八仙工具图，格扇上刻有"百寿字"，人们俗称为"百寿门"。真砚斋前方，设有突出地面的六角长方水池，池中堆叠石山，池内游鱼嬉戏。

"风过有声皆竹韵，明月无处无花香。"这是清晖园北部景区正门口的一副对联，它点出了这一景区的雅静风貌。这里通过院落、小巷、天井、廊子、敞厅来组织空间，是院主人生活起居的地方。主要建筑"归寄庐"有两个厅堂，中间以连廊相接（图4-27），连廊两侧为石山和翠竹，是个清凉、幽深、宁静的庭园。前厅为

图4-27　清晖园归寄庐之小蓬瀛

两层楼房，正面是称为"百寿桃"的大型木雕，图内为一棵枝繁叶茂的仙桃树立在鲜花石山上，结有多颗果实，雕刻工艺精美，是件雅俗共赏的艺术珍品。相邻的旁厅内用刻有梅、竹、荷等图案的镶嵌玻璃门板作间隔，美观别致。而另一建筑笔生花馆，内分一厅两房，厅房之间也是用镶嵌着的印花玻璃门相隔。房门额上各有一幅梅花图。厅堂梁柱间做有大型通花挂落装饰。此馆名取材于唐代诗人李白孩童时曾梦过笔头生花，后成为大诗人的故事，祈望子孙后代能登科成才。此处无论厅中小憩，还是花径漫步，只见壁山起伏，翠竹掩映，小院深邃，鸟语花香。虽疏淡清雅，倒也别有一番风趣。

清晖园的造园特色首先在于园林的实用性，为适应南方炎热气候，形成了前疏后密、前低后高的独特布局，但疏而不空，密而不塞，建筑造型轻巧灵活，开敞通透。其园林空间组合是通过各种小空间来衬托突出庭园中的水庭大空间，造园的重点围绕着水庭作文章，这样既使园林中的主次空间清晰分明，也使清晖园的水庭造园艺术在各岭南庭园中独树一格，富有个性。清晖园还有一个重要特色是在园内遍植各种岭南奇花异木，形成"绿海"，种类有近百，其中不少是珍贵和奇特的树木品种。惜阴书屋侧有一株玉堂春，又名木兰，相传龙元任之侄耀衢于清光绪二十九年（1903年）应顺天乡试，落第后取道苏州购得两棵，但只存活一棵。玉堂春是花木中的上品，每年冬季落叶，来春开花，晶莹洁白，清香可爱。船厅后面有一棵百龄以上的白木棉，盘根错节，高10多米，六七人才能合抱，每到春暖花开季节，鲜花怒放，十分壮观。如园内紫苑门联上描绘的："时泛花香溢，日高叶影重。"

碧池、青楼、绿木，远廊、幽巷、深院，这正是清晖园美妙特色之所在，有如船厅游廊小亭内拓本乾隆皇帝之子成亲王手书的牌匾所曰："绿云深处"。

三、番禺余荫山房

余荫山房，又称余荫园（图4-28），坐落在广州番禺南村，始建于清代同治年间，历时5年建成。园主人邬彬，字燕天，番禺南村人，清同治六年（1867年）考中举人，官至刑部主事，为七品员外郎。其两个儿子也先后中举。一家有三个举人是件十分荣耀之事，故在乡中大治居室。邬彬在邬氏宗祠均安堂旁边的余地上花费

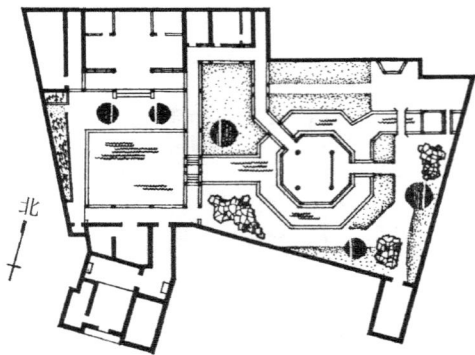

图4-28　广州番禺余荫山房平面图

了近三万两白银，营建了余荫山房。取名"余荫"，意为承祖宗之余荫，方有今日及子孙后世的荣耀。山房落成之日，邬彬高兴地自题了一副园联："余地三弓红雨足，荫天一角绿云深。"联首嵌入了"余荫"二字。全联既对仗工整，又概括了这座名园的特点。

传说邬彬为建造此园，曾延聘名师，参考与借鉴了京城、江南及岭南本地园林的特色和优点，在建筑艺术上颇见匠心。其园占地面积仅2亩余，约1590多平方米，但布局紧凑，小中见大。亭堂楼榭，山石池桥配置得当，尤以池桥与临水亭榭为胜，庭园虽小，却清雅幽深。

余荫山房以一条游廊拱桥分为东、西两部分，桥用石砌，池水通过拱形桥洞将东、西联贯，水面占全园较大面积。西半部结石为池，呈长方形，内置荷花。建筑物以池北的深柳堂为主，池南的临池别馆为辅，构成一组景物。东半部池水八角环流，池心结石为台基，上为建筑"玲珑小榭"，以曲廊跨池联接"听雨轩"，水边还点缀以"孔雀亭"、"来熏亭"等形式各异的建筑小品，构成另一组景物。

余荫园的大门设在东南面，外观为普通的青砖砌筑。如果不是门额上的"余荫山房"四字石匾，恐怕难以置信内为岭南名园。由正门入内，通过门厅，迎面是一砖雕照壁（图4-29）。穿过曲折窄道，才是园林的入口园门。

从园门隔岸相望，便是全园的主体建筑深柳堂（图4-30）。深柳堂面阔三间，带有前廊，阶上还伸出铁铸通花花檐。深柳堂是昔日园主人起居之地，包括厅堂、书斋和卧室，厅堂宽敞明亮，透过大面积的玻璃窗扇，将池水、绿树引入室内，室内外空间渗透相连，使人感到阔远、舒展，深有"凭虚敞阁"的庭园妙趣。厅内的屏门隔断，饰有精致的桃木雕和紫檀木雕，其中所刻三十二幅扇形格子，刀法细如牙雕，尤称绝品。扇形格子内装以名人诗画，珍贵且雅致。最引人注目的，是中厅

图4-29　余荫山房门厅小院

图4-30　余荫山房深柳堂

里的"松鹤延年"和"松鼠菩提"两个大型花鸟通花门罩，图案优美，形象生动，使厅堂呈现玲珑剔透景象。厅前书写长联一副："鸿爪为谁忙，忍抛故里园林，春花几度，秋花几度；蜗居容我寄，愿集名流笠屐，旧雨重来，今雨重来。"堂前两棵炮竹古藤，茂盛苍劲，花开时有如天上飘下来的一片红雨。荷池对面的临池别馆（图4-31），朴素开朗，与深柳堂一简一繁，主次分明。

玲珑水榭，平面呈八角形，立于八角形的水池中。厅内八面均以木雕装饰的玻璃窗格，水榭八面玲珑，外面有点景的叠石和压檐的花树。那一泓池水，日可观鱼，夜可玩月。当年的园主人邬彬似乎特别赞赏这座水榭，曾亲题一联："每思所过名山，坐看奇石皱云，依然在目；漫说曾经沧海，静对盼漪印月，亦是莹神。"

游廊拱桥"浣红跨绿"是一座石桥，构木为廊，当中耸起一座四角飞檐的亭盖，廊檐下和廊柱饰以漏空图案花纹的木雕挂落（图4-32）。游廊两侧栏杆做有背靠，既可休息，又能观景，可谓匠心妙运。余荫山房地形平坦，面积不大，如果不是有比较成功的空间处理手法，一进园内便一览无遗了。因此，这座游廊拱桥对园内空间分隔起着至关重要的作用。人们进入园门，先看到的是深柳堂、荷池、临池别馆及拱桥这一组景物，但不能全面地看到以玲珑水榭为主的第二组景物。透过游廊拱桥，隐约可见水榭、叠石与树木，这为层层景色增添了迷离之感。

图4-31　余荫山房临池别馆

图4-32 余荫山房游廊拱桥

　　邬氏族人后来在山房南面建一园，取名瑜园。规模只及山房之半，有面积400余平方米，内有船厅、听涛小阁、望月台等，现亦并归余荫山房。两园互为因借，堂楼相望，收到扩大空间之效果。园内树木交融，竹影花香，益增景色之窈窕多姿。

　　余荫山房的造园特色在于其庭园空间的划分和渗透，通过亭榭、水池、拱桥、连廊来分隔或连通庭园空间。不少人认为玲珑水榭体量过大，导致园内显得拥挤，笔者认为正是玲珑水榭所处的位置和体量，使人们不能对东部庭园一眼望尽，倒有曲径通幽之感。为了避免视觉上玲珑水榭体量过大，园主人在造园时再用环水的处理手法，将人与建筑隔开，保持人与建筑景观有一定的距离。造园特点是利用观赏路线的曲绕，移步观景，延长对特定景观不同位置的观赏，像西部水庭，视线达而步不达，人必须绕着走，而东部平庭，步达而视线不达，更须绕着走。

四、东莞可园

　　东莞可园坐落在莞城西的博厦村（图4-33），初名为"意园"，后改"可园"。园主人是清末东莞博厦村人张敬修。咸丰年间，张敬修任广西按察使。因屡败于陈开领导的天地会起义军，于是被罢官。还乡后于咸丰八年（1858年）建成可园，全园建造大约花了3年时间。此后可园又经多次扩建和改建。可园原址为冒氏宅

图4-33　广东
东莞可园平面

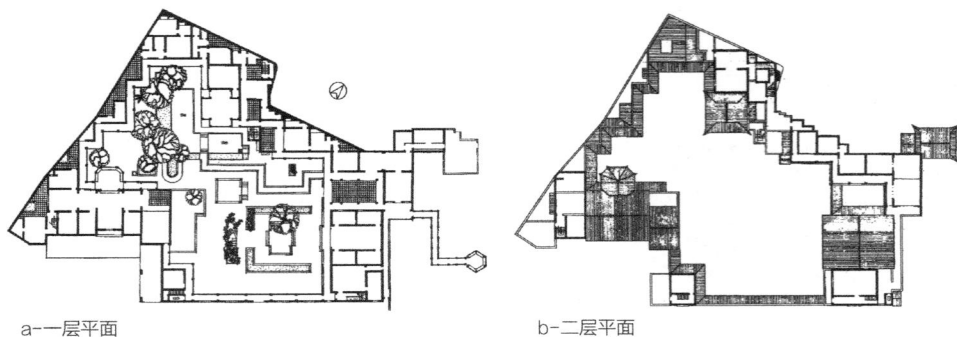

a-一层平面　　　　　　　　　b-二层平面

园。昔日园主的友人、岭南画派的祖师居巢曾写有这样的小诗："水流云自还，适意偶成筑。拼偿百万钱，买邻依水竹。"看来张敬修当年是不惜借贷建园的。张敬修后又被清廷起用，到咸丰十一年才因病返回，于同治三年（1864年）病故。张死后，其后人逐渐崩败，收藏的书画古物变卖无几，园内建筑也多废圮。1961年后两经修复，大部分楼阁保存如旧。

当年张敬修亲自参与可园的筹划兴造，聘请当地名师巧匠，模仿各地名园，形成独具一格的岭南园林。可园占地甚小，仅2200多平方米，但布局巧妙合理，小巧玲珑。园中建筑、山池、花木等景物十分丰富。全园计有一楼、六阁、五亭、六台、五池、三桥，十九厅和十五房。每组建筑用檐廊、前轩、过厅、走道等相接，形成"连房广厦"的内庭园林空间。

按功能和景观划分，可园大致划为三个部分。第一部分为入口所在，是接待客人和人流出入的枢纽。这组建筑有入口门厅、客人小憩之地的六角半月亭、接待来客的两座厅堂——草草草堂和葡萄林堂，还有听秋居及2层的小姐楼。第二部分为款宴、眺望和消暑的场所，有可轩、邀山阁、双清室、接待厅等，是可园的主要活动场所。第三部分是沿可湖的一组建筑，环境幽美，是游览、居住、读书、琴乐、绘画、吟诗的地方，有可堂、雏月池馆船厅、观鱼簃、钓鱼台等。

六角半月亭，又称擘红小榭，在门厅之后，与门厅呈一中轴线（图4-34）。人于亭中，只见栏后绿树成荫，丛花烂漫，曲池清碧，虹桥卧波。画家居巢很喜欢可园的造园景观，当时有诗曰："小桥莲叶北，琴幽行室虚；碧阴翻荇藻，肯信我非鱼。"诗中追思庄子观鱼、羡慕游鱼自由自在的生活，感受到庭园空间的暇逸。从擘红小榭左行，经碧环廊可至可轩，可轩是款待宾客的高级厅堂，全以木雕为饰。因厅内地板装饰为桂花纹，故又称"桂花厅"，夏日入内，清凉沁人，前厅外设风柜，风口放香料，风从地道至厅内中央，香气四溢，具有南方特色。与可轩一墙之

图4-34 东莞可园六角半月亭

图4-35 东莞可园双清室与邀山阁

隔是双清室，取"人镜双清"之意，双清室又称亚字厅，因它的平面形式、窗扇装修、家具陈设、地板花纹都用"亚"字形，故名之。"亚"字厅结构奇巧，四角设门，便于设宴活动。

双清室旁侧有石级登楼，楼高15.6米，为4层（图4-35）。底层即可轩，二三层有廊道通往别楼，顶层有阁，因四周有群山百川，取名"邀山阁"，含义欲邀山川入园。登楼眺望，远近诸山，"奔赴环立于烟树出没之中，沙鸟风帆，去来于笔砚几席之上"，是吟诗作画的好地方。当时常在可园做客的著名画家居廉曾咏邀山阁："荡荡胸溟渤远，拍手群山迎；未觉下土喧，大笑苍蝇声。"过去邀山阁是整个县城的最高建筑，白日站在阁上，顿觉群山江川扑面而来，下瞰人群，其话声仅为苍蝇嗡嗡而已。夜间登阁，可以看到阁上对联所云"大江前横，明月直入"之妙境。

从问花小院拾级而上，便有以贮藏唐代"绿绮台琴"而命名的绿绮楼（图4-36）。这张唐琴在明代为武宗朱厚照的御琴，后为南海名士邝露所藏。清兵破广州时邝露抱琴殉节。诗人屈大均的《绿绮琴歌》写有这样的诗句："城陷中书义不辱，抱琴西向苍梧哭。"邝露死后，琴落入清兵手中，明万历时兵部侍郎叶梦熊的后裔叶龙文发现古琴为明皇室遗物，出钱从清军马兵手上买了下来。后归张敬修所

图4-36　东莞
可园绿绮楼

有，藏于园中。张的后人把古琴又卖给了东莞金石家邓尔疋。据说，绿绮台琴现存
于香港。绿绮楼隔着问花小院是可堂，可堂三开间，坐北朝南，为园主起居之处。
临湖设有游廊，题"博溪渔隐"。沿游廊可至雏月池馆船厅、湖心可亭等处，饱览
可湖的湖光秀色。居巢对此处的意境咏为："沙堤花碍路，高柳一行疏。红窗钩车
响，真似钓人居。"

　　可园的全部楼宇，均用光滑的水磨清砖砌成，古趣盎然。建筑之间，起伏有
致。庭院花香，鸟鸣园幽。岭南派画家居廉、居巢，常到可园游玩小住，咏诗作
画。居巢有咏可园诗十余首，如《擘红小榭》、《可楼》、《环碧廊》、《博溪渔隐》、《可
亭》、《可舟》等，描绘可园的风光景色。居巢咏可楼之诗可谓道出可园特点："亭
馆绿天深，楼起绿天外。"可园的造园意旨为"幽"和"览"。张敬修在自撰《可
楼记》中曰："居不幽者志不广，览不远者怀不畅。吾营'可园'，自喜颇得幽致；
然游目不骋，盖囿于园，园之外，不可得而有也。既思建楼，而窘于边幅，乃加楼
于'可堂'之上，亦名曰'可楼'……劳劳万众，咸娱静观，莫得隐遁。盖至是，
则山河大地举可私而有之。苏子曰：'万物皆备于我矣。'"

五、佛山梁园

梁园是古代佛山梁氏私家园林的总称。清嘉庆、道光年间（1820～1850年），由内阁中书、岭南著名书画家梁蔼如及其侄儿梁九章、梁九华、梁九图等诗书画名家所精心营建。梁园鼎盛时规模宏大，占地200余亩，包括十二石斋、寒香馆、群星草堂、汾江草庐等园林建筑组群。梁九图在《梁氏支谱》中记有："一门以内二百余人，祠宇、室庐、池亭、圃囿五十余所。"园内祠堂宅第与园林建筑自成体系，亭廊桥榭，堂阁轩庐，聚散得宜，错落有致。建筑小巧精致，轻盈通透，与绿水荷池、松堤柳岸相映成趣；大小奇石千姿百态，园林景色诗情画意。

梁氏家族原世居顺德县杏坛镇麦村，于清嘉庆初年定居佛山松桂里。梁蔼如字远文，号青崖，其文章渊博，少年得志，清嘉庆十九年（1814年）中了进士，身入仕途后授内阁中书，他因宦海多险，立志归隐园林，辞官后在宅内始创梁氏首家私园"无怠懈斋"以娱晚年。道光初年，梁九章兴建寒香馆。梁九章字修明，号云棠，官至四川知州，喜鉴藏古今书画，馆中藏有汉、晋、唐、宋、明历代名书法家包括王羲之等人法帖在内的真迹百余件，并刻有《寒香馆法帖》六卷。寒香馆内树石幽雅，遍植梅花，其弟梁九图有诗《雪夜寒香馆观梅》咏之："冷逼梅魂夜气严，万花斗雪出重檐。高枝时与月窥阁，落瓣偶随风入帘。对影鹤应怜尔瘦，熏香炉不情人添。罗浮我有前生梦，翠羽应妨破黑甜。"

梁九图，字福草，当时在佛山颇有名气。10岁能诗，有神童之称。其博学工文，不乐仕官，惟喜山水，凡丘壑名胜，探险陟险，随地留题。诗文著作甚富，有《十二石斋诗集》《草庐唱和诗》《岭南琐记》《石圃闲谈》《佛山志余》等数十种。道光年间，在原清康熙时太守程可则故宅蔽山草堂的旧址上，兴建园林紫藤花馆，后来梁九图游览衡山湘水南归，舟过清远时偶然购得纹路嶙峋、晶莹剔透、润滑如脂的大小黄蜡石十二座，于是用船运回佛山，以石盆乘之，罗列馆中，最大的一座石取名为"千多窿"。梁视石若命，将原馆改名为十二石山斋，自号"十二石山人"。梁九图还建有汾江草庐，为词人雅集觞咏之地，骚人墨客一起"诗酒唱酬，提倡风雅"，称梁九图为"汾江先生"。园内筑有韵桥、石舫、个轩、笠亭等，园以湖池为中心，堤上韵桥若彩虹之跨明镜。梁九图之侄梁世杰在《汾江草庐记》中有这样生动的描述："列柳成岸，两溪夹路，一水画堤，涧流潺潺，横以略彴，沿涯遍植菡萏，参差错叠，每堂炎云纷炽，香风微来，碧盖千茎，丹葩几色，月夜泛舟上下，足避暑焉。信步而西，书舍三两，别有幽趣，室小如斗，竹高于山，积霭成阴，漏日无隙。入其座，生意绕庭，葱青可掬，垣衣饫雨，土壁逾青，地锦币烟，

湘帘尽绿。先生（梁九图）日惟高卧其际，肆志歌咏，不复有尘世心。吟事之暇，
辄与二三知己穿林步径，寄傲笠亭以自娱。其亭浪接花津，路逼嗡坞，层轩面水，
小窗峙山。拭鸥槛以题红，瞰马冈而延碧。旁矗巨石，屹立波际，含岈峭角，莫可
言状。西则跨以一桥，仰构数掾，俯睎双沼，号曰'韵桥'。斯桥也，据竹矶之奇
胜，古木蕴秀，杂花散芳，涤荡寒翠，滴露欲声，桄榔晚阴，卧月有影。加以回浦
烟媚，琦湾涨深，一地无尘，半天俱水，游鱼吹絮，晴漪洒光，浴鹭激波，伏流迸
响。渺渺乎，浩浩乎，足以骋游怀祛烦累已。韵桥以北，芭蕉数丛，几案皆石，陂
塘自风，先生恒携斗酒，命俦啸侣，为蕉下会，草色环榭，林翠满怀，山鸟劝人，
其音载好，时或畅饮至醉，狂兴豪发，则登榕阁，以舒吟咏，而此外无复求焉，洵
乐事也。"

群星草堂亦建于清道光年间，园主为梁九华，字常明，官至大理寺主事，人称
部曹，喜好书画，晚年好石，返乡后建部曹第、祠堂和群星草堂（图4-37）。群星
草堂为三进建筑，回廊天井，九脊屋盖，砖、木、石结构，外观古朴清雅。北面
有秋爽轩（图4-38），旁有船厅，荷池对岸为2层的笠亭。园内百年古树苍劲挺拔，
奇石形状万千，立如危峰险峻，卧似怪兽踞蹲（图4-39）。其中"苏武牧羊"、"雄

图4-37 佛山
梁园群星草堂和
船厅平面图

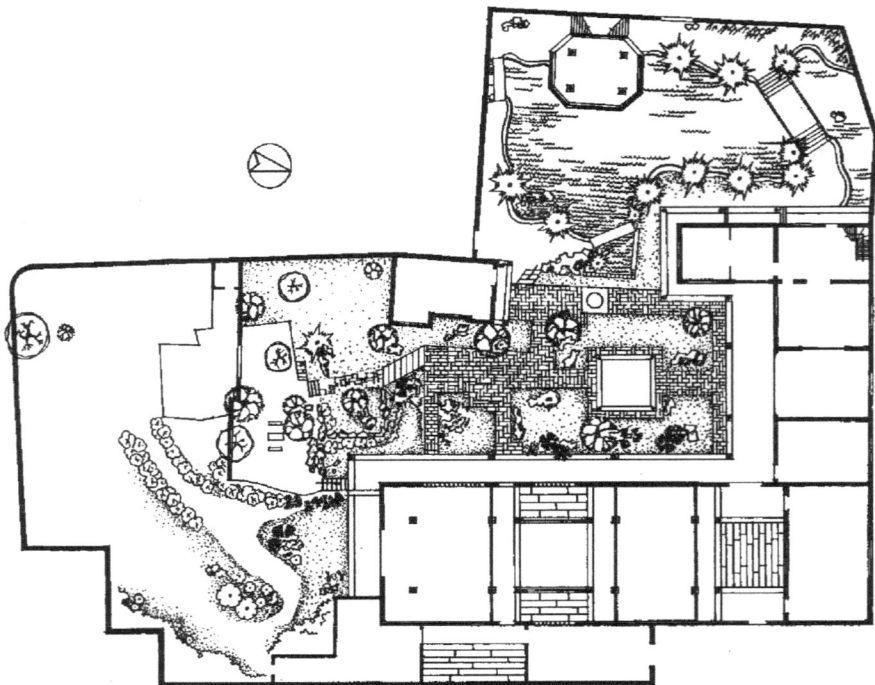

图4-38 佛山梁园秋爽轩

图4-39 佛山梁园庭园石景

狮昂首"、"如意吉祥"更为石中之稀品。梁九图在《群星草堂记》中说："辟园地数亩。在沙洛中布太湖、灵璧、英德等石几满，高逾丈，阔逾仞，非数十人舁不动。或立，或卧，或俯，或仰，位置妥贴，极邱壑之胜。间以竹木，饰以栏槛，配以台阁，绕以池沼。"

然而，时移世易，岁月沧桑，清末民初以后，湖池淤浅，异石流散，园产或遭损毁，或被变卖，大部分建筑及园林已濒于湮灭。1982年始修复了群星草堂、秋爽轩、船厅、日盛书屋等建筑园林景观，1996年开始汾江草庐的修复工程，使这座名园再现了其当年的风姿风采。

梁园造园手法独特，立意清新脱俗，视奇峰异石的设置与组合为造园之主要景观。通过石景的多种形式和变化，以期趋于完美和自然，既有写意式的峰峦山涧、岩壑磴道，亦讲究房前屋后的石景配置，形成"竹屋蕉围水石"等具有岭南水乡特点的园林景观。园中奇峰异石多达数百块，以致诗人李长荣写下了"屈桥同笔曲，积石比书多"的赞美诗句。

六、澄海樟林西塘

澄海县（今澄海区）樟林镇的西塘是集住宅、书斋、庭园三者一体的庭园，亦称洪源记花园（图4-40），建于清嘉庆四年（1799年），历代有修建。庭园面积仅及亩许，前临外塘，其东部凹入为水湾，过去通航外河，停泊船艇。庭园的最大特点是结合地形，在有限的面积内获取最多的景观效应。造园手法上，采用先收后放、先抑后扬的方式，随着步移，园内空间由小转大，由封闭转向开敞，景色逐渐增多，由较为单一的景观转向层次丰富的景观。

书斋庭园根据地形和使用功能，把园内空间划分为四个部分：入口门厅小院、

图4-40　澄海樟林西塘平面、剖面图

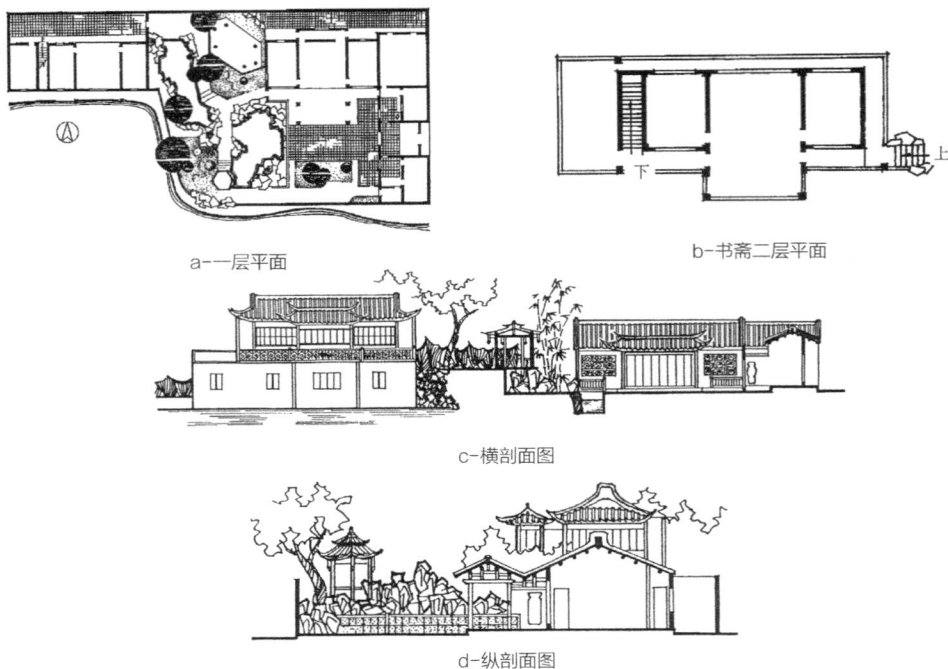

a-一层平面

b-书斋二层平面

c-横剖面图

d-纵剖面图

前部宅居院落、中部庭园和后部书斋。

　　人们从大门进入后是一个小院，因为小院空间的视觉高宽比为1：2，造成空间的封闭性很强。但由于在小院正中开了洞门，透过圆洞门，可远望庭园假山和重檐六角亭，通透的门洞改善了小院的封闭感，门洞的处理使小院与大院的联系紧密而又过渡自然，既增加了空间的层次感，又在小院空间中起到了欲扬先抑的效果（图4-41）。通过小院的圆洞门进入住宅大院，空间开始宽敞疏朗，但景点不多，这样使人的视点落在带前后檐廊的住宅上，宅前的抱印亭（图4-42）使室内外的空间过渡缓冲自然。造园的景观景点主要在庭园部分，既有大面积的叠石堆山造景（图4-43），也有曲折自然的水池；既有耸立在石山上的重檐小亭，也有置于平地上的扁亭。山上山下用崎岖小径和洞内石梯相连，曲折的水面上横放着块平板作为石桥，与大院住宅檐廊相通。特别是当游观者经过假山底下的洞口时，很自然地被吸引了，于是进入洞内，会意外发现有一石梯，顺梯而上，直达山顶，顿时进入一个开阔明朗的大自然空间。这样，从低到高、由暗到明、从里到外，空间的转换使游观者获得一种美妙舒畅的艺术感受。庭园后侧的书斋为一座2层的楼阁，首层与庭园路径相通，二层与庭园假山相连，顺着石级登楼，园外湖光山色尽收眼帘。

图4-41　西塘入口小院门洞

图4-42　西塘宅前抱印亭

图4-43　西塘庭园假山

　　西塘书斋庭园的造园特色在于：虽然庭园面积很小，但它采用了空间对比手法和借景手法来使园内的空间和景观丰富。先抑后扬的院落空间处理，简单布置的院落空间和丰富景观的庭园空间处理，以及抬高视点向外借景的空间扩展处理，都恰到好处地增加了庭园的造园艺术效果。

七、澳门卢家花园

　　澳门卢家花园为卢华绍、卢廉若父子所建造的中型岭南园林。造园用地原是龙田村的农田菜地，清末澳门富商卢华绍购得此地后，由其长子卢廉若大兴土木，构筑园林，园建成后取名娱园，因卢华绍在家中排行第九，人称卢九，所以娱园也称卢九花园，民国时，娱园称为卢廉若花园。20世纪初因在娱园盖搭戏棚，上演粤剧，故名噪一时，后卢家凋败将园林分段易手。70年代初期由澳门政府购得该园后，经过修葺，卢廉若公园于1974年9月开放，成为大众游憩的好去处（图4-44）。

卢廉若花园既学习江南园林的造园手法，又融入了西方建筑的风格，园林富有岭南园林之造园风韵。园内亭台楼阁，池水桥榭，曲径回廊，奇峰怪石，幽深竹林，飞溅瀑布，引人入胜。

卢廉若花园以春草堂水榭厅堂为园中建筑的主体（图4-45），建筑前后有廊，其廊柱造型采用古罗马科林斯柱式和混合柱式，但柱子有圆柱和方柱。春草堂四周均为水面包围，形成园中小岛，建筑前面水面较为宽畅，而后面则狭窄呈带状，水榭厅小岛东、西、北各有小桥与周围相连，小桥造型多样活泼。整修一新的挹翠亭、碧香亭、人寿亭，各有特点，挹翠亭为六角亭，也是一水庭，其处于浓浓的绿荫丛中（图4-46）。碧香亭前面的曲桥颇有特色，曲桥为不规则的弧形弯曲状（图4-47）。靠近曲桥的叠山，小径回游，栈桥横悬，瀑布溪水，缓缓泻下，园中池水宽广，夏日荷花盛开，摇曳生姿，池畔柳丝低垂，随风飞舞，景色优美，令人陶醉。

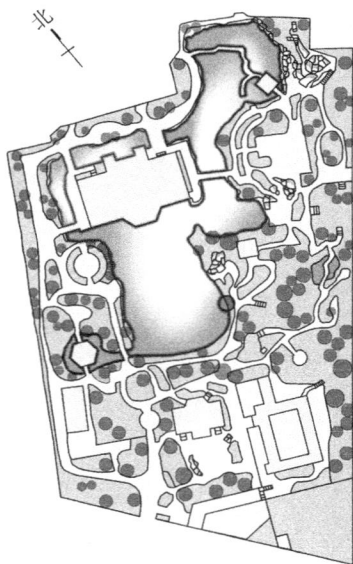

图4-44　澳门卢廉若花园平面图

图4-45　卢廉若花园春草堂

图4-46　卢廉若花园挹翠亭

图4-47　卢廉若花园曲桥

　　与粤中其他岭南私园相比，卢家花园有三个特点：一是造园以园林空间为主，大面积的山石和植物、建筑在园中只是起点缀的作用，不同于以建筑空间为主的岭南庭园或庭院空间，有如江南私园的空间表现；二是园林突出山石景观，园中既有土山，又有石山，假山堆成奇峰怪石，峥嵘百态，叠石规模可与苏州狮子林相媲美；三是植被茂盛，形成绿荫，园林高有榕树，像伞一样遮盖住天空；中有灌木绿竹，形成前后相错的绿帷；低有花草，在大面积的绿丛之中跳跃着缤纷的色彩。

　　卢廉若花园迂回的曲桥、挺拔的石山、幽静的竹林、淙淙的瀑布、交错的回廊，使人于园内如同游览在一幅声色双全的立体画中。

八、台北林家花园

　　林家花园即林本源宅园，位于台湾省台北市郊的板桥镇。板桥林家是台湾五大家族之一[26]，林家尤以财富雄夸全台。宅园始建于同治年间，光绪十四年（1888年）又经林本源改筑增建，迄光绪十九年（1893年）完成，园林占地1.3公顷，属中型宅园，是台湾省的名园之一（图4-48）。日本侵占台湾时期，此园逐渐荒废，1978年由台北市政府出资进行全面修复。

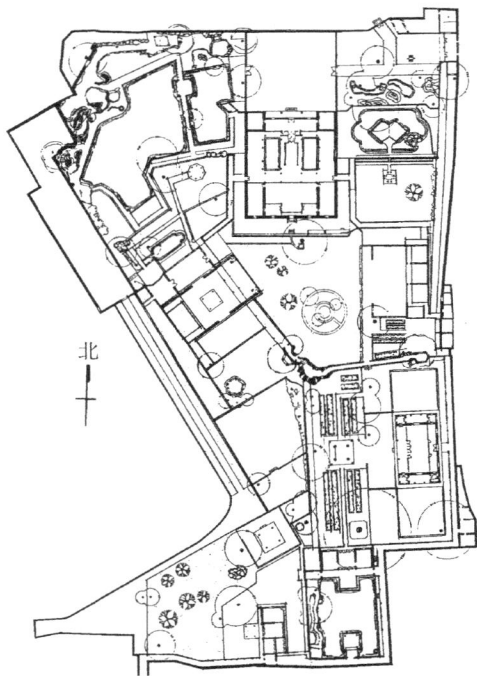

北

图4-48　林本源宅园平面图

园林具有岭南造园之着重于庭园和庭院的传统格局手法，将若干个以建筑庭院和庭园为主的空间联在一起，形成既分隔又相互连通的有机整体，可以说，林家花园的最大特色在于园林建筑空间的排列组合以及建筑符号语言的地域化，因此在中国私家园林的造园形象中有别于其他地区的园林而独具一格。全园基本上可划分为五个区域，每个区域各具不同的功能和特色。

进园首先是园主人的书斋汲古书屋与方鉴斋。汲古书屋为东西向，正厅朝西处设有抱印亭，庭园满植树木，设有石台方亭、矮栏花台、鱼池盆景等。书屋之东为一方形水庭方鉴斋（图4-49），取朱熹"半亩方塘一鉴开"之诗意。水庭建筑为南北向，北面正厅为林维源、林本源兄弟读书及以文会友之处。池中南岸设戏台，供唱戏或夏日纳凉之用，利用水面的回声以增强音响效果。西边池岸的榕树浓荫蔽日，假山倚壁砌筑，沿假山小径石级曲桥可达戏台。水庭东侧的游廊可通往来青阁，游廊的院墙上为镶嵌宋、明诸大家之书画条石。

尔后是接待宾客的来青阁庭院（图4-50）。来青阁正厅坐东朝西，重檐歇山顶2层楼，建筑全部用樟木修造，室内装有西洋进口的大玻璃镜，豪华炫耀。来青阁是园内最大的一个三合庭院，也是园内最精美的一幢建筑物，乃林家接待贵宾的住处。登楼四望，园外青山绿野尽收眼底。庭院中与来青阁正对处建有方亭"开轩一笑"，亦兼做演出用之小戏台。庭院南与方鉴斋景区连接，往北分有两路，一路通香玉簃、定静堂，另一路折西循廊往观稼楼。

横虹卧月桥将全园分成南北两大部分（图4-51），在来青阁庭院北端处穿过桥下圆拱门洞便是香玉簃。香玉簃为观赏花卉的小庭院，院内有菊圃花台，并间置石

图4-49 林本源宅园方鉴斋

图4-50 林本源宅园来青阁

桌，每到秋季，满院菊黄似锦，一片金灿。沿曲廊可达定静堂，定静堂是园内最大的一组天井院落式建筑，是园主人招待宾客、举行宴会的地方。建筑物坐南朝北，内天井院落中央设有开敞的拜亭，北面入口有内院小广场，广场院墙设漏窗，其灰塑造型的漏窗颇有特色。东侧小园临街处设有园门，额曰"板桥小筑"。小园南面漏窗隔墙后为一几何规整式的庭园，园中以海棠形的水池为中心，池中建套环菱形平面的月波水榭（图4-52），池边一侧筑有石山踏步可至月波水榭平屋顶，水榭南面有平板小桥与岸边相连。从定静堂之西侧经月洞门可进入榕荫大池。

香玉簃西侧是观稼楼。登楼远眺，可借得观音山下一片田园之景，阡陌相连，好一派农家稼穑风情。也可观看前后庭院中的假山、梅花亭、海棠形装饰水池，以及榕荫大池的山池花木之景。观稼楼景区为较封闭的建筑空间，与其后的榕荫大池的宽敞山水景观形成空间上的强烈对比。

榕荫大池在林家花园的最北部，是全园惟一创造山林景色、以山池花木取胜的景观区。就全园的游览路线而言，它汇合观稼楼、定静堂而形成一个高潮。庭园以大水池"云锦淙"为中心，顺应不规则的地段形成不规则的池面，驳岸用料石砌筑，池中通过池堤方亭和跨水半月桥，把池面划分为不同大小的两个水域，以增加景观层次。池水北岸的假山仿照林家故乡漳州之山水而筑砌，这座带状假山起伏聚散，沿墙布列，其间穿插隧道山洞，小径盘旋曲折，种植佳木异卉，庭园还配以凉亭台榭，层塔洞门，山可拾级，池可泛舟，人游园中，步移景异，俨若置身山林幽谷、百花深处。庭园不仅提供了一派赏心悦目的自然景色，也是园内消夏纳凉的理想场所。

图4-51　林本源宅园横虹卧月桥

图4-52　林本源宅园月波水榭

[注释]

①　清乾隆中期，北京西郊已形成一个庞大的皇家园林集群，其中规模最大的五座即圆明园、畅春园、香山静宜园、玉泉山静明园、万寿山清漪园，号称"三山五园"。三山五园会聚了中国风景式园林的全部形式，代表着中国古典造园艺术的精华。

②　（明）计成.园冶·立基.

③　（明）计成.园冶·傍宅地.

④　（明）计成.园冶·园说.

⑤　详见黄国声.清代广州的园林第宅.岭南文史，1997（4）.

⑥　广州珠江河面当时较宽阔，粤人习惯称之为海。

⑦　[清]俞洵庆.荷廊笔记.

⑧　苏州四大名园指沧浪亭、狮子林、拙政园、留园。

⑨⑩　苏舜钦.沧浪亭记.

⑪　刘半农于民国初年迻译其文，名曰《乾隆英使觐见记》。

⑫　拙庵.圆明余忆.圆明园资料集.263.

⑬　司马相如.上林赋.

⑭　苏辙.上枢密韩太尉书.

⑮　金学智.中国园林美学.北京：中国建筑工业出版社，2000：86.

⑯　刘敦桢.苏州古典园林.北京：中国建筑工业出版社，1979：28.

⑰　（明）计成.园冶·城市地.

⑱　陆元鼎，魏彦钧.粤中四庭园.见：中国园林史的研究成果论文集（1）.

⑲　卢文骢.海山仙馆初探.南方建筑，1997（4）.

⑳　罗雨林.荔湾明珠.北京：中国文联出版公司，1998.

㉑　《旧中国杂记》中，沈正邦原译注：庞培为意大利古城，因附近火山爆发而被湮没。

㉒　（美）亨特，沈正邦译，章文钦校.旧中国杂记.广州：广东人民出版社，2000：92.

㉓　同上：94-95.

㉔　张维屏.松心十集.

㉕　[美]亨特，沈正邦译，章文钦校.旧中国杂记.广州：广东人民出版社，2000：94.

㉖　台湾五大家族为：板桥林家、基隆颜家、鹿港辜家、雾峰林家、高雄陈家。

第五章
岭南园林建筑艺术

第一节　建筑布局与庭园空间

　　南汉之后，岭南再没有出现过割据一方的诸侯土皇帝，岭南大型的贵族园林也就销声匿迹。随着岭南商贸经济的逐步上升和文化艺术的发展交流，逐渐形成了具有浓厚地方特色的岭南园林，如同刘管平先生在《南国秀色——岭南园林概览》一文中所说的那样："从大型园林的角度看，一方面随着宗教的传入，绚丽的岭南名山大川，诸如端州七星岩、鼎湖山，博罗罗浮山，蕉岭阴那山，海南五指山，桂林七星岩，福建龙岩，韶关丹霞山，清远飞来峡，广州白云山，佛山西樵山等，陆续建观设庙，自然风景亦逐步为民众所赏识，其香火之胜、游人之众，可谓不翼而径。另一方面，在政治、经济、文化较集中的州府，利用近郊农业水利开辟风景名胜区，如端州星湖、惠州西湖、雷州罗湖、潮州西湖等，这些地方多有山林泉流，筑坝截流尽可蓄水灌溉，育鱼丰田，湖面映漾更为风景生色。那些禅寺晚钟、忠堂贤祠、诗社书院、精舍幽园、贤坟祖墓、亭台楼阁、桥廊庑榭等兴而复始地装点湖山，供民间游憩，虔诚祭祖，文墨诗书，樵耕渔猎，很有点公园性质。这些园林虽时有官治，但多属地方民办促成，普遍具有朴实素秀特色。"[①]而小型园林，主要以庭园的形式出现。庭园是一种以建筑空间为主的造园艺术。岭南庭园与民居结合密切，为了解决和改善民居中采光、通风、降温等问题，以及满足一定的休闲和景观需求，将室外的天井院落逐渐扩大成庭园，"现在的岭南古典庭园表明，当民居各室和主要庭院一旦得到扩展，而且扩展到使起居环境更为舒适和充实的程度，岭南庭园即应运而生。那得天独厚的地理、自然、气候和对外交往的有利条件，使它在适应的基础上处置得异常灵活，其沿古顺今，因外而内的随意自然习性，同样呈现得淋漓尽致"[②]，从而使"生根于民居的岭南庭园……俊秀升华，成为岭南园林的核心，为近代海内外所称道"③。

岭南私家庭园的造园，与江南私家园林造园有所不同。园林的布局，通常有两种形式。一种为园林包围着建筑，这类园林的特点是：造园面积较大，追求人格化的自然山水，园林的空间结构是以自然空间为主，建筑在园林中只是起陪衬、点缀作用，从属于自然空间环境。此种园林主要以江南园林为代表。江南私家园林常常是民居与园林分开设置，在宅居建筑群旁设园，像苏州的网师园、吴江同里镇的退思园等。或者干脆另寻地方辟园，园林和住宅各自独立设置，宅居作为园林主人归隐逸世的去处。园林布局的另一种形式，是建筑包围着园林，而这类园林的特点是以建筑空间为主的庭园造园。岭南私家园林多属于后一种，其规模比起江南私家园林来要小得多，宅居和园林融为一体，表现在园主人追求日常生活中的实在。庭园设置不在乎大与全，而在于实用，庭园功能是以适应生活起居要求为主，适当地结合一些水石花木，以增加庭园的自然气氛和观赏价值。这种以建筑空间为主的庭园，所置的山石池水、花草树木等景物只是从属于建筑，若没有周围的建筑环境，园景就会失去构图的依据，水石花木也就不能成"景"了。这两种造园的形式和指导思想，可以说是岭南庭园和江南园林本质上的区别。

一、岭南庭园建筑布局

岭南庭园的分布主要在广东、广西南部和闽南等经济富裕且文化水平较高的地方，如广州、潮汕、泉州和福州等地。然而，由于各地文化的差异，庭园布局也有所不同。岭南庭园布局大致有下面四种：1）建筑绕庭；2）前庭后院；3）书斋侧庭；4）前宅后庭。

1. 建筑绕庭布局

建筑绕庭即建筑物沿园的四周布置，并以建筑物及廊、墙形成一个围合空间的布局方法。这种布局形式多见于粤中的私家庭园。它的特点是在极为有限的面积内布置较多的建筑，且不致造成局促、拥挤的局面。这种布局方式，在苏州的一些小型宅园也有使用。与岭南庭园相比，苏州宅园的建筑围合性没有岭南庭园强，多在庭园的一面或两面布置建筑，围合的建筑在功能上多为一般的休闲观赏之用途。岭南庭园由于占地面积小，所以常将具有居住功能的建筑物沿庭园外围边线成群成组地布置，用"连房广厦"的方式围成内庭园林空间，使庭园空间与日常生活空间紧密结合起来。

在岭南庭园中，为取得良好的通风条件，常设置一个比较开阔的庭院，建筑环绕庭院建造可达到此目的，因此，以庭为中心、绕庭而建的布局方式也就成为岭南庭园建筑布局的特色之一。这种"连房广厦"的布置方式，造园用地虽然不多，但通过园内石沼桥廊、古木花藤，增添了园内幽深别致之气氛，形成了"满

院绿荫人迹少，半窗红日鸟
声多"的独特造园风格。岭
南庭园建筑的布置经营，以
实用为度，园内主要的建筑
物通常在朝南的位置上。如
《园冶》中所云："凡园圃立
基，先乎取景妙在朝南。"
这除了实用方面的考虑，还
起了突出重点的作用。为造
成深邃的气氛，厅堂等主体
建筑都尽量设置在园的后
部，像东莞可园的可堂，位

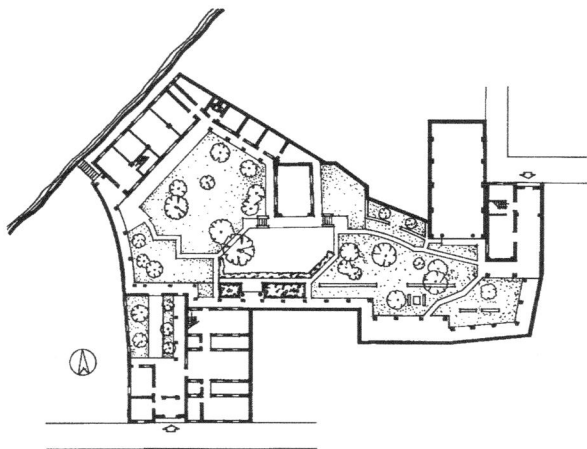

图5-1　广州小画舫斋平面图

于庭园的北部，入园后转过几个弯，越过其前面具有视线遮挡作用的叠石造型狮
山和拜月亭时，才见到园中主要厅堂之一的可堂；而可园中具有2层高度的雏月
池馆船厅和住宅绿绮楼，也是在后面的壶中园和问花小院之内。园内曲折的敞廊
既把各种建筑连在一起，又将庭园划分成若干个不同的景观空间，更能足不出院，
便可游赏于厅堂阁舫亭榭各巧构之中，以避烈日、暴雨、肆风之不利气候。绕庭
而建的布局典型有广州小画舫斋（图5-1）、东莞可园等。

　　2. 前庭后院布局

　　前庭后院或前庭后宅是岭南另一种常见的庭园布局方式，庭园中的住宅，大都
设在后院小区，自成一体。宅居和庭园相对独立，各自成区，但没有实墙间隔，而
是又分又连。庭园区与住宅区的间隔，或用洞门花墙，或用廊亭小院，或用花木池
水。庭园是主人生活的一部分，布局较为疏朗开阔。住宅采用合院形式，布局密
集，但比较灵活和自由。岭南庭园住宅的布局特点之一就是考虑当地的气候要素，
在布局中非常注意建筑的朝向、通风条件和防晒、降温等措施。建筑物大都面向夏
季主导风向。庭园设在南面，住宅区设在北面，形成前疏后密、前低后高的布局。
这种布局方式非常有利于通风，前面庭园像一个开阔的大空间，它使夏季的凉风不
断吹向后院住宅。后院房屋虽然密集，但通过巷道、天井、柱廊、敞厅等方式来组
织自然通风，使夏日的季风，无论从平面布局还是从纵断面的设计布置，都能吹到
后院的每一角落。而后院的密集布置，将建筑墙体、门窗及天井等常常处于阴影之
下，减少了阳光的辐射，这种布局方式很适宜南方的居住条件，取得一个舒爽的生
活环境。实例有顺德清晖园、潮阳西园及普宁春桂园等。

3．书斋侧庭布局

专为书斋而设置的庭园称为书斋庭园。书斋是岭南一种独特的建筑类型，顾名思义就是为了读书而修建的一种具有居住功能的住房，简称为"斋"。它通常与住宅、庭院结合在一起。小型书斋依附在住宅内，位于住宅的侧边，称作"书偏厅"。书偏厅前面布置有小庭院，用地紧凑，像广州西关许多较大型的宅居都设有书偏厅，其平面形式与住宅厅堂大同小异，没有明显的特征，只不过是装修较为精致一些而已。

大多数书斋设在住宅旁，住宅布置采用中轴对称的传统天井院落方式，小型宅居为单进院落式，较大型的为多进院落式。书斋与宅院一墙之隔，用门洞相连接，这种书斋侧庭布局在粤东宅园出现较多。书斋的平面布置也是从天井式民居平面发展而来，但布局比较灵活自由，不受规整对称的布局形式限制。书斋建筑的构成，主要有入口、厅堂、庭园三部分。因书斋要求安静，故入口很少正对着书斋厅堂，多数从侧面进入。以书斋为主的庭园，书斋处于显目位置。书斋的厅堂比较大，除了读书外，还布置有椅几兼作会客之用。书斋庭园的形状、大小、尺寸灵活多变，庭园空间通透迂回，多采用敞厅、拜亭、连廊、通花墙等开敞的建筑或小品。书斋庭园中布置水景假山，种花植木，自然风趣比较浓厚。粤东书斋庭园与粤中宅居庭园相比，面积更为小些。由于规模小，景色不宜过多、过大，在花木、景物配置上常采用小尺度，寸石片水而小巧玲珑。庭园景观以"静观"为主，小池孤山、小桥半亭，庭园虽小而富于变化，读书之余，在庭园稍事休息，颇感心旷神怡，庭园环境幽雅安静，适合书斋之功能要求。如潮州王厝堀池墘10号饶宅秋园（图5-2）、

图5-2　潮州王厝堀池墘10号饶宅秋园

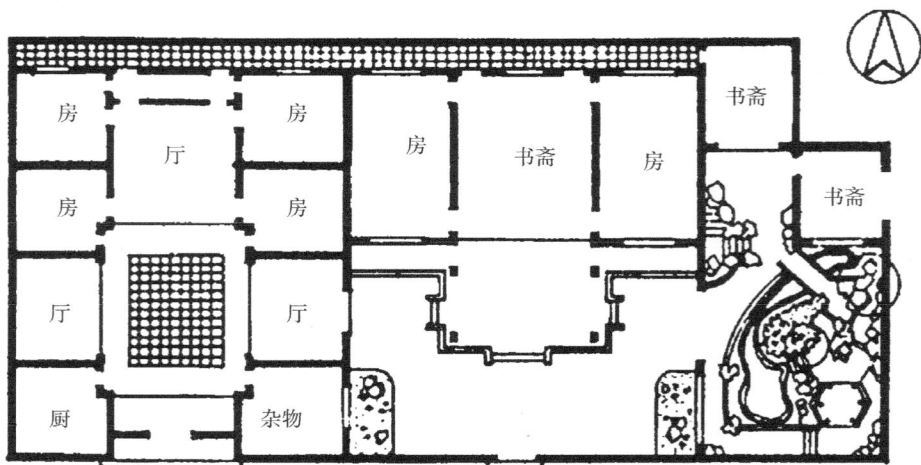

辜厝巷22号王宅书斋庭园（图5-3）、潮州同仁里的黄宅"猴洞"庭园、澄海樟林西塘等。

　　建于民国初年的潮州下平路305号黄宅，为后侧式书斋庭园（图5-4）。住宅平面也是采用传统天井院落式，因道路关系，该宅大门向西，通过内院进入南北向的厅堂，后座建筑为2层楼，外立面造型带有西洋风格。在进入庭园之前，要先经过一段窄小的过道，视线正前方为建筑和围墙所挡。当穿过洞门后，随着视线的转移，只见左边为开阔的庭院，右边则是以山石池水为主的庭园，院庭之间有八角形的书斋厅堂和檐廊相连，空间互相渗透。在八角厅屋顶上设有平台，可通过室外蹬道而上，在屋顶平台处可俯视两面的庭园和院落之景色。尽管庭园面积较小，但布局紧凑，弯曲的桥亭、错落的山池、幽深的花木一应俱全。黄宅庭园中的石景，堆叠成山，洞壑曲折，多姿多态，匠意横生，随势摆设，得体合宜。山石的布置既增加了庭园的自然野趣和层次感，又创造了庭园的优美感（图5-5、图5-6）。庭园空间组合灵活，不受轴线几何图形的限制，随着地形或环境的变化，从而创造出丰富多彩的景观效果。

　　4．前宅后庭布局

　　前宅后庭或前宅旁庭的布局方式多见于福建等地，这种布局与江南民居宅园有

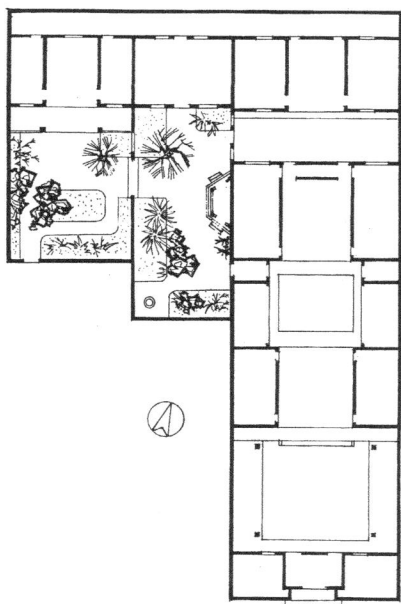

图5-3　潮州辜厝巷22号王宅书斋庭园平面图　　图5-4　潮州下平路黄宅书斋庭园平面图

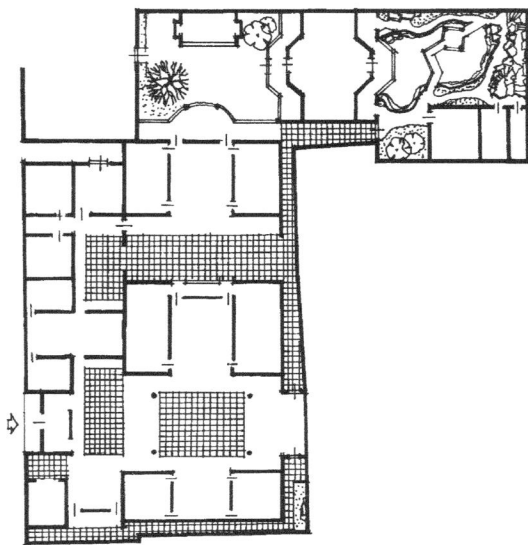

图5-5　潮州黄宅书斋庭园

图5-6　潮州黄宅书斋庭园小亭

些相似，前面为多进传统天井院落式的宅居，后面或宅旁才是庭园。以宅为主的民居多用中轴对称的方法，并且大型宅居可以有多条轴线，穿过严谨对称的重重院落，在一些民居的后部或一侧，常常会意想不到地出现一个自由布局的小型庭园。像福建古田的张宅就是采用纵横轴线交错的组合形式，宅居分为前后两部分，前部以住宅院落为主，并列三条纵向轴线，有主次之分，中间为主轴线，左右为次轴线。后部的庭院则比较灵活，采用轴线方位变换的手法，将局部庭院的轴线与纵向主轴线垂直布置，中部两侧又分别安排了两个小型庭园，作为前后两部分之间的过渡。古田张宅通过若干个不同功能、不同特色的庭园院落互相穿插，使这幢简洁方整、平面基本对称的民居，宏大而不单调，严谨而不呆板（图5-7）。而

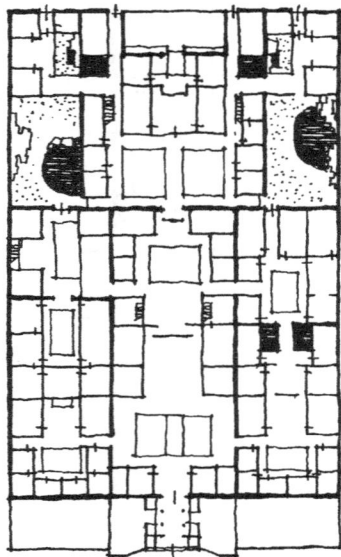

图5-7　福建古田张宅平面图

古田吴宅，后部的庭园与居住用房有机地结合起来，使居住用房前后、旁侧都有庭园或庭院，园内置有大片的水池山石，环境优美娴静，与前部严谨对称的厅堂院落形成鲜明的对比（图5-8）。

闽南漳州的郑宅庭园，也是位于住宅后侧，其规模较大，整个庭园由四部分各具特色的空间组成（图5-9）。前面有单独的出入口可直接与外部联系，侧面可通过旁门通向宅院后庭，形成既有相对独立性又从属于整体的庭园空间。第一部分是前庭，庭内的主体建筑是一幢三开间的单层厅堂，体形规整，装修考究，供接待宾客用。但这里的厅堂，由于体量比较低矮，颇亲切怡人。庭园内，还树立几块山石，再伴以花木，使得园内气氛远比一般主庭园轻松、活泼。第二部分是水庭，其主体建筑为一幢2层的"小姐楼"，顾名思义是供女眷休息活动的地方。楼前濒临一池平静的水塘，池岸曲折多变，并兼有山石驳岸。塘中有曲桥凌波而过，起联系前

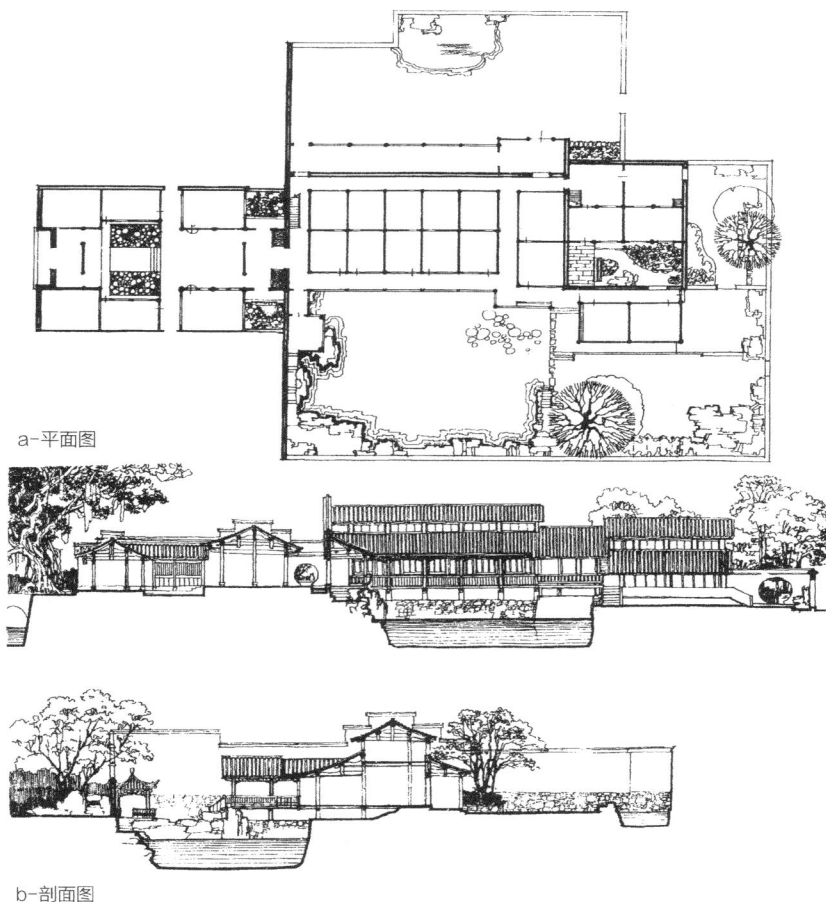

a-平面图

b-剖面图

图5-8 福建古田吴宅

后的作用。左为一排杂物用房，右有通道可抵住宅后部，园内屋宇房舍充满了浓郁的生活气息，而曲折幽静的水庭又创造了清新的园林气氛，与前一部分形成鲜明的对比。第三部分是后园，由水庭的右侧穿过低矮的花墙便进入"小姐楼"的后院。迎面沿院墙叠有大片山石，陡峭险峻，偶有洞壑，能给人以深邃藏幽的感受。园内尚有方亭、八角亭各一座。在几棵千年古榕掩映下，石几石凳应景而设，形成一个既幽闲又活泼的休息娱乐环境。第四部分是果木园，穿过右后角的石洞，是别具情趣的果木园。这里浓荫覆地，花木葱茏，既有可食用的果实，又有可观赏园木，整个庭园意趣盎然。

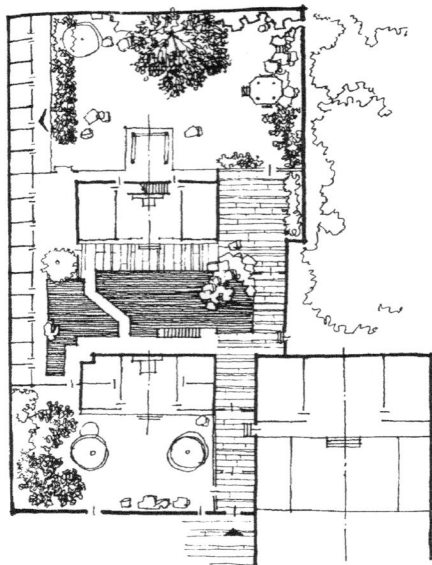

图5-9　闽南漳州的郑宅庭园平面图

二、岭南庭园空间表现

空间是庭园艺术的主要表现内容之一，它通过划分、组合、联系、转接和过渡等手法来取得艺术效果。对空间划分来说，要求是既隔又连、灵活通透、富于变化。而空间的形状、大小、开合、高低、明暗以及景物的疏密，会产生一种连续的节奏感和协调的空间体系。

岭南庭园是一种以建筑围合的庭园空间，在岭南庭园或庭院中，围合的形式有多种多样，四合院形式的庭院，多出现在岭南一些较为正规的建筑组群里，如府衙官署、寺院道观、祠堂书院等，福建的许多宅居庭院也是采用四面围合的形式。除了四合院的基本形式外，还有其他一些组合方式。如用墙垣与建筑物结合围成庭院，东莞可园的壶中园小院，就是三面建筑物一面围墙围合而成的小庭院。以这种方法形成的庭院一般较为封闭，院子形状比较规则，通常为方形或矩形，而院子的大小多取决于建筑物的长度。另一种是用廊子连接建筑物形成院落，或者以建筑物、廊子、墙垣三者相结合形成庭院或庭园，这种形式在庭园中运用较普遍。以这种方法形成的庭园空间通常较开朗，形状、大小可以随着需要任意变化。岭南大多数庭园都是采用这种形式，以这种方法形成的庭园或庭院，不仅其形状、大小可以自由变化，而且封闭与开朗的程度，亦可按一定的意图任意处理。还有一种庭园的围合形式，就是借助于自然地形或山石形成院落空间，如广东澄海樟林西塘的书斋庭园等。

　　夏昌世、莫伯治前辈曾对岭南庭园布局作有详细分析，他们认为"庭"系庭园的基本组成单元，由几个不同的"庭"组合成为一座庭园，而建筑和水石花木则系"庭"的空间构成。"庭"的平面形状，如《园冶》中所说的"如方如圆，似偏似曲"，是没有一定的，但由于"庭"的空间界限一般系由建筑围着，因而大体上可以归纳为方形、曲尺形、凹字形和回字形等四种基本平面，而"庭"与建筑的位置关系，就是位于建筑物之前或后，两侧或当中。至于庭园的组合形式，大致可以分为单庭、并排、串列、错列和综合等形式。岭南庭园的"庭"按其构成内容可以分为五类：（1）平庭——地势平坦，铺砌矮栏、花台、散石和庭木花草等，景物多系人工布置；（2）水庭——庭的面积以水域为主，陆地占比例较少；（3）石庭——地势略有起伏，以散理石组和灌丛，或构筑较大型的石景假山来组织庭内空间；（4）水石庭——起伏较大，配合水面的不同形状及大小比例，运用石景和建筑来衬托出各种不同的水型，如"山池"、"山溪"、"壁潭"和"洲渚"等；（5）山庭——筑庭于崖际或山坡之上。[④]

　　尽管"庭"有平庭（旱庭）、水庭、石庭、水石庭之分，但大多数的庭园采用的是灵活自由的多"庭"组合，如东莞可园的建筑是环绕平庭，因有狮石假山，因而也是石庭。顺德清晖园建筑则环绕水庭，水庭的四周有厅（船厅）、堂（碧溪草堂）、榭（澄漪亭）、亭（六角亭），建筑的形式各不相同，庭中还植有水松，丰富了水庭的景色。隔岸相望，既有依着船厅的假山石景，也有叠石成坡的山庭，远处还有庭院平庭。庭园的山水布局是岭南庭园住宅布局的特色之一，其处理手法是小庭园内小水面，大庭园内大水面。当有自然山水时，则充分利用，作为借景；无自然山水时，则人工开凿，筑成玲珑水池，池上架小桥，矮栏，园内种植花卉草木，可组成丰富景色。

　　岭南庭园在布局上多具有地方的特点。如番禺余荫山房采用几何图案形的平面布局，将两个水庭并排组成，一个为"回"字形，另一个则为方形；东莞可园则运用"连房广厦"的布置，建筑成组成群地围合着一个大庭园，园内的空间穿插组合有点像小街坊，这与以往采用单幢分布、联以回廊曲院的布局手法是迥然不同的。连续相通的敞廊布置也是广东庭园结合气候条件布局的特色之一，曲折的敞廊把庭园内的厅堂、阁舫、亭榭连接了起来，既解决了遮阳、防晒，又可以达到划分景区、增加空间层次和丰富景色的目的（图5-10）。至于庭园中的住宅，常置于园林安静、幽雅的环境之中，清晖园后院的住宅归寄庐，就是通过芭蕉灰塑装饰的垣

图5-10　岭南庭园连廊

墙洞门，与会客娱乐的前庭相隔，自成一区，归寄庐前，还有假山"斗洞"，使宁静的环境中又增添了几分深幽之感。可园的住宅绿绮楼，在可楼之东，是一组2层的楼房。也是由小院隔开，从绿绮楼房内望，有狮石假山，外观则是可湖水面和开阔无边的田野。小型庭园住宅中，则常用小池假山、小桥半亭，尺度虽小，但体态玲珑，可使庭园虽小而富于变化，读书之余，在庭园稍事休息，也能感到心神舒畅。

　　岭南园林造园除了上述将一个园分成若干个不同景观特色的庭园空间外，为了使园林的重点更为突出，做到宾主分明，常用下面方法来达到其目的：（1）突出主要庭园空间，通过这个庭园空间来带动其他的空间，主要庭园空间与其他的庭园空间相比，面积不仅最大，而且内容也最为丰富，如前面所述的顺德清晖园的水庭空间和东莞可园狮石假山庭园等。（2）在中心庭园中通过较为严整的布局以获取重点突出的效果。番禺余荫山房就是采用几何图案式中轴线、主体建筑对称的平面处理，形成水庭布局而成为全园的中心。（3）园内的主体建筑——厅堂，特别是岭南喜爱的船厅，设在庭园的中心或主要位置，建筑物的设置既能满足全园的功能活动要求，还可以利用其建筑较大的体量来引人注目。像顺德清晖园的船厅"小姐楼"、佛山梁园船厅和东莞可园邀山阁等，都是作为庭园的主体建筑而设在园中重要的位置上，以取得重点突出和主次分明的效果。以书斋为主的庭园中，书斋处于显目位置，广州小画舫斋处于景色优美的荔湾河畔；澄海西塘书斋建在庭园的最高处，为2层楼房，前有河溪，后有凉廊，乃读书佳地。

　　岭南庭园多在不大的范围和有限的空间内经营，因此造园力求通过空间的组合对比和渗透而获得层叠错落和曲折迂回的效果，达到小中见大的目的。岭南庭园常以建筑物、连廊和墙垣把园分隔为若干个庭园空间的布局方式。特别在较为大型的庭园中，由于空间关系比较复杂，则往往划分出几个大的空间区域，造成园中有园的局面，各部分之间虽然相互连通，但又具有自己的特色，并保持着相对的独立性。

庭园的空间艺术处理手法之一就是通过空间形态的对比，包括空间的形状、大小、封闭、开敞、渗透等来取得效果。两个大小显著不同的空间连接在一起，当从小空间进入大空间时，由于前者的衬托则显得后者更为扩大。岭南庭园也像苏州园林一样，常采用先抑后扬的手法。番禺余荫山房从入口门楼的小院里跨过门洞穿过狭窄的绿荫过道这些串联在一起的小空间后，才达到园中以水为主的水庭，尽管庭园并不太大，但入口部分曲折狭长空间的对比，使人们入园后豁然开朗，饶有趣味。又如上面提到的潮州市下平路黄宅，在进入庭园之前，要先经过一段窄小的过道，然后才能见到开阔的庭园。对比手法的应用获得了"小中见大"的感觉，显得园内开朗空阔。由于岭南庭园用地窄小，往往采用小山、小水、小路、小亭、小桥等小建筑尺度的手法，来增大空间感觉，黄宅庭园就是用小亭、小池、小桥、矮栏杆以扩大其庭园的空间。

不同形状的庭院空间对比，具有不同气氛：对称规则的布局气氛严整，而自由随意的布局则轻松活泼。与苏州园林相比，岭南庭园的平面与空间形态较为规整。为了获得轻松活泼的气氛和效果，庭园中多通过植物和山石造景来达到轻松清静和幽雅活泼，自然形态生长的植物和几何形状的建筑庭园空间又形成了一种新的对比。在建筑物的疏密分布上，岭南园林一般都有很显著的对比。由于建筑物多集中于园内的某一个部分，因而在建筑物较少的地方就可以用来堆山叠石或设置较大的水池，从而造成浓郁的庭园气氛。

庭园空间也通过封闭和开敞形成对比，两个相邻空间内的景物彼此渗透、相互因借，形成一种园内有园、景外有景、变化绝妙的局面。通过连廊、洞门、漏窗，从一个空间窥视另一空间内的景象。清晖园船厅的北部庭园里，可以通过圆形洞门的借景，看到书斋厅堂笔生花馆前面小道两侧的石山和翠竹，宁静幽深的内院体现了庭园门洞口上方的一副对联"风过有声皆竹韵，明月无处不花香"的景区风貌（图5-11）。借景、对景的运用能够引人入胜，景物处于门洞或窗口的中央，看上去好似

图5-11　顺德清晖园圆洞门装饰

一幅图画嵌于框中，且显得含蓄深远。而透过门洞和窗口将另一空间的引入，强化了空间的层次，产生出"庭园深深深几许"的视觉效果。透过空廊使两个空间内的景物相互因借，用这种手法既分隔了空间，又通过廊子将两个空间内的景物各自因借成为对方的远景或背景，以取得错综复杂、变化微妙的景观效果。岭南名园余荫山房就是以一条游廊拱桥把庭园分为东、西两部分，西面方池内置荷花，池北的深柳堂和池南的临池别馆遥相呼应。人们进入园内，先看到的是深柳堂、荷池、临池别馆及拱桥这一组景物，而不能全面地看到拱桥东面以玲珑水榭为主的第二组景物，但透过游廊拱桥，隐约看到水榭、叠石与树木，层层景色增添了迷离之感。

为了使庭园空间增大，还采用隐蔽边界、流源无尽等手法。在庭园外围界墙上设两层墙，形成一小空间，并在内墙上开洞门和漏窗，使人感到园外还有空间。而水流、道路则隐蔽尽头，使其有延伸感，以造成来源去路、分支别脉的感觉，如园中一弯溪水，曲折蜿蜒，尽头处使其绕过乱石，悄然逝去。池水虽是尽头，却仍使人依然觉得淙淙流去而无尽头。总之，岭南庭园的空间组合相当灵活，它不受轴线或几何图形的限制，随着地形或环境的变化，灵活地创造出了各种丰富多彩的庭园景色。

第二节　建筑形式与表现特点

江南园林中的主体建筑是厅堂，厅堂大多单独设立，或用廊子与其他建筑连接。苏州拙政园中部的远香堂、玉兰堂、见山楼，西部的卅六鸳鸯馆，留园的涵碧山房、五峰仙馆、林泉耆硕之馆，沧浪亭的明道堂，怡园的藕香榭等，都是这样布局。而岭南园林由于规模小，庭园与住宅毗连，故其主体建筑的厅堂就不能像江南园林那样采用单独设立的方式，岭南园林的厅堂大多与其他建筑连在一起，形成建筑组群。如东莞可园，其正厅可堂与船厅雏月池馆、卧室绿绮楼以及双清室（"亚"字厅）、桂花厅（可轩）、邀山阁等连成一体。清晖园则形成几个组群，包括东部的澄漪亭、碧溪草堂和六角亭，中部的船厅、惜阴书屋和真砚斋及北部的归寄庐、小蓬瀛等。

江南园林的厅堂面阔为三间或五间，平面布局或墙面开启门窗方向不同形成各种形式，如"花厅"、"鸳鸯厅"和"四面厅"等。花厅通常做成一种两面开放、单一空间的厅堂，在空间处理上只是南北开敞，东西山墙封闭或在山墙上开窗取景，如拙政园的玉兰堂和留园的涵碧山房；鸳鸯厅为一种两面开放、两个空间的厅堂，也是南北开敞取景，这种厅堂前后两部分的结构、装修互不相同，故称之为"鸳鸯厅"，北厅无直接光线，较为凉爽，而南厅则阳光充足，较为温暖，所以北厅常用于夏、秋季，南厅常用于冬、春季，如拙政园的卅六鸳鸯馆和留园的林泉耆硕之馆。四面厅是四面开放的厅堂，可四面观景，厅堂四面用格扇，周围或有外廊，如拙政园的远香堂、扬州个园的夏山南厅堂等。

岭南庭园的厅堂远不及江南园林的厅堂气派，形式也不多，但能根据自己的条件，创造出富有个性的建筑来。岭南庭园的厅堂一般为三开间，明间与次间中常有格扇或门罩分隔，划分成会客交友和看书休息等不同功能的空间，如余荫山房深柳堂、可园可堂等。岭南庭园中的许多建筑单体平面，并非一定是三开间的矩形平面，如可园的双清室为"亚"字形，余荫山房的玲珑水榭平面就呈八角形。双清室的命名，取自"人境双清"之意，建筑除平面呈"亚"字状外，铺地和门、窗的花饰等也都用"亚"字形，故又称之为"亚"字厅。双清室的结构奇巧，四角设门，与室内外的联系方便，是园主人宴请活动的场所（图5-12、图5-13）。余荫山房玲珑水榭的建筑形式是从八角亭平面发展而来的，室内立有四根柱子，外围是八根小柱，小柱之间的八面均为木雕图案装饰的横披、玻璃槛窗及槛墙，室内还有精致

图5-12　东莞可园双清室

图5-13　东莞可园双清室室内

图5-14 余荫山房玲珑水榭

木雕一幅，上镌近百只姿态各异的鸟，名曰"百鸟归巢"，整个建筑通明瑰丽，宽敞舒适，为园主人"文酒会友"之场所（图5-14、图5-15）。

岭南园林的建筑体形一般较为轻快，通透开敞，构造简易，体量也较小，建筑的外形轮廓柔和稳定，大方朴实。单拿屋角出檐来说，既没有北方的角梁沉重，也不如江南的起翘轻巧，是介乎两者之间的做法。寺观、祠堂、书院、粤东书斋庭园建筑的屋顶形式以歇山、硬山为主，粤中珠江三角洲一带的私园却喜欢用卷棚屋顶，这样显得轻松活泼些。同时，岭南园林建筑造型也非像北方建筑那样中规中矩，番禺余荫山房的深柳堂其面向庭园的主立面，就把用在两侧

图5-15 余荫山房玲珑水榭室内

的歇山屋顶山花面用在正立面，山花的图案和檐廊下的彩色玻璃窗格装饰组合使人产生一种新的感觉。岭南民间建筑的屋顶，包括园林建筑的屋顶，其屋面屋坡一般是平直的，与北方建筑和江南建筑的屋面屋坡呈曲线状（即反宇向阳）有着很大的区别，"屋面曲线的产生原因，不外是有利于雨水的宣泄、争取室内较多的阳光以及使屋面外形变得柔和秀丽" [⑤]。

北方屋面曲线的应用主要在于纳阳，屋面的反宇向阳避免屋檐悬挑后遮挡阳光。岭南是多雨炎热地区，单从排雨水来说，似乎屋面用曲线更佳，因为通过抛物线可以使雨水排得更远，更好地保护建筑檐下的木作。岭南建筑屋坡平直做法有一种解释更为合理，就是为了遮阴，垂下的屋面使檐下的墙体和门窗处于阴影之中，减少了辐射热，从而达到降温的目的。同时，屋坡的平直不反翘也减轻了台风的猛烈吹袭。

在古园林的水边，常建有一种模仿船形的建筑，称作舫，也叫不系舟，即停泊在水边不用系缆也不会漂走的船。舫的平面和船一样分前后舱，前舱较高，中舱略低，尾舱多为2层楼，可登楼眺望湖景。如北京颐和园的石舫、苏州狮子林的石舫（图5-16）、扬州西园曲水中的翔凫石舫（图5-17）等。江南园林舫式建筑，除了上述的石舫外，还有一种造型是建筑的上部与真船非常像，下部

图5-16 苏州狮子林石舫

图5-17 扬州西园曲水翔凫石舫

图5-18 苏州拙政园香洲

则稍有改变，不像真船那样船头船尾翘起，只是一般的平台做法，如拙政园的香洲（图5-18）、怡园的画舫斋等。岭南园林也有舟船建筑，称为船厅，但它们的造型和风格，与皇家园林及江南园林的船景截然不同。岭南园林中，特别是粤中地区，几乎每座园林都建有船厅，立于池水之畔，好似一叶舟船停泊湖岸，富有南国水乡情趣。船厅除建在水边之外，也有"旱船"，个别甚至在完全缺水的山庭也筑有船厅。南海市境内的西樵山白云洞，在临崖处建船厅，习称"云海天船"，题匾上书有"一棹入云深"，诱人以云为水之联想，别有意趣。船厅往往是作为庭园中的主体建筑来代替厅堂，设在庭园景区的最佳位置。它具有厅堂楼阁的多种功能，既做宴请会客场所，又可做为观赏佳地，因此船厅与厅堂、亭台、廊榭一样，在建筑类型上有它的独特之处。

　　岭南很早就有船厅画舫的做法。明代广州城东的洛墅，是当时大学士陈子壮修筑的园林。园中有池十余亩，塘三口，《南海百咏续编》曰："后池为湖，斜跨弓桥，置画舫于中，画舫题名为'此花身'，是取唐诗'几度木兰舟上望，不知原是此花身'。春秋佳日，大集名士，歌裙舞扇，盛于一时。明末清初时，亭池荒芜，剩得九曲池、三带桥尚依然无恙。康熙初，镶黄旗参领王之蛟取为别业，大修亭馆，聘岭南诗人陈元寿、梁药亭、屈翁山主之，立东皋诗社。"另陈春荣在《香梦春寒馆诗钞》自注中也曾记载："不浪舟，陶玉函先生筑，在羊城廿里增步离明观中，四面环水，厅事形肖，黄槐绿柳，娇花好鸟，如风酝酿，坐舟中自生幽绪。"

　　岭南园林中的船厅，则是模仿本地珠江上紫洞艇的造型而成。紫洞艇（图5-19），俗称花舫，起于明末清初。明末屈大均写的《广东新语》中，就有濠畔街旁玉带濠花舫的记载。紫洞艇是一种酒舫，以前广州人除了在家里或酒楼设宴之外，有时也在紫洞艇宴客。紫洞艇内像一个长方形的厅堂，艇舱高敞，面积可容2~3桌酒席，艇内装修陈设优雅，两面饰有玻璃窗，十分明净舒适。大的紫洞艇有2层，设几个大厅，可摆10多桌酒席。紫洞艇的造型也遵循曲栏楼阁、画栋雕梁的传统建筑风格来设计，但颇有岭南地方特色（图5-20）。紫洞艇的艺术风格和造型，

图5-19　过去珠江上行驶的紫洞艇

后来被借用到岭南园林的湖池水面景中，形成取"船"之意、为"厅"之用的临水建筑。

北方园林和江南园林的舫，因园林面积较大，湖面宽阔，大多单独而设，远观如舟船停泊水岸。而岭南园林因用地较少，湖池窄小，故船厅大多一侧靠水，一侧与园林其他建筑相连，形成一组轻巧活泼、高低起伏的建筑组群。船厅平面一般为狭长形，三或五开间，二层的船厅登楼有内梯和外梯的处理，外梯常与假山等结合做成蹬道，也有的从旁屋跨入，犹如码头的板桥。船厅外观并非完全仿同舟船，建筑多为取意而非取形。佛山梁园的船厅，前与楼房连廊相接，后与曲水弯池相依，人于船厅里，既可欣赏内院石景，亦可观赏池中美色（图5-21、图5-22）。而与余

图5-20 紫洞艇画栋雕梁之装饰

图5-21 佛山梁园船厅

图5-22 梁园船厅近景

荫山房一墙之隔的番禺瑜园，在方寸之地兴楼设院，也忘不了修建船厅。船厅与前院方形水庭紧连，"船"水相迫，颇有深舟出航之景效（图5-23）。东莞可园的雏月池馆船厅，傍可湖而立，原为宾客寓所，二楼为书房，星夜眺望可湖，湖光皎月，夜色甚美。从船厅右可沿曲桥至湖心可亭，左可穿门洞至观鱼矶与钓鱼台，忙则读书治学，闲可观鱼垂钓，并有步级与水面相衔，级前备有称为"渔父浮家"的可舟，乘舟可遨游可湖烟水佳色之间。

小画舫斋的主楼为船厅，约200平方米，2层木结构。船厅卷棚歇山顶，绿灰筒瓦。船厅建筑外观做成画舫状，田字栏杆，厅内横匾有清朝两广总督阮元题写的"白荷红荔泮塘西"七个字。船厅两侧开窗，靠庭园外侧荔枝湾涌边的窗户是用蚀刻蓝色玻璃做成的满洲窗，厅内前后设门，可通到两端的"船夹板"上去。室内装修以通透的落地罩及格扇等作敞开式处理，便于穿堂风流动，颇有广州特色。船厅主要用作会客、宴请、书房、收藏古董字画之用。小画舫斋船厅临水，园主黄绍平家中置有舢板和游艇，停泊在小画舫斋西面的码头，水陆两方面的交通都挺方便。春天时节，细雨蒙蒙，船厅建筑一半儿云遮，一半儿烟霭，恍如人间仙境。

岭南园林中的船厅，要数顺德清晖园的船厅最引人注目。这座仿紫洞艇而建的船厅，无论从造型上，还是从装修上，都有着浓郁的南国特色（图5-24）。

传说当年园主人有一位千金小姐，貌美如花，举止贤淑，不仅精通诗书，而且善弄琴画，父母视为掌上明珠，特建此楼作为闺阁，别称"小姐楼"。船厅尾部不远有一座叫"丫环楼"的小楼阁。从丫环楼到小姐楼，虽近在咫尺，却要通过架空的走道，几经曲折才能走到小姐楼的走道"船舷"。船舷的走道以水波纹为饰装以栏杆。船舷上还做有一游廊伸至惜阴书屋，游廊下蓄有池水，使人想到游廊若跳板，惜阴书屋如码头，站在"船舷"往下望，绿树碧水，人恍似船上，船恍似停靠

图5-23 番禺
瑜园平面、立面

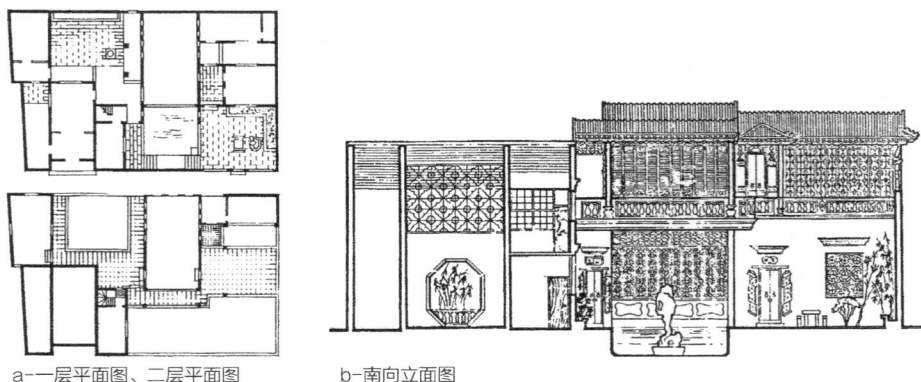

a-一层平面图、二层平面图　　　　b-南向立面图

图5-24　顺德
清晖园船厅

水岸。有趣的是，在船厅"船头"的池边种有一株沙柳树，像是稳住船头的一支竹竿，而沙柳树旁还种植一棵紫藤，攀援植物犹如缚在竹竿上的一条缆绳。沙柳和紫藤，都是百年之树，沙柳枝叶婆娑，紫藤缠树盘曲，每当阳春三月，紫蓝色的花朵瑰丽清香，花影满舱。

　　清晖园船厅上下两层都做有通透的窗扇，并饰以各种图案，光亮且美观。特别是二层"小姐楼"，其前舱与内舱之间的花罩隔断，以岭南佳果芭蕉为题材镂空雕刻而成，芭蕉上还雕有几只缓缓蠕动的蜗牛，非常生动。人于厅内，仿佛置身在蕉林浓密、竹荫蔽天的珠江三角洲水乡之中，自觉荫翳生凉，意趣盎然。船厅之美，宛如其门联所吟："楼台浸明月，灯火耀清晖。"

　　岭南园林建筑除了像船厅这样临近水面和沿着水面而建外，还有将建筑延伸水面之中的做法。建筑延伸水面既能丰富建筑物的造型，同时也是争取空间的良好方法之一，粤东庭园特别喜用这种方式。这种沿河的庭园，其建筑直接建在溪河岸边，厅堂或书斋延伸水面，厅堂一面伸出水面，一面面向庭园，充分利用溪河的水面景色和内庭景色，通透的建筑使内外空间打成一片，厅堂空间的南北两向都得到良好的景观，每当夏日凉风从水面吹来时，倍觉凉爽。粤东揭阳滘墩沿河宅居庭园建筑群就是具有代表性的实例之一，河道两旁临水建筑均以院落式的平面作为基本单元加以组合变化而成，建筑利用水面组合灵活，外观丰富多样。一号住宅因建筑是东西向，故向水面突出其厅堂，以取得南北风；三号住宅也因朝向不好，故把斋厅延伸外出，并在两侧各设平台一座，作为赏用（图5-25）；二号书斋庭园住宅把凉亭的一部分伸出墙外，人坐亭中，可观赏庭内和庭外沿河景色，另外还把墙外之水引入院内，丰富了院内景色，使庭内外空间融为一体。此外，还有不少沿河宅居庭园建筑做成开敞方式，如开敞的柱廊、檐廊、阳台、后院等，同时，室内的厅堂、书斋，室外的院落、天井，也以开敞为主，如室内的敞厅、落地屏门，室外的洞门、漏窗、花墙、石洞梯等，开敞的空间既美化了环境，丰富了空间层次，更满足了南方气候的要求。

庭园中筑高楼，也是岭南造园之特色。张敬修在《可楼记》中曰："居不幽者志不广，览不远者怀不畅。"登楼远眺，能游目驰骋（图5-26）。今名园之中，虽

图5-25 粤东揭阳滘墘沿河三号宅居庭园

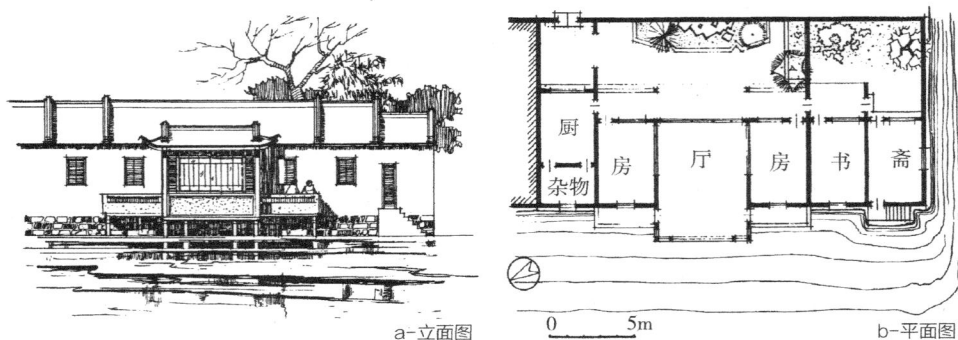

a-立面图

0   5m

b-平面图

图5-26 东莞可园立面图

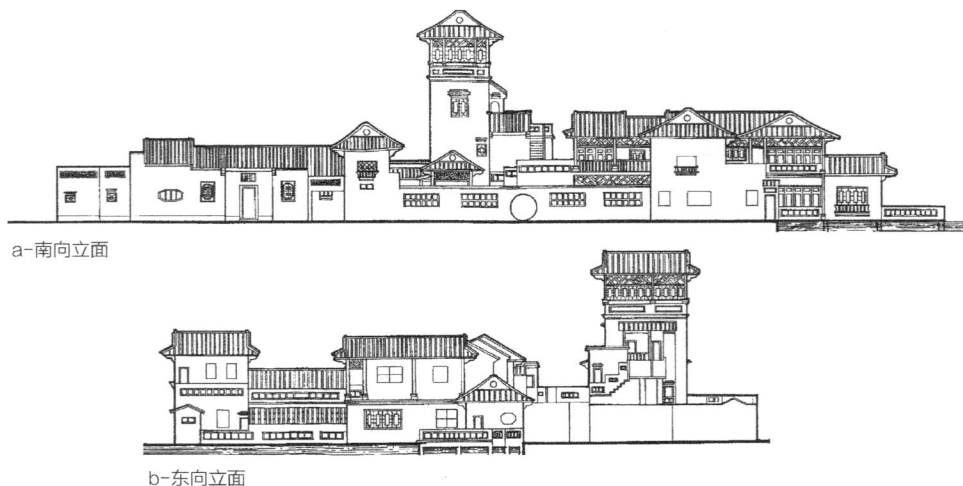

a-南向立面

b-东向立面

高楼建筑仅存可园可楼，但昔日各园用此法甚多，尚余遗址的惠州小桃园，旧有4层望楼十几米高，能远望十余里，可将西湖风光尽收眼底。还有广州伍氏万松园，在南面角隅立魁星楼，登楼可览全园景色。越秀山麓小云林的影山楼，"登而望之，则青山在前，白云满月"。登高遥览，弥补了因园内幅地窄小而引起的"游目不骋"，这与江南私家园林平旷远借相较，又是另番情趣。

　　岭南庭园的亭榭大多为方形、长方形、六角形、八角形等，清晖园的澄漪亭（实为水榭）平面为长方形，建筑伸出水面，南北两面开窗，东面是开敞的屏门，周围有依水而建的连廊，与廊相连的还有立于水庭之畔的六角亭。清晖园的西园原为楚芗园，园中的水榭也是长方形，半边跨入水中，榭为开敞式，即长方亭。岭南园林的亭榭名称，常互相混用，将水榭的格扇去掉就是水亭，而水亭装上格扇又成为水榭了。水中之亭称为湖心亭，一般在大水面才采用，东莞可园后面有可湖，湖上有六角形小亭，小亭上有曲桥与可园相通。平地上的亭，庭园用得很多，像可园的拜月亭、梁园群星草堂原有壶亭等。可园的拜月亭平面为长方形，三开间，平顶，亭前有假山石与亭相连。壶亭为一方形的休息亭，与船厅互为对景，坐在亭中可观赏庭内石景和花木。建于山石之上的亭子，粤中庭园用得不多，较有名气的是清晖园花亭，亭为方形，前有狮山石景，侧有假山斗门和水池，亭中可环视园中船厅和水景。粤东庭园常在园中山石上立小亭，亭子既是休息观赏的地方，同时又有明显的造景作用，是庭园组景的要素之一。亭子结合园内环境进行布置，衬托出美妙的园林景致并丰富了庭园的天际轮廓线。潮阳西园在与入口遥相对望之处，布置了重檐六角亭一座，在方整的空间上起着丰富轮廓的作用，增添了庭园景色。而内庭在假山中又建造了园亭一座，造型虽受西洋建筑影响，但功能有独到之用，既可俯览园内风光，又可通过四个门洞联系各条通道，成为假山沟通各小径的控制点。粤东庭园还常在墙隅处设置小亭，与花木、山石构成园景，克服了墙角的封闭感，扩大了空间视野。

　　廊桥既作联系之用，又作景区空间的划分和间隔之用。廊的形式有直廊、曲尺形廊、折廊等，廊道除了单纯廊子外，还常和建筑、桥合在一起做成檐廊和桥廊。余荫山房的连廊很有特色，既有直廊、折廊，也有檐廊、桥廊。特别是"浣红跨绿"之廊桥，造型优美，是园林建筑中的精品。粤东庭园的小桥简单精巧，但与水面配合后富有优美的艺术效果，在平静的水面上常以小巧的形象出现，其架桥方式则因地而异，有铺平板一片者，也有二三平板相折者，小桥既分隔了水面的景色，又可让游人漫步碧波之上。

　　前面曾提到，岭南园林建筑还有一个重要特点就是与当地气候紧密结合，特别是通风和遮阳。庭园建筑除了庭园布局完美、雕饰精细、园林建筑艺术方面具有一定的成就外，在体现园宅的地方特色上，尤其在自然通风方面，有其独到的解决办法。园林建筑的室内大都能感到穿堂风流畅，从而使空气凉爽，室温不高。这在当时炎热的岭南地区是很难得的。

朝向对自然通风的影响是非常大的，园林建筑大多面朝南或面朝东南方向，因岭南大部分地区夏季主导风向为东南向的季候风，所以园林建筑物在南北向的立面上开设大窗，使其正好与风向垂直，正面迎风，利用朝向和季候风来解决建筑物通风问题，这样对改善室内的微小气候起着很大的作用。而在房屋之东、西向，则作承重外墙不开窗，以防止东西向的太阳辐射热。

同时采用小天井的方法来解决部分采光和加强室内的自然通风，并在楼梯间及内部无直接采光的房间上部开设天窗，利用空气压差使室内空气从天井或房间上部的天窗中抽出，从而使外界新鲜空气与室内空气形成良好的对流通风。小天井的运用不但在一定程度上改善了室内的通风效果，而且能增强宅居的庭院气氛，为宅旁绿化创造条件。

在建筑室内装修上也灵活处理，注重考虑室内的穿堂风，如格扇可随意开关，且为空花雕饰，或采用不到顶的格扇和用成片空格门窗来分隔房间，甚至连楼梯间的壁面也采用空花木隔墙来做（因其不承重），除此而外，在建筑朝南或东南的围护墙体上采用大片空格窗，这样便使外界的季候风大量吹入室内，使得室内在空间上能保证良好的穿堂风，用这些来代替树木及遮阳措施，对室内气候有一定的改善作用。岭南庭园建筑与民居相比，喜欢采用外廊，这除了建筑艺术上的意义外，更重要的是起到一定的遮阳作用。在广州低纬度地区，朝南及东南房间不做外廊问题不大，一般的竹筒屋民居为了节约投资，大多不做外廊。岭南园林在造园中树木种植较多，林木茂盛，有遮阴防晒的功效。同时，植物林荫与建筑围合形成的阴影还降低了庭园空间物体的明度，这样不但从生理要求的角度，而且从视觉心理的角度使人感到舒适。对于建筑物本身，防止东、西晒最好也最经济的办法之一就是种树或其他爬藤蔓生植物，如小画舫斋的建筑外墙就用了爬藤植物来遮阳。

除充分利用自然物理方法来解决和改善园林建筑的功效外，还有用人工物理的方法。东莞可园的双清室和桂花厅，是款宴宾客和休息的地方，建筑除在厅堂之北有小天井通风纳凉外，还在室内用人工机械鼓风设备，鼓风机设在后边的小房内，风通过地道从桂花厅地板的一个小洞中吹出，再从双清室和桂花厅之间的格扇中流向双清室，使人们在炎热的夏日中颇感清凉。

第三节 装饰装修与工艺类别

一、装饰艺术表现

在我国传统园林建筑中，装饰装修是艺术表现的重要手段之一。其艺术特征是充分利用材料的质感和工艺特点进行艺术加工，同时，恰当地选择我国传统的绘画、雕刻、色彩、图案、纹样以及书法、匾额、楹联（图5-27）等多种艺术，集各类艺术特点之长，相互结合，灵活运用，从而达到建筑性格和美感的协调与统一。

图5-27 岭南庭园门洞入口处的楹联

传统建筑装饰装修的工艺特征是充分运用刀、锤、凿、钻、锯、笔等工具，直接在材料上进行构图和艺术加工，不同的材料采取不同的加工方式，以形成不同门类装饰装修的艺术表现和风格。传统建筑装饰装修还有一个明显的特征，就是意匠特征。它的表现是充分运用我国传统的象征、寓意和祈望的手法，将民族的哲理、伦理等思想和审美意识结合起来。

1．艺术表现形式

园林建筑装饰艺术是借鉴其他艺术形式而发展起来的，所以与其他艺术形式有许多相通之处。在园林中，建筑装饰艺术主要表现在塑形装饰、图案装饰、色彩装饰和陈设装饰四个方面。

1）塑形装饰

塑形装饰是在房屋基本造型基础上进行更深一步的刻画而形成的。它主要表现在园林建筑造型和细部处理上，以增强造型艺术和空间效果的感染力。塑形装饰的作用是能够丰富建筑的天际轮廓线，使建筑的立体感更加丰富强烈，建筑的形象更加和谐优美。

岭南园林建筑与历史传统建筑一样，十分注重上部轮廓线的变化，这种变化是利用各种屋顶形式、屋脊式样和封火山墙的变化来取得的。岭南园林建筑十分强调脊饰的艺术造型作用，脊饰较高，粤中建筑屋脊式样除了采用常用的博古脊外，还有用灰塑、陶塑等屋脊，造型主题多是岭南民间爱好的风物人情，通过塑造人物、动物、山水、花草等题材来突出屋顶形式。潮州的祠堂和宅园建筑山墙墙头有金、水、木、火、土五种形式，尽管各式墙头的选用都有严格的规定，但各式墙头的组合丰富了园林建筑的艺术表现。从岭南园林建筑装饰上，也可看到海洋文化和水文化的影响，建筑脊饰上喜用龙舟脊、回纹脊，山墙用镬耳（鳌鱼）墙，还有脊上的龙饰、鱼饰，等等。

雕刻是民居塑形装饰中不可缺少的重要手段。岭南园林建筑中，都刻有精细的木雕、砖雕、石雕。木雕和细木工艺中有通雕、拉花、钉凸和斗心等做法，其雕刻雕镂手法以浮雕和圆雕为主，题材广泛，装饰趣味浓。园林木雕的特色是精美机巧，玲珑浮凸，如在敞厅或套厅处，常设有花罩或洞罩，使内外空间既有分隔又能相通，同时还可起到优美的景框作用。而园林建筑中的梁架、格扇、屏门、隔断、门罩、挂落等构件上的木雕，都极为精彩。

2）图案装饰

图案装饰是园林建筑常用的手法，可以说是塑形装饰的补充。图案装饰多用在檐板、门窗、挂落、栏杆、铺地等处。

建筑的图案花纹装饰由于不同的部位和不同的材料，因而产生出不同的效果。建筑外墙勒脚、柱础的石雕图案，刚劲有力。砖雕图案，则刚中带柔。在大面积的实墙上，用异形砖砌筑或面砖贴成各种装饰图案，以打破单调感。

图案装饰以木装修为最多。仅窗棂图案就有直棂、六角、八角、网格、斜纹、龟背纹、步步锦、灯笼框等式样，有的则是多种纹饰组合在一起。雀替常用卷草、云纹，挂落常做成回纹等。粤中园林建筑的满洲窗，四周镶有菱花纹饰，框内镶彩色玻璃。格扇、屏门通过上部镂空图案花纹格心和下部浮雕线刻裙板，形成强烈的实虚对比。室内洞罩图案花纹更是雕刻精致，常用的有乱纹、整纹、藤茎、雀梅、喜桃藤等。

3）色彩装饰

岭南民居装饰很少大面积使用鲜艳的色彩，而多以材料原色或清淡的色调为主。但在建筑物的主要部位则常用较为艳丽的色彩进行重点装饰点缀。在灰暗色的屋面上，常用鲜艳夺目的屋脊装饰，以突出屋面。除了屋脊和山墙喜用较为鲜亮夺目的灰塑、嵌瓷及脊外，山墙上为加强轮廓，常施以线饰，如用黑色边条线饰，其间画白色卷草点缀，颇醒目清新。在大面积灰白墙面上，也常用艳目的花纹或线条来装饰。色彩增加了立面的变化，表现出建筑造型的节奏感。

与民居相比，岭南园林建筑的色彩则要丰富和艳丽得多，但不像北方园林那样施有彩画。江南苏式彩画多以山水、人物、楼台、彩锦为主，徽州宅园彩画多绘飞禽走兽、山水花鸟、云气绫锦。岭南园林因气候关系不施彩画而用灰塑彩描，内容山水、人物、花鸟、彩锦都有。而粤东、闽南庭园建筑室内的梁架、神龛雕刻常用金漆饰面，室外屋顶利用琉璃、嵌瓷来装饰建筑，鲜明活泼，嵌瓷的运用是国内独一无二的手工艺。

套色玻璃画的题材也多为山水人物、飞禽花鸟，或者古钱币、彝鼎和名家书法等，刻制分阴纹、阳纹，加工方法有蚀刻、车花、磨砂和吹砂等，而以蚀刻最为精美。套色玻璃画主要用在两个明暗不同的空间，如作为屏门、窗扇的格心或窗心，好像一幅幅透明的彩画。普通的套色玻璃为单色，有红、绿、蓝、黄几种，不同颜色的玻璃常组合在一起。在庭园建筑的室内装修中，最有名的是满洲窗（类似苏州的和合窗，但构造不同）。满洲窗一般为九格，格中为普通彩色玻璃或一幅玻璃画。套色玻璃不仅本身色彩丰富，而且借助玻璃透明的特点，透过不同色彩的玻璃，可使园中景物色调多变，产生景物"动"的变化。同是一个园景，透过套红玻璃看去，好像风和日暖，阳光照耀；而透过套蓝玻璃又会觉得阴雨绵绵，初夜来临。这种动态多变的色调，是岭南造园喜用的手法之一。

4）陈设装饰

陈设装饰与建筑实体本身没有直接关系，主要是为了增加园林建筑室内的美观，形成某种风格和气氛。陈设装饰包括家具、灯具、屏风、楹联、匾额、书法、挂画、工艺品、古玩、盆景以及地毯、挂毯、门帘、窗帘、帷幔等装饰织物。

室内家具种类很多，有桌、椅、凳、几案、榻床等。桌子形式有方、圆等，桌面常用不同材料镶嵌，像大理石或优质木材等。凳也有方形和圆形，多与桌子配套。圆凳形式有海棠、梅花、桃花、扇面等，凳面也有镶嵌大理石或木质的。椅是厅堂内常用的家具，椅背常嵌有各种式样的大理石，并配以葫芦、贝叶等图案雕刻。几分茶几、花几、天然几等，其形式、材料、色彩等随椅子和室内其他家具的形式而定。花几供搁置盆花用。明代家具式样简洁大方，而清代家具式样繁复、雕饰华丽。家具的材料以红木、楠木、花梨木为多，其质地坚硬，木纹细腻，光泽明亮。

挂画、书法给室内增添了雅趣，烘托了空间的主次。盆景盆栽不仅可以用来点缀室内，而且具有很高的观赏价值。

2. 艺术设计原则

岭南园林建筑装饰装修的艺术处理非常丰富，一般来讲，遵循下列三个原则：

1）实用与艺术相结合

进行装饰装修，不仅是为了艺术表现，而且是尽量从实用出发，在满足功能的基础上进行艺术处理，使功能、结构、材料和艺术达到协调统一。如屋顶上加灰塑、陶塑等脊饰，可以防风、防雨；山墙增高加装饰能加强防火和防风。室内采用屏、罩、隔断等木雕装修，有利于通风采光，又能分隔空间。木雕装饰结合实用功能在建筑构件上进行雕饰，增加了建筑的精巧与美观。在庭园中，雕饰与景观相结合，使园林的人工美与自然美融洽协调。

根据不同的部位选用不同的材料，以充分发挥原材料的质感和工艺特色，做到物尽其用。一般来讲，建筑的外部用砖、石、陶、瓷等材料，可以不怕风吹雨淋。而在檐下或室内，则多用木、灰、泥等材料，避免潮湿和日晒，以保证构件的耐久性和色泽鲜艳。

石材质坚耐磨，适合于做受压构件，如柱、柱础、台阶、栏板等构件多用之。其外表通常加以雕饰，呈现出刚中带柔的气质。砖是承重材料，具有防火防潮的优点。用砖做装饰材料适合于室外部位，墙面、墀头和照壁上用砖雕重点装饰，在园林建筑中可产生典雅朴实的气质。木材在我国传统建筑中是主要结构构件用材，也是室内装修和家具的主要材料。木材质柔、性静，园林建筑的外檐与内檐常选用木材作为装饰，使人有温和宁静之感。木材构件施以雕饰，既实用又美观。嵌瓷是粤东沿海地区建筑屋脊或影壁墙面上防海风侵蚀的一种装饰做法，因瓷片粘结后非常牢固，不怕日晒风吹雨打。而且经过雨水淋冲后，在阳光的照耀和反射下，更能显出其光泽。

装饰装修各部位的材料选择还须考虑气候地理因素。如砖雕在珠江三角洲一带可选作墙面或墀头雕饰，而沿海地区就不适用，因为海风带有盐分和水汽，它会对石灰合成的砖产生侵蚀作用。因此，沿海地区墙体和装饰材料中，都用海边的蚝壳或其他贝壳烧制成的贝灰来代替石灰，以防海风侵蚀。

2）结构与审美相结合

构件进行艺术处理后，既可以显示结构的构件美，又可以将一些构件端部或连接处等难以处理的部位进行装饰，达到藏拙之效果。建筑构件的收口及搭接部位，是建筑中经常遇到的棘手问题，这种构件属于结构需要，如梁头、枋尾等，多位于构件的端部，若不加处理，确实有碍观瞻。在这些构件端部进行精美的雕刻制作，如廊下梁架的挑尖梁头做成楚尾或倒吊莲花等，就可以达到美观的目的。

在建筑中相邻面交接的部位、墙面转折处和屋面转折搭接处，如屋架、墀头、山墙墙头等处都做有雕饰。屋顶交脊除了一般的平脊外，常用的还有漏花纹饰脊、龙舟脊等，而大型的民居多用博古脊、灰塑嵌花脊，华丽的则用陶塑和灰塑立雕装饰屋脊。屋顶与墙面交接处常用砖雕、灰塑装饰。

不同材料做法的连接部位，如石材与砌砖的连接处，木材与石、砖的连接处等，都做有装饰艺术处理。

3）重点与一般相结合

园林建筑装饰既要有艺术感染力，又要符合经济节约的原则，加强艺术效果，突出重点装饰。在人们的视线最容易集中的部位，如大门入口、屋脊、檐下、照壁、墙面、栏杆、室内装修和家具等，着重进行装饰，可取得醒目的效果。

厅堂、船厅、书斋、楼阁、亭榭等建筑因位于园林的主要空间中，因此除了强调建筑的造型外，也十分注重建筑的装饰，其屋脊、门窗、檐廊、山墙等成为建筑外观装饰的最重点部位，因而无论在装饰的题材、工艺、用料、色彩和尺度上，都采用最突出和最隆重的做法。

装饰设计合乎人们的视觉规律，根据视距的远近、部位的高低来考虑装饰题材内容的比例和精致程度。一般来说，远视可粗，体量可稍大；近视宜精，体量宜稍小。越靠近人眼的部位其装饰构件就越要做得精细。如建筑木雕装饰，因其装饰装修部位的不同而采用相应的工艺表现与技法，屋架等高远之处常用通雕或镂空雕法，外观表现简朴粗犷，适合于远视。而门窗、屏罩等雕饰则用浅浮雕，工艺精致，适合于近视。

3. 艺术手法特点

园林建筑装饰装修的艺术处理手法有下列几个特点：

1）构图形象上的丰富层次与统一和谐

岭南园林建筑中，装饰装修类别较多，在室外，常用的有砖雕、石雕、陶塑、灰塑等，在室内则有木雕、彩描等。材料和制作方法的区别，在质感、韵味等方面能产生不同的艺术表现力和感染力。因此，在园林建筑中常综合运用，使各种装饰品种协调在同一空间内，从而相得益彰，倍觉丰富。

大门入口的石雕，墙体壁面的砖雕，屋脊上的灰塑、陶塑和嵌瓷，屋檐下的木雕，都是室外常用的装饰品种。在室内，利用屏门、格扇、槛窗、满洲窗，套以彩色玻璃，用人物、山水、花鸟或古钱、书法等木雕、彩描装饰，构成绚丽明静的室内环境，给人以一种清香古朴的气氛。利用天然的光、色、影，更使室内增添了不少变换和情趣。

2）题材内容上的历史现实主义，自然山水与抽象图案表现相结合

岭南建筑装饰中所选的题材，大多富有浓厚的伦理色彩和吉祥瑞庆的内容，如民间神话、戏剧故事，或是珍禽异兽和奇花名卉等。题材选用都有一定的社会含义，充满着宣扬孝、悌、忠、信、仁、义、廉、耻、礼、智、和善、慎睦、忍让、俭朴等思想内容。用人们所熟知的历史故事、民间传说等，表现在装饰内容之中，如"渔樵耕读"、"竹林七贤"、"桃园结义"、"梁山聚义"、"岳母刺字"、"木兰从军"、"将

相和"等，来宣扬孝悌忠信、精忠报国，教人仁义忠厚、礼义廉耻，以达到德化教育之目的。还有用梅、兰、竹、菊来表现怡情养性，用龙、凤、蝙蝠来祈望富贵荣华等。有的还用福、富、喜、寿等字绘成图，如用各种字体书写组成的百寿图，既有艺术气氛，又有传统韵味。广东顺德清晖园碧溪草堂的屏门上，由96个书写不同的"寿"字组成裙板装饰。这些装饰表现了人们生活中的审美爱好和感情追求。

草尾，又称八字，是一种抽象化和程式化的花草图案形象，即将花草进行抽象组合，形成一种有规律的图案，这种抽象或几何形图案与有主题思想的内容结合在一起，产生了一种丰富活泼的艺术效果。

3）艺术风格上强调地方特色和形象多样化

岭南建筑装饰装修无论在工艺手法还是在题材内容上，都具有很强的地方性，如题材内容上的岭南佳果、水乡风光等，并结合当地的材料运用、习俗爱好，形成浓厚的地方特色。

南方气候闷热、潮湿多雨，民居内部讲究通风，故面向天井内院的厅堂房间大多采用大面积的门窗。各地结合当地的工艺特色，在格扇、槛窗、内院天井的墙面上做有精致的装饰。厅堂檐廊是出入的要道，所以更是装饰的重点部分，檐廊梁架大多采用精美华丽的木雕装饰。

南方人口稠密、房屋毗连，防火特别重要，因而封火山墙也特别高大，如镬耳墙等。山墙墙头常加以重点装饰，特别是粤东、闽南各地不同形式的山墙。

二、装饰文化内涵

1．吉庆祥瑞的观念意识

建筑装饰作为艺术门类，必然反映着文化内容。作为装饰的题材内容，尽管种类繁多，但归纳起来，主要在于下面几个方面：（1）福禄喜庆、长寿安康；（2）怡情养性、陶冶情操；（3）道德伦理、德化教育；（4）风水方位、除凶避灾。总的来说，就是追求平安吉祥，祈望富贵如意。

长寿安康、永享天年是人们最大的心愿，寿在人们的理想愿望中占有重要的位置。民间的"五福"中，寿排首位，有"五福中唯寿为重"之说，《尚书·洪范》中称五福为寿、富、康宁、攸好德、考终命，其"攸好德"意为"所好者德"，而"考终命"则指善终，不横夭。富贵之富，位列五福之二，封建社会里，财富、地位是人们梦寐以求的，富则尊贵，贵又引来富，因而富贵总是连在一起的，富而财物丰饶，贵则地位尊高，实质上就是官高爵显，即所谓的"禄"。民间对五福的解释更为直接，即福、禄、寿、喜、财。作为"福"，其含义是广泛的，长寿是福，安康是福，另外，在当时以农业生产为主导的封建社会，子孙满堂、世代绵延就是福分。喜庆不但存在于人们之生活里，而且体现在人们的观念中，喜庆之范围很广，如久旱逢甘雨、他乡遇故知、洞房花烛夜、金榜题名时，还有亲朋访、家人聚、身怀孕、钱财得等等都是喜庆之事。

古人崇德慕贤，追求君子之道。装饰题材中常通过各种植物装饰图案表达人们自己的理想品格和精神境界。《楚辞》以香草比君子，拟人格之高洁；诗人陆游赞梅花"雪虐风饕愈凛然，花中气节最高坚"（《落梅》）；北宋周敦颐《爱莲说》称莲"出淤泥而不染，濯清涟而不妖"，为"花中君子者也"。由植物生态习性、枝干姿态、叶容花貌等形象所引起的感情来认识植物的性格和个性，并赋予人格意义，借以表达人的思想、品格和意志：松的永恒苍劲，竹的潇洒挺拔，梅的玉洁雅韵，菊的操介清逸，兰的秀质清芬等。将松、竹、梅誉为"岁寒三友"，欣赏它们傲雪凌霜的风骨；将梅、兰、竹、菊视为"四君子"，赞赏它们品格傲然的气节。

园林建筑装饰题材大多富有浓厚的哲理、伦理色彩，通过民间神话和历史故事，如"渔樵耕读"、"竹林七贤"、"桃园结义"、"梁山聚义"等，来宣扬孝悌忠信、精忠报国，教人仁义忠厚、礼义廉耻，以达到德化教育之目的。阴阳五行和一些方士之说，对建筑装饰也有很大的影响。屋顶脊饰中的鸱尾、垂鱼装饰，意为"压火"。而在粤东、闽南、台湾一带的宅园山墙，与民居山墙一样，常饰有金、水、木、土等形式，以求平安吉利。

2．吉祥观念的物化表现

吉祥观念的体现是人们借助于某些事物的属性和特征，并在这些事物固有属性及特征的基础上经过着意加工而成。常将某些动物、植物、器物等的自然属性特点加以延长、引申。如万古长青的松柏、寿可千年的龟鹤、食以延年的灵芝，都可用来象征长寿。利用汉语的语言文化，运用谐音、假借等形声手法，如用莲、鱼表示连年有余，蝙蝠、梅花鹿表示福禄，等等。形意手法则利用直观的形象表达非本身意义的内容，如松鹤表示长寿，牡丹表示富贵，莲花表示高洁，石榴表示多子，等等。形声和形意手法常合在一起使用，如花瓶安插着如意的纹图，或者将花瓶的瓶耳绘成如意的纹图，意为"平安如意"。"瓶"和"平"是同音同声，"如意"是随佛教自印度传入中国的一种佛具，与灵芝、祥云意同，表示吉祥，瓶中加如意头，即寓意平安如意。吉祥观念的物化表现，种类很多，概括起来，主要有下面几种类型：

1）动物类

直接利用动物原型加以塑造。这类动物可以是飞禽走兽，也可是昆虫水族。装饰中常见的动物有狮子、麒麟、鹿、鹤、蝙蝠、凤凰、蝴蝶、喜鹊、鸳鸯、雄鸡、鱼等。

狮有百兽之王之称，因其在百兽中的地位，常用来象征人世的权势、富贵，也有镇宅驱邪之意。狮子滚绣球纹图，表示了喜庆、吉祥的含义。麒麟是传说中的仁兽，麒为雄、麟为雌，麋身、马足、牛尾、独角，角端有肉。麒麟为可求子嗣的送子灵兽，也喻指仁厚贤德的子孙。鹿在传说中为长寿仙兽，常与寿星为伴，以祝长寿，鹿音与"禄"同，表示福气或俸禄。鹤也是长寿仙禽，人谓其有仙风道骨，传说中的仙人多以鹤为坐骑。

蝙蝠之"蝠"因与"福"音相谐，故运用极广，许多装饰纹图中都有蝙蝠，五只蝙蝠的纹图意指"五福"，五福捧寿，是在篆书寿字周围均匀排列五只蝙蝠的纹图。蝴蝶因蝶与耋谐音而表示耋，耋泛指年高，特指八十岁。《礼记》有"七十曰耄、八十曰耋"。耄耋富贵为猫、蝶和牡丹的纹图。寿石、菊、蝶、猫组成的纹图表示寿居耄耋。喜鹊意喻喜庆之事，所以许多吉祥纹图装饰中常采用之。鸳鸯作为夫妻和谐美好、忠贞不渝的象征。鱼谐"余"音，寓意生活富裕美好。鱼常绘成鲤鱼、金鱼，鲤鱼之"鲤"与"利"谐音。金鱼谐"金玉"，数尾金鱼的纹图为"金玉满堂"。

2）植物类

植物的表现与动物的一样，直接用植物原型予以加工塑造。用来表示吉祥内容的植物种类很多，可以是乔木或者灌木，也可以是花卉。常用的有松、竹、梅、桂、桃、石榴、牡丹、芙蓉、兰花、菊花、海棠、水仙、合欢、百合、万年青，等等。

松历来是文人墨客所咏赞的对象，在传统的文化观念中，被视为"百木之长"，是祝颂、长寿的象征，"福如东海长流水，寿比南山不老松"。松的另一特点是凌霜不凋、冬夏常青、苍劲挺拔、蟠虬古拙，常又被人们视作坚贞不屈、意志坚强，成为正义、神圣、永垂不朽的象征。竹子潇洒脱俗，清秀俊逸，贞节虚心，凌云有志，具有君子德行与君子风度。梅花玉洁冰清，傲骨嶙峋，象征着气节与坚韧。寒梅报春，具有吉祥喜庆的意义。桂有及第折桂之意，喻为子孙仕途昌达。桂音谐贵，因而象征富贵，桂子、桂花常被寄以"贵子"的寓意。牡丹有"国色天香"之称，代表富贵，芙蓉代表荣华，芙蓉花与牡丹花的纹图，象征荣华富贵。兰花清雅芳香，花质素洁，以兰喻君子高洁之品质。水仙之"仙"与神仙、仙境之"仙"同音同形，甚为吉利。合欢就是取合家欢庆的吉祥寓意。百合花与万年青的纹图称"和合万年"。

园林建筑室内门罩喜用植物题材为主的装饰，广东东莞可园厅堂的门罩以红梅为饰（图5-28），顺德清晖园书宅入口的圆光罩则用竹子为饰（图5-29）。

图5-28　东莞可园厅堂以荷花、兰花、红梅为饰的门罩

图5-29　顺德清晖园碧溪草堂圆光罩

3）器物神人类

器物常以人工制造物为原型，如如意、古钱、花瓶、乐器，等等；神人则以传说中的仙人为原型，如八仙、寿星、天官、关帝、钟馗，等等。八仙为民间传说中道教的八位仙人，指钟离权、张果老、韩湘子、李铁拐、曹国舅、吕洞宾、蓝采和、何仙姑。装饰题材中常采用"八仙过海"和"八仙祝寿"里的故事情节，八仙所持的物件葫芦、扇子、玉板、荷花、宝剑、箫管、花篮、鱼鼓称作"暗八仙"，亦称"八宝"，民居装饰图案中常以此来代表八仙，寓意祝颂长寿。岭南园林建筑喜用暗八仙、宝瓶、丹炉等器物题材装饰。

4）图案类

图案是民居装饰中用得最多的一种表现形式，通过艺术的手法，将人们对美好生活的向往和追求，对吉祥如意的愿望和期待刻画在图案里。图案装饰来源于古代的纹样。我国的装饰纹样，源远流长，早在新石器时代，就产生了许多美丽的纹样，当时主要装饰在彩陶、黑陶和印纹陶上。随着历史的发展，图案纹样也在不断改进和创新。随着汉代以后佛教的传入，如意、宝珠、方胜、回纹、莲花、忍冬、缠枝花等融进了装饰花纹里。宋代以后，织锦生产提高很快，织锦的纹样繁多绚丽，产生出以规则的方、圆几何图形纹路组成的图案，如八达晕、灯笼锦等。灯笼锦图案，约创始于北宋，又名庆丰收、天下乐，以灯笼做主题纹饰，隐喻"五谷丰登"之意，构图完美，形式新颖。这种寓意吉祥的图案，到宋代已逐渐成熟，发展至明清，已到了"图必有意、意必吉祥"的地步。其题材内容多种多样，综合运用了政治、经济、历史、宗教、风俗、文学和民间传说等各方面的因素，以此作为构思基础（图5-30）。

盘长本为佛家"八宝"之一。"八宝"为法螺、法轮、宝伞、白盖、莲花、宝瓶、金鱼、盘长，均为佛家法物。佛家认为盘长"回环贯彻，一切通明"，含有事事顺、路路通之意。其图案本身盘曲连接，无头无尾、无休无止，具有绵延不断的连续感，因而被人们取作世代绵延、福禄承袭、寿康永续、财富不断、爱情永恒等象征。

图5-30　清晖园回纹图案窗

方胜图案是两个菱形玉角相叠组成的纹样，即寓意"优胜"，又寓意"同心"。装饰中喜将方胜图案联在一起重复使用，也将方胜与盘长组合在一起形成优美的图案。

回纹为传统的纹样，由古代陶器和青铜器上的云雷纹演化而来，云雷纹的基本特征是以连续的回旋形线条构成几何图形。其中圆滑的为"云纹"，方直的为"雷纹"。回纹因图案形似"回"字，故称回纹。回纹的寓意也是福寿吉祥深远绵长。回纹形式的连续组合，称之为"回回锦"。

祥云图案来源于自然界天上之云。云即为天，装饰中的祥云常做成云头状或做成云纹状。此外还有龟背纹、古钱纹、水竹纹等等吉祥图案。

中国的文字很讲艺术，一个字通过书法的形式可以千变万化。用文字组成图案是中国装饰图案中的一大特色。像寿字、卍字、福字等就常用到吉祥图案中，直接用字意来表达吉庆祥瑞的感情。万字卍，原本不是汉字，而是梵文，读作"Srivatslalsana（室利末蹉洛刹曩）"，意为"胸部的吉祥标志"。佛教传入中国后，卍正式被用作汉字。建筑中常见以卍字为基础的"万字锦"作为装饰。

三、装饰工艺类别

1．木雕与小木作

木雕雕饰包括建筑梁架构件装饰、外檐装修和室内装修，是建筑结合构架及构件形状、利用木材质感进行雕刻加工、丰富建筑形象的一种雕饰门类。它在传统建筑上应用很广，使建筑与木构件紧密联系，从而使技术与审美达到和谐统一的境地。

我国木雕历史悠久。远在奴隶社会，据《周礼·考工记》记载，"攻木工之工有七"，其中有匠、梓。匠为匠人，专做营造。梓为梓人，专做小木作工艺，包括雕刻。南北朝时期，建筑上已有木雕装饰，并使用隐刻技法，这种手法多用于非承重结构上，如曲木、斜撑、悬鱼及门窗、格扇等构件。唐宋时期的建筑木雕可在宋《营造法式》一书中得以了解，其章节中有雕木作。雕作制度按雕刻形式分为四种，即混作、雕插写生华、起突卷叶华、剔地洼叶华。按雕刻技术可分为线雕、隐雕、剔雕、透雕、混雕五种形式。线雕即突雕，混雕为全形雕，即圆雕。此外，宋代木雕装饰已开始使用髹漆贴金。明清时期，木雕工艺又有了进一步的发展，其特点有：木雕装饰在各类建筑中得到更广泛采用；题材内容大众化，常选用普通百姓所熟悉的内容作为题材；图案花纹趋向于浓厚的自然生活气息；工艺技法趋向立体化，出现了透雕、镂雕、玲珑雕等多层次的雕刻手法；艺术风格从明代木雕的构图简洁、形象丰满生动发展到清代木雕的构图定型化，形象富丽且烦琐。清代的木雕工艺倾向于表面装饰化，它要求形象更为繁复，又要求工艺操作简化，因而产生了贴雕和嵌雕等新类别。前者工艺较简单，在建筑中应用较普遍；后者耗时费工，多为富裕住家选用。

我国木雕装饰分布很广，按地区来分，可分为：（1）北方地区，以北京的宫殿、宅第、园林中的官式木雕雕饰为主，包括山西、陕西等地区；（2）江南地区，以浙江东阳、安徽徽州为代表，分布于江、浙、皖、赣一带；（3）岭南地区，以广东潮州、珠江三角洲为代表，分布在粤、闽沿海地区。这些木雕工艺精湛、技法成熟，已影响和流传到东南亚一带。

木雕按其材料的质感和加工工艺来说，是一种柔性造型艺术，其基本要素是多用流畅的曲线和曲面，图案构成讲究线面结合和节奏旋律。如清代的木雕喜用自然的花草纹样，它以整体形象的花样为主，衬以枝叶，造型立体化，形象逼真。这种图案，多适用于装饰性题材的构件。而在门窗、屏罩等实用性很强的构件中，刚性的直线框边常与柔性的曲线、曲面格心题材相组合，组成各种不同效果的图案。总的来说，由于木材的质感和不同的雕琢技法，在不同的部位，采用各种丰富变化和精巧的图案，表现出雕饰的明快和木质的柔美风格，增加了建筑艺术的表现力和感染力。

木雕属于细加工，其工具主要有钢丝锯、叩槌、雕刀、方凿等。各种工具规格小的仅一分，大的有一寸多，各种类型、规格工具达数十种。

木雕的操作过程是：（1）按用途需要选定用料；（2）由木工师傅按规格要求

做好木坯；（3）由木雕艺人进行设计，画出图样，并贴于木胚上，然后按图案将需要镂空地方用钢丝锯镂空；（4）由艺人凿出轮廓，进行精雕细刻；（5）油漆、贴金成为成品。

木雕材料大多用楠、樟、椴、黄杨等一般多层次、高浮雕装饰多选用这些硬质材料，雕饰后水磨、染色、烫蜡处理，使木的表面光滑有光泽。也有用杉木的，因杉木质地脆弱，故多以镂空、线刻、薄雕形式出现。根据不同的部位和不同的雕刻类别，然后选用不同的木料，使物尽其用。

木雕的种类很多，基本有线雕、隐雕、浮雕、通雕、混雕、嵌雕、贴雕等，其工艺做法如下：

线雕又称线刻，是木雕中最早出现也是最简单的一种做法，是一种线描凹刻的平面型层次木雕做法。

隐雕也称暗雕、阴雕、凹雕，也有称为沉雕、薄雕者，是剔地技法的一种，属于凹层次的一种木雕做法。

浮雕也称浅浮雕、突雕，岭南地区称为"铲花"，古称剔雕，属采地雕法，是木雕中最普遍使用的一种做法。其工艺是按所需的题材在木板上进行铲凿，逐层加深形成凹凸画面。这种雕法层次比较明显，工艺也不复杂，一般多用于屏门、屏风、栏板、栅栏门和家具等构件。

通雕也称透雕、深浮雕，岭南有的地方称为"拉花"，是一种有立体层次的木雕技法，工艺要求较高。其做法是先在木料上绘成花纹图案，然后按题材要求进行琢刻，需透空的地方就拉通，需凹凸的地方便铲凿，形成大体轮廓后磨平至光滑，再进行精细加工而成。这种雕法一般多用在格扇、屏罩、挂落和家具上。通雕中更高一级称为镂空雕，即全构件通透的一种雕刻方法。这种雕刻，工艺复杂，但效果很好，只有在高贵的装修中才用之。

在岭南园林建筑和民居装修中还有一种比较简易的通雕方法，称为"斗心"，即江南和北方地区的"椇花"。这是一种用许多小木条（剖面为六角形断面的一半），按图案花样拼凑而成的雕刻方法。外观是通雕，其实是预制木条拼装而成，在民间建筑中因其施工简便而常用之。题材常用斗纹、套方、正斜万字（卍）等几何形体组合，其艺术效果因镶工精美、玲珑剔透，故常能以假乱真。一般在格扇、槛窗中多用之。

混合木雕，是木雕中各种雕法的综合运用。这种雕法工艺复杂，但构件成品效果好，故常采用。一般用于落地罩、飞罩等处，在庭园、园林中更多见。

贴雕和嵌雕，这是在清代发展而成的两种木雕雕饰类别。贴雕的做法是在浮雕的基础上，将其他花样单独做出后，再胶贴在浮雕图花样的板面上，形成一种新的突出花样，称为贴雕。嵌雕的做法是在浮雕的花面上，另用富有突面的雕饰或其他式样的木色进行嵌雕，方式可以插镶，也可以贴镶，称为嵌雕。嵌雕是在透雕和浮雕相结合的基础上，向多层次表现的一种雕刻技法。嵌雕在岭南地区称之为钉凸。钉凸的做法是，在构件通雕起几层立体花样后，为了使立体感更强，就在透雕构件上钉上或镶嵌已做好的小构件，逐层钉嵌，逐层凸出，然后再细雕打磨而成。这种做法工艺复杂，大多为较富裕的住户选用。一般多用在门罩、屏风、屏门等部件上，也有用于较高贵的格扇上。

传统装修主要指小木作，小木作装修常与木雕合在一起，园林建筑中用于室内外的檐板、横披、格扇、槛窗、支摘窗、满洲窗、屏门、屏风、罩、挂落等（图5-31、图5-32）。檐板也叫风檐板，设在建筑物的檐口下，起保护檩条头部的作用，檐板木雕工艺多为浮雕和通雕，其装饰题材有花木、飞鸟、动物等。横披设置在槛窗和格扇的上部，常用棂子拼成各种图案花纹，美观且通风。

格扇用作建筑的外门或内部隔断，根据开间的大小可设四扇、六扇、八扇门等（图5-33），基本上是取偶数，格扇的高宽比多为1∶3或1∶4左右。格扇上分为格心与裙板两部分。格心花纹式样很多，用棂子构成方格、条框、菱花、卐字、冰裂纹等，格心也有框格做法，在框格上面用玻璃镶嵌。最讲究最高级的格心是用整块板精心雕刻的通雕做法，题材有人物故事及花鸟等。裙板多施花卉、植物和动物雕刻，以浮雕和隐雕居多。屏门主要用作室内空间的分隔，式样与格扇相似，但比后者更为精致，屏门一般取偶数，上面常雕有题材丰富的木刻，在粤中庭园中，屏门

图5-31　余荫山房深柳堂檐廊小木作

图5-32　余荫山房临池别馆檐廊小木作

图5-33　清晖园建筑外檐格扇

常用来代替类似江南园林建筑中的纱槅。

　　槛窗常用在厅堂次间和亭榭柱间，槛窗下面为槛板或槛墙，其形式与格扇有些相似，但没有格扇灵活（图5-34、图5-35）。支摘窗一般为上下两段，上段可支，下段可摘。粤中庭园建筑也有分成三四段的，支摘窗的格心以步步锦和灯笼框最多。满洲窗是珠江三角洲一带民居和庭园建筑喜用的一种窗户形式，开启方向为上下推拉，但也有向上翻动的。满洲窗一般做成方形，分为上、中、下三段，其格心棂子纹样很多，并且爱在窗棂间镶嵌彩色玻璃，具有明朗活泼和富丽堂皇之感。

　　罩的功能作用是将室内空间进行划分，常用硬木浮雕或通雕成几何图案或缠交的动、植物及人物故事等。罩的形式很多，有飞罩、落地罩、圆光罩等。如清晖园碧溪草堂的入口就是用木雕镂空成一丛绿竹为景的圆光罩，工艺精美，形态逼真。挂落与飞罩的形式有些相似，为棂条镶搭成的网络状的装饰物，主要用于室内柱子和外廊檐柱之间，起着空间分隔和装饰作用。

　　2．石雕

　　石雕在岭南园林中常用于建筑物柱、柱础、梁枋、门槛、栏杆、栏板、台阶等地方，也有作为贴面用于凹入式大门的墙面。石材质坚耐磨，经久耐用，并且防水、防潮，外观挺拔，故在园林建筑中需防潮和受力的构件常用之。宋《营造法式》石作制度中雕镌制度的剔地起突、压地隐起、减地平钑、素平等四种雕刻类

图5-34　清晖园建筑外檐槛窗

图5-35　番禺瑜园船厅槛窗

别，可以说是历代石雕技法的总结。由于石材昂贵，好料不易取得，同时，石材运输和加工也比较困难，所以在雕饰方面，木雕、砖雕占了主要地位。明清之后，石雕技艺也日趋简化，但仍保持着传统的类别和做法，如线刻、隐刻、突雕（浮雕）、混雕（圆雕）等。

石雕是在大小已定型的石件上进行雕刻加工。其工具主要有凿、锤等，精细的石雕还有用钎、钻等，因石雕工具不多，其加工主要靠艺人技艺。石雕种类有：线刻、隐刻、减地平钑、浮雕（又称突雕）、圆雕（也称混雕、立雕）、通雕（也称透雕）等，根据不同部位而选用不同的类别。早期多使用线刻、隐刻做法，逐步发展到减地平钑，后期较多使用浮雕、圆雕以及多种雕艺的结合使用。

线刻，即素平雕法。其工艺是：首先将石面打平，再磨砻加工，即用砂石加水打磨光滑，然后用金属工具刻画、放样和施工雕刻。线刻主要用于台基、柱础、碑石花边等部位，题材以花纹为主。

隐刻，也称隐雕，是平面线刻向深度发展的第一步。其工艺是将图像刻画出形，沿形象纹路略加剔凿其细部，在光平的石面上呈露微凸，以增强石雕的表现力。减地平钑雕法，是隐雕的进一步发展。为了突出雕刻图案，将所表现的图案以外部分薄薄地打剥一层，然后在图案部分施以线刻。这样，可以使图案更加显耀，这也是最早期的浮雕。浮雕（突雕）是逐步走向立体化的一种雕刻手法，也是建筑上应用最广的一种雕饰方法。它可使雕面上的花草、卷叶等题材刻出其深度，如平的、凹的、翻卷的等，使这些题材富有立体感和表现力。宋《营造法式》所载石作雕镌制度中的剔地起突雕法，就是隐刻和浮雕两者的结合。它集中了两者雕饰的做法和特点，产生了一种富有立体效果的雕饰新方法。隐刻和浮雕因其装饰效果好，在民居建筑中常用于柱础、台基、勾栏等部位。通常两种雕法结合使用，既有隐刻线刻，又对花草枝叶施以突雕。而贴面石板则多用浅雕手法。

圆雕，也称混雕，在明代称"全形雕"。其做法是在凿出全形后，其细部用混作剔凿（皆为圆面），力求形象表现自然。至清代，雕法已简化，用钎打出全形后，其细部随其初形雕刻出来。圆雕主要用于动物、人物、佛像等，建筑构件中较少采用。园林和民居大门前石狮采用此法，因其石材加工精确度不高，一般取其粗犷豪放的特性，故在大尺度的雕像中才采用之。通雕，也称透雕，是浮雕的再进一步加工，达到多层次表现。因工程复杂，故在建筑中较少采用，广州陈氏书院中大堂月坛的石栏板上，曾采用了此法。

3．砖雕

砖雕，是用凿和木锤在砖上加工，刻出各种人物、花卉、鸟兽等图案而作为建筑上某一部位的一种装饰类别，是一种历史悠久的民间工艺形式。砖雕是模仿石雕而出现的一种雕饰类别，由于它比石雕省工、经济，刻工细腻，题材丰富，故在建筑和园林中广泛被采用。

砖雕从石雕发展而来，在表现风格上，力求生气活泼，在表现手法上，又承袭了木雕工艺。它有三个特点：（1）既能表达石雕的刚毅质感，又能像木雕一样精细刻画，呈现出既刚柔结合又质朴清秀的风格；（2）所用材料与建筑的墙体材料一样，都是青砖，这就使它们在色调上、施工技术上，以及建筑的整体与细部上可取得高度的统一；（3）青砖能适应室外环境，打磨过的青砖有较好的抗蚀性和装饰性，既耐久，又丰富了建筑的外貌。

砖雕所用工具小巧精致，几乎全部用钢自制而成。过去的砖雕师傅有的还自备小风炉，以便随时按需要加工做成各种工具。砖雕工具的种类和数量都很多，总数约有一百多件，主要工具有：（1）手锯，用钢片制成，常与直尺配合使用；（2）手钻，在砖上钻孔用，用钢条做成，圆头，用手搓而钻，钻头大小从1毫米至5毫米不等；（3）木锤，凿砖时与凿配合使用，硬木制成，长约30厘米，锤头直径约6厘米；（4）凿，用钢制成，上用木柄，其类别有尖凿、平凿、圆凿、半圆凿、四分之一圆凿等。平凿、圆凿还有各种不同尺寸和大小规格。

用作砖雕的砖必须选用色泽明亮且质量上乘的青砖，并要砖泥均匀，表面平整和孔隙较少。砖雕的制作工艺比较复杂，据调查，可以归纳出以下几个步骤：

（1）将经过淘洗的细泥土烧制成青砖，再把挑选后的青砖按需要尺寸进行刨平、刨光、打磨，遇到空隙用油灰填补，边填边磨成砖雕坯。同时，除去表层材料的浮松部分，使砖坯色泽均匀，坚实耐用。这种手工操作的劳动强度很大，通常一个熟练工人每天只能打磨5块砖左右。

（2）制作较大型砖雕时，需要分成几部分进行雕刻，每一部分要用几块砖拼制合成。其拼制的方法是，先浇水湿润砖块，稍干后用粘结材料粘结而成。粘结材料一般用灰、糯米、红糖及少许乌烟墨调合而成，砖缝的宽度仅0.5～1毫米，因粘结材料的色泽与青砖相仿，故干透后坚固如整砖。

（3）用刻画笔直接在砖上刻出图案的轮廓，这一点与木雕做法稍有差别。木雕做法是用纸画好图案后，贴在木料上进行雕刻，而砖雕只是略刻出图案轮廓，至于成型就全凭艺人们的"腹稿"和手艺来完成。

（4）雕刻的一般手法有锯、钻、刻、凿、磨等多种。在整个过程中，必须保持砖的湿润状态，以避免脆裂。

（5）最后将雕刻好的成品砖，用粘结、嵌砌、钩挂等方法安到预定的装饰部位，准确对位，使整幅砖雕浑然一体。

此外，还有一种预制花砖。这是由于构件中常出现重复性而又带有几何图案的砖块雕饰，为了避免重复劳动，减轻工艺劳动强度而出现的。由于烧制过程中预制砖坯容易变形，而且表层抗蚀性略差，所以，在制作时要细致操作，逐块雕磨整形。为此，预制花砖通常也只用于园林中的漏窗通花、牌坊翻花等精致程度要求不太高的部位，很少用于重点装饰部位。

砖雕的种类除剔地、隐刻外，还有浮雕、多层雕、透雕、圆雕等。早期的砖雕多用于嵌面，其手法仿石雕，采用剔地、隐刻等工艺做法。其后，由于花卉等题材需要多层次表现，故产生有浮雕（也称突雕）、圆雕（也称混雕）、透雕等种类和做法。

砖雕在岭南园林建筑中，多用在大门、屋脊、墀头、墙面、影壁等处。屋脊采用砖雕脊花者，工艺多用透雕，有立体感。平脊为底面者，其砖雕方法多用剔地雕。墙楣砖雕，也称画幅式砖雕，因用边线框成画幅，故名。这种砖雕在较富有的住宅和园林建筑中才用之。砖雕应用最多的一般在建筑山墙墀头部位，大者高约2米，小者也有30厘米左右。以大型墀头为例，整幅雕饰分为三部分，最上层称为翻花，其面倾斜，上承檐口，一般由3层向上翻卷的砖雕花瓣组成，风格粗犷有力。翻花下面是一长方形的垂直面，在其四周用砖线凸出装饰，也有在该砖面上进行雕刻者，题材用人物故事或梅、菊、牡丹。这部分是墀头装饰的重点。它的做法可用透雕、圆雕以增加立体效果。再下面称为墀尾，雕刻比较精细，内容为宝瓶、花果等。整个墀头从上到下是一个从粗到细的序列，这是根据人的视距远近和视域高矮规律而决定的。

4. 灰塑

灰塑在园林建筑装饰中占有一定的地位，使用也比较普遍，尤其是在岭南地区。它是以白灰或贝灰为原材料做成灰膏，加上色彩，然后在建筑物上描绘或塑造成型的一种装饰类别。

灰塑的原料配制主要有：

（1）白灰或贝灰，经烧制而成，呈粉状。

（2）白灰或贝灰砂浆，灰粉经过筛后，按一定比例加上河砂，再加适量的水配合而成。

（3）纸筋灰，主要用于灰塑的面层细部。做法是先将石灰或贝灰水化，过筛后掺入纸筋，捣至不粘灰时为准。由于灰和纸的质量不同，纸筋灰有多种。高质量的纸筋灰选用较好的灰料拌入宣纸纸筋，稍次的纸筋灰则拌入玉扣纸纸筋，略呈淡黄色。

（4）砂筋灰浆，也称草筋灰浆，是灰塑成形的材料。其做法是用石灰或贝灰与砂混合，加适量的水成为砂浆。再将一定量的稻草、麻皮等，用水浸泡、槌碎后掺入砂浆中，捶捣使之成为有黏性和韧性的砂筋灰浆。

（5）灰膏，选用最好的灰料水化后成为灰粉，过筛后再用水调稀，然后按漂洗、过滤、沉淀三个步骤反复多次，最后得到质量很高的灰泥。灰泥去水后做成灰膏条，在露天处放3～4个月而成为细腻洁白的灰膏，是调制色彩的基本原料。使用时，在碗内加水研磨成灰膏泥。

灰塑中所用的颜料要求是化学稳定性好，能耐酸、耐碱，并容易大量制取。通常是采用矿物颜料，如银朱、红丹、土黄、石绿、佛青、乌烟等，并用牛胶或桃胶水调制而成。

灰塑的工具多用木制，如九里香木，取其质坚耐磨。灰塑主要工具品种有灰刀、灰匙、灰帚等，每一种又有多种规格。民间老艺人一般都有一套自制的工具，常用的有：（1）木灰匙，九里香木制成，主要用于批细部；（2）灰刀，钢制，有多种尺寸，用于塑造粗型和调配灰料；（3）灰帚，细部加工时用。

灰塑包括画和批两大类。画即彩描，即在墙面上绘制山水、人物、鸟兽、花草、图案等壁画。批即灰批，即用灰塑造出各种装饰。

（1）彩描

彩描是灰塑的一种平面表现形式，着重于用色彩"描"和"画"，主要流行于经济较差的地区，称之为"墙身画"。彩描的工艺操作一般分为下列几个步骤：

①将所需装饰的部位淋湿，用砂筋灰作底，以增强画与墙面的粘结力，底子的厚度视需要而定；

②在底子上用纸筋灰批面、找平，要求表层细腻平滑、洁白如纸；

③用灰膏条或其他材料画轮廓起稿，以隐约可见为准；

④染色，模仿国画中工笔画的作画法，力求线条流畅，色彩谐调。

彩描的技法有意笔、公笔、水彩、双勾、单线等画法。彩描所使用的工具比较普遍，分为两种：一类是做底时用的，有大小不等的各种钢制或木制灰匙；另一类是绘画时用的毛笔，基本上与国画用具相同。

彩描的抗蚀性较差，因此，露天部位一般较少用，而多用于檐下、外廊门框、窗框、室内墙面等，不同的装饰部位，题材也不同。

外檐下彩描是彩描运用最多的部位。建筑立面檐下的墙楣，是墙面和屋面的过渡部分。墙楣彩描呈带条状，高度约30～60厘米。这条由多个画面组成的墙楣，在建筑外观上弥补了因出檐而带来的空间深度不够的感觉。外檐下的彩描由于画幅较长，通常是将墙楣部分分为若干个画幅，每一画幅自成一独立的画面。题材多为历史人物、神话故事或山水风景画。也有花鸟一类的彩描，因经济水平所限，一般比较简朴。

内檐下彩描主要指厅堂室内屋坡檩下斜面墙楣部分的装饰。这种方式在粤中、粤东较少看见，而在海南岛地区有所采用。题材以画卷、宝瓶、文房四宝等为主，没有人物形象。如海南琼海县（今琼海市）某宅院厅堂内檐下墙楣彩描就是一例，在视觉效果上，它丰富了侧墙与屋面的过渡。同时，这条墙带沿着墙的上限起伏不断，遇大门穿出，与外檐下墙楣彩描连成一体，犹如一条飞舞的彩带。

岭南庭园建筑的门窗框边上常用彩描绘制，在门窗一圈框边上的彩描图案，宽度约15～25厘米。题材为抽象的规律性花纹，强调对称和连续的整体性。如海南岛琼海县府城镇琼台书院的窗框彩描，构图上力求稳而不死，满而不乱，表现手法以点绘法和线绘法为主，通过点线的形状、方向、轻重、疏密、虚实，形成丰富的节奏感。

总的来说，彩描的色彩在沿海一带用色较为鲜艳，内地则较为温和沉着。色彩运用原则是使自然色彩与理想色彩相结合，其方法是在写实的基础上进行归纳和夸张，并与建筑物的色调和装饰部位的视觉要求相适应，以达到理想的效果。

（2）灰批

灰批是指有凹凸立体感的灰塑做法，分为圆雕式和浮雕式两种。

圆雕式灰批，又称立雕式灰批。分为多层立体式灰批和单体独立式灰批两类。

圆雕式灰批主要用在屋脊上，有直接批上去的，也有做好后粘上去的。它的做法是先用铜线或铁线做出骨架，将砂筋灰依骨架做成模型粗样，半干时再用配好颜料的纸筋灰仔细雕塑而成。广东潮汕地区的做法是用大白灰塑面层，最后染好颜色。圆雕式灰批制作过程复杂，特别是多层立体式，人物多，层次多，为了增强效果，特别讲究粘合材料，红糖、细石灰、鸡蛋清的混合物是上乘的粘合材料。

圆雕式灰批的题材，因它使用在屋脊部位，多与厌胜和阴阳五行学说有关，如垂鱼、鸡尾、龙、水兽等。

浮雕式灰批，其用途很广，不论门额、窗楣、屋檐瓦脊、山墙墙头（图5-36）、院墙（图5-37）等部位都能使用，而且，它的处理手法多种多样。浮雕式灰批的做法，各地区略有差别，一般工艺步骤如下：先在墙上打上铁钉，用砂筋灰（草筋灰）在所装饰的部位做底子找平，塑好模型，在需要凸出较大的部位则预埋铜线或铁线；然后用灰膏或其他材料勾出图案的轮廓；最后按需要将纸筋灰调上各种颜料，然后塑造而成。

图5-36　余荫山房深柳堂山墙墙头灰塑

岭南有的地区不在纸筋灰中调上颜料，而将纸筋灰工序分为两道。先用二白灰浆做成粗型，凸出较大部位用铜线或铁线做骨架，然后用高质量的大白灰浆细致地塑造面层，在未干透时按需要染上颜色。前一种做法颜料和灰料混合，色调略偏灰沉，灰批的表层也粗糙，但优点是经久不变其色。后一种做法的颜料施于表层，容易发挥其原有的色彩效果，

图5-37　番禺瑜园院墙灰塑装饰

但材料的耐久性会差一些。

5. 陶塑

陶塑是用陶土塑成所需形状后烧制成建筑装饰原构件，然后用糯米、红糖水作为粘结材料，把原构件粘结在预定的部位。

陶塑题材大多与灰塑相同，但不像灰塑那样工艺精致、形象逼真。陶塑的材料较粗较重，成品主要靠烧制，实用性强。屋脊也有用陶塑做脊饰的，由于人们看它时距离较远，故塑像构件要求比较粗犷，但具象征而已。

陶塑材料有两类，一类是素色，即原色烧制；另一类是陶土坯在烧制前，先涂上一层釉，然后再烧制而成，称为釉陶。后者防水、防晒，且色泽鲜艳，经久耐用，但造价较贵。

陶塑的用途，一类是在屋面上做脊饰用，一类是在庭院中做漏窗、花墙、栏杆、花坛用。前者多用于寺庙、祠堂等大型园林建筑和公共性建筑中，工艺比较复杂和讲究，大多采用圆雕和通雕做法。后者多用在民居庭院或园林中，构件多为几何图案纹样拼装而成。

6. 嵌瓷

嵌瓷装饰在广东潮州，福建漳州、莆田等地区的民居和园林建筑中多用之。艺人们常利用破碎瓷片作为装饰原材料，不但经济美观，而且能防止海风侵蚀。嵌瓷是这些地区具有独特风格的一种装饰门类。

嵌瓷装饰的用料比较严格，原料中，除贝灰、砂筋灰浆、灰膏等与灰塑做法相同外，其他原料如下：

（1）大白灰浆，用海螺壳烧制成的贝灰，因颜色纯白、黏性好，过筛后，加入宣纸或高丽纸浸透、磨成沫状，槌到冒泥而不粘锤为止。

（2）二白灰浆，比大白灰浆质量差一些。其制作方法同大白灰浆，但拌入的材料，不是宣纸而是草纸筋。

（3）糖灰，这是嵌瓷的粘结材料。它的做法是糯米、红糖加入少量水分，加热煮溶，有的还加上蛋青增加黏度，再配入二白灰浆拌合即成。

（4）瓷片，用箔瓷碗盘涂上色彩后火烤而成，或用有色彩的日用瓷器碎片也可。

（5）金箔，用福建漳州出产的漳金箔，色带白，含银量成分多，可以用来染化瓷面。

嵌瓷装饰的操作方法有三种，即平瓷、半浮瓷、浮瓷。

平瓷的工艺做法是用砂筋灰打底后，用佛青画轮廓，然后用糖灰将有色瓷片嵌配。在不需嵌瓷片的地方，则用灰浆批抹后配以色彩。因瓷面与灰面一样平，故称之为平瓷。

半浮瓷的做法是用砂筋灰打底后，用佛青画轮廓，然后塑上花鸟、人物等图案浮坯，最后用糖灰嵌瓷片。

浮瓷也称立体嵌瓷，是先用瓦片、碎砖、麻丝、糖灰在屋顶或墙面上塑成枝骨模坯，再用砂筋灰加糖灰进行批、塑、雕，然后用糖灰粘结彩色瓷片而成。

嵌瓷一般多用在屋脊和翼角等处，也有做在影壁墙面上的。题材方面可制成各种自然图案和人物、花卉、鸟兽等。其特点是色彩艳丽，外观洁净，经久耐用，尤其在沿海地区可以防风、防雨和防晒。

[注释]

①　刘管平. 南国秀色——岭南园林概览.
　　见：宗白华等著. 中国园林艺术概观.
　　南京：江苏人民出版社，1987.126

②　同上：130.

③　同上：129.

④　夏昌世，莫伯治. 漫谈岭南庭园. 建筑
　　学报，1963（3）.

⑤　中国建筑史编写组. 中国建筑史. 北
　　京：中国建筑工业出版社，1982.

第六章
岭南园林造园艺技

对于山水园林景观，前人有着精辟的见解："山以水为血脉，以草木为毛发，以烟云为神采。故山得水而活，得草木而华，得烟云而秀媚。水以山为面，以亭榭为眉目，以渔钓为精神，故水得山而媚，得亭榭而明快，得渔钓而旷落，此山水之布置也。"[①]自古以来，人们就认为人的品德情操与山水的自然特征和规律性具有某种类似性，故而产生乐山乐水之情。孔子曰："知者乐水，仁者乐山。"[②]朱熹解释道："知者达于事理，而周流无滞，有似于水，故乐水。仁者安于义理，而厚重不迁，有似于山，故乐山。"[③]所以管子视水为"万物之本源"[④]，王羲之更是"取欢仁智乐，寄畅山水阴"[⑤]。可以说，园林这种"山水之布置"完全是一种人化的自然和审美化的自然，其意义更多的是在美学上。中国文化对自然山水的认识和偏爱，决定了造园艺术中山水的分量，而中国山水诗、画的艺术表现，又影响着园林艺术中叠山理水的文化内涵。园林文化，也是一种山水文化，它表述了人对自然山水的依恋之情。

第一节　掇山

岭南园林很早就开始叠石造景，南汉时期已具有相当高的艺术水平，直到现在我们还能看到的当时"九曜园"留下来的景石，它的特点是模仿山岩、湖石、河堤、石洲等自然布局，结合人工的台榭亭阁和竹林蕉丛，衬托出"洲渚"的特征，即使在今天看来，也不失为石景的佳品。晋代以后因北方战乱，经济文化中心逐渐南移，促进了岭南石景造园的发展。随着佛教的传入，佛教寺院的兴建也使岭南园林石景艺术得到提高。佛寺、道观往往是利用大自然的优美风景，依奇山秀水或岩栖来摆布建设，借山溪、异石点缀环境。到了清代，粤中园林石景更发展到炉火纯青的境地，封建官僚、豪绅富贾为了享乐寻欢，竞相造园，以标榜抬高自己的身价，广东顺德清晖园、东莞可园、番禺余荫山房、佛山群星草堂等都是这一时期的作品，现海幢公园内的"猛虎回头"、某酒家内的"大鹏展翅"等石景，也是当时的代表作。民国时期，各地又出现了一些庭园石景，如广州西关的"风云际会"石景，等等。

一、掇山特点

园林掇山有着丰富的艺术感染力，在园林空间中，山石是联络景物、组织空间不可缺少的中间介质。叠石造山对园林环境的艺术效果起着重要作用，不但作为建筑庭院或景区空间的点缀物，而且在园林中常作为主体组景成为景区的中心景象。掇山造景的设置和特点与自然环境、地理环境、人文环境以及园林规模、山石取材等有很大关联。

北方园林，特别是皇家园林的掇山，讲究山形气势，追求山石的真实性，要把真山大壑的一个局部，截取到园中，使园林"若似乎处大山之麓，截溪断谷，私此数石为吾有也"，不主张那种缩小比例、丧失真山尺度感的假山效果。因此，北方园林掇山喜用土石相间的手法，土中戴石，曲径逶迤，西苑北海琼华岛、颐和园万寿山的堆山就是先用土堆成山形，外面再用黄石叠砌。北京明末清初的著名叠山艺术家张南垣（张涟）"旧以高架叠缀为工，不喜见土，涟一变旧模，穿深复上，因形布置，土石相间，颇得真趣"[⑥]。张南垣虽是江南人，但赴京后一改江南的叠山风格，追求真山大壑的景致，人造堆山与北方的自然山形山貌相吻合，并认为，江南"今之为假山，聚危石，架洞壑，带以飞梁，矗以高峰，据盆盎之智以笼岳渎，使入之者如入鼠穴、蚁蛭，气象蹙促，此皆不通于画之故也"[⑦]。所以，北方叠山主要以山形山势为主，而不是追求某几块山石砌叠形成的"瘦、皱、漏、透"之效果。北方

图6-1　北京颐和园观赏孤石景

园林的叠石常将观赏与实用分开。山石混合的堆山，具有实用性，可以攀登和游嬉，其艺术风格浑厚粗犷。而观赏石多作孤赏石设置，如江南运来的有特色的大块太湖石等。观赏石的下面设有基座，景石多设在建筑院落或庭园内，像颐和园里的"青芝岫"等石景，就是这一类观赏孤石（图6-1）。

苏州园林造山，不追求体量的庞大，而以能得山林意境为上乘。园林掇山按其景象特征来分，有土山和石山两大类，但晚清以后纯土山都增置了叠石，一般土山多描写局部披露石骨的景观，叠石常见的是纯石山，只是由于配置植物的需要，也在石山适当的地方蓄土。江南园林叠掇石山所用的山石和湖石，主要为山上开采的多面多棱的黄褐色岩石，一般统称"黄石"；还有就是"湖石"，以产于太湖洞庭西山溶蚀空洞的石灰岩石最负盛名，所以这类石料统称"太湖石"，简称"湖石"。苏州园林造山以观赏性为主，与实用结合也较为密切，山林景象不仅可供观赏，而且是可以登临远眺借景和取得园内鸟瞰景观的一种主要方式，同时还具有组织空间的作用。用山来分隔空间，增加景象层次，或使景深含蓄，有不尽之意的感觉。而盘道、峰、谷可供登攀游嬉，翻山越岭，寻谷探幽，可增添游兴。山使游览路线立体化，变平面为三度迂回的路线，既延长了游览路程和游览时间，又丰富了游览景观。狮子林假山的蹬道主要有九条，以湖山和青石堆叠，曲折盘旋，或隐或显，或升或降，形成了多种趣味的行进路线（图6-2）。苏州园林掇山艺术风格纤秀，叠石堆山体现了"瘦、皱、漏、透"的评价标准，叠石通过峰峦、岩崖、峭壁、洞隧、谷涧、濠濮、矶滩、叠瀑等艺术手法，以取得葱郁山林的野趣和丰富的山景变幻（图6-3）。

同属江南掇山，扬州园林叠石与苏州园林有所不同，叠石工艺精巧，造山浑厚有力，有磅礴之气势，其艺术风格兼有北方山岭之雄和南方山水之秀。扬州叠石非常讲究。扬州地处江淮，无石可产，他方之石又运载不便，因此不可能有许多巨峰大石。扬州园林叠石运用技巧，将小石拼接成巨峰，其石块的大小，石头的纹理，组合巧妙，勾带连络，拼接之处有自然之势而无斧凿之痕。叠石多用阴拼，即石块的拼接涂料，全部暗含在内，外表缝隙犹如画之线条，符合"峰与皴合，皴自

图6-2　苏州狮子林掇山叠石

图6-3　苏州园林叠石景观

峰生"、"依皴合缀"的画论，因此清人赞扬州叠石有"扬州以名园胜，名园以叠石胜"⑧之说。扬州叠石具有观赏性和实用性，其特点为观赏和实用结合在一起，无论是山石还是湖石，叠石造山都既有观赏价值，又能在假石山上玩耍娱乐。传说出自石涛手笔的片石山房叠石，上有蹬道可攀，中有山屋可居，下有山麓水边汀步可跨，"一峰突起，连岗断堑，有胎有骨，有开有合"⑨。主峰高有10米，由太湖石堆就，挺然越出园墙，远观更显高俊峭拔。山巅下怪石突兀，堆叠巧妙，拾级而下，道路左盘右曲，峰角一泓清池，倩影波光，上下辉映。山顶栽有寒梅，石隙缝中伸出古藤翠蔓，山脚藤蔓之中藏一洞口，入洞深幽，初觉狭窄，越走越宽，竟然是方形石屋两间，待见前方贴壁砖刻"片石山房"时，顿感该景原指一片片石堆叠的山中洞府。叠石堆山并非追求假山常见的局部形象，而是取高山深谷的整体气势，洞曲峰回，岩壑幽藏，峡谷险奇，清泉回旋，具有山奇、石怪、水秀、洞幽之特点，其叠石被誉为北郊第一假山（图6-4）。

岭南掇山与上述园林造山有所不同，有其独特之处。清代佛山进士梁九图当年从衡山游归，途中喜得十二块奇石，运回家中庭园，并大宴宾客，将庭园命名为"十二石斋"，欣然之际，挥墨题诗咏之："衡岳归来兴未阑，壶中蓄石当烟鬟；登高腰脚输人健，不看真山看假山。"一句"不看真山看假山"，道出了岭南庭园

图6-4　扬州片石山房叠石造景

图6-5 岭南庭园叠石假山多与池水、建筑、植物等共同组成园林景观

叠石堆山造园的实质。岭南庭园由于规模小，故很少布置土山，而是以石为山，因此假山石景便成为庭园的主要观景。岭南掇山叠石以观赏性为主，实用娱乐性较弱，假山独自成景作为主体并不多见，叠石假山多与池水、建筑、植物共同组成园林景观（图6-5）。岭南假山石景着重于叠砌，吸取天然山景的各种形体，如峰峦、洞壑、涧谷、峭壁、悬崖等，加以概括提炼而成，其工艺精细，形象逼真，造型纯朴，艺术风格活泼灵巧、富有魅力，所以庭园虽小但由于假山的存在而使园林富于变化（图6-6）。

岭南庭园石景造型还有一个重要的特点，就是十分注重与周围环境及空间

图6-6 澳门卢园假山石景

的比例关系。庭园空间里较为大型的石景，通常顶部做成平缓山岩石岗，避免出现峰状与建筑空间争高的现象，像顺德清晖园的"虎踞龙盘"、"三狮会球"，东莞可园的"狮子上楼台"，海口五公祠琼园假山"仙游洞"等，都没有叠成高耸的峰状。而在较小的庭院空间里，如小院天井、走廊池边、建筑角隅等，常用峰石立意，效果较好，因为峰石占地少，在造型上可作艺术的夸张，石虽不高，却给人以摩天之感，例如清晖园的"斗洞"、佛山梁园的"苏武牧羊"等。庭院天井立石，常选清瘦、通透、挺拔的石块，玲珑奇巧，引人入胜。在相邻的两庭园之间，透过漏窗、门洞，安排一些石景小品，也能取得良好的空间效果。此外，石景小品也经常用于庭园死角，起点缀之用，使庭园富有生机和变化，而几块散石伸入水中，与水面保持一定的联系，这样水就因石而活。为了争取庭园空间，常做成壁山叠石，假山紧靠庭园院墙或建筑外墙而设，造园石景自然逼真，山体造型峰峦起伏，洞壑曲折，随势摆设，得体合宜，神采透彻，多姿多态，假山石景不但增加了庭园的自然野趣和层次感，又创造了庭园的优美感，广州西关石景"风云际会"、"东坡夜游赤壁"等都是壁山叠石形式。岭南叠造假山常采用山水结合的手法，因为山有高大峻拔之感，水有开阔深远之意，在庭园较为窄小空间营造山水题材石景，通过人的联想能取得小中见大的效果，"东坡夜游赤壁"、"风云际会"、"斗洞"，还有粤东庭园的许多叠石都是山水石景做法。番禺余荫山房东角的石山，靠围墙而设，旁有临水面的孔雀亭，人于园中玲珑水榭望去，山、水、亭、台相互依存，加之绿荫掩映，鸟语争鸣，意趣盎然。当游人视线被孔雀亭边的渠水所吸引时，这组假山却遮住了半边水面，使人感到孔雀亭旁那临墙之水如同从围墙之外流入，园林空间似乎不受围墙所限，一直延伸至园外的田野，巧妙的构思，造成了园林深邃无边的意境。

　　岭南叠石也十分注重石景构图，无论是假山叠堆，还是景石一组，或是散石点布，都会注意构图的主次之分，其主要部分，即一峰、一石或一面都应该在其中最主要的位置上，聚散均衡，疏密有致，层次分明，呼应配合，成为一个有机的整体。叠石景观除了景石自身构图外，还利用周围的景物，运用对景、框景、借景等手法，在统一中求大小、多少、高低、疏密、繁简、深浅、仰俯、前后、出进、虚实、曲直、缓陡、明暗、冷暖等变化，以表现强烈鲜明的节奏感。孤赏石也好，叠砌堆山也好，当石形效果不能照顾各观赏面时，必定把最为玲珑、通透、皱折之面设在主要观赏点上，以"石要迎人"的叠砌为原则。在坡地或路旁设置散石，避免出现"一"字形的摆法，以免单调呆板，最常用是"之"字形摆法，因为石景在构图中既有立面高低错落的对比，同时又有平面布局变化的自由。植物配置是石景设置中不可忽略的问题，在对假山配置植物时，应按具体情况对树木的种类、形体、生态、色泽加以选择，以求得花木、景石之间相互协调和衬托。岭南地区气候温暖，雨量充沛，植物长势很猛，因此，石景周围宜配植生长率慢、长态多姿的灌木，如翠竹、米兰、鸡蛋花、九里香、棕叶树等，优美的植物与石景相得益彰，既可供人乘凉遮阳，又可为庭园增色。像"东坡夜游赤壁"石景就是以山石为主，内配几株落叶古树，效果很好。

二、景观石材

岭南庭园造园面积大多偏小，故很少布置土山，而以叠石为山，因此石景就成为庭园的主要观赏景色。中国对景观石材的命名，习惯上是以产地的名称作为分类标准的，如产自太湖的称太湖石，产于英德的谓英石，云南大理产的则为大理石。当然，也有以石材外观形象命名的。岭南地区盛产多种石山良材，如英石、湖石、腊石、蛋石、松皮石、钟乳石、贫铁石、龙江石等。岭南临海，受地理环境的影响，沿海地区造园是山石与海石兼用，庭园造园能按石之特性塑造出风貌各异的石景假山。在岭南造园中英石选用最多，湖石次之。优质的石材给塑造石景创造了良好的条件，岭南园林之石景常用的石料主要有下列十几种：

1．英石

岭南造园众多景石材料中，英石最为常用，是岭南本地的优质造园石材，岭南历代名园中的主山，多数都是用英石堆叠而成的。英石因主要盛产于广东英德的英山而得名，粤北、粤西及桂西、桂南亦有出产。英石属石灰岩石，石质坚而润，石的表面凹凸不一，有峰无坡，形态嶙峋突屹，棱角明锐，折皱繁密，纹理清晰。主要纹理有十字纹、龟甲纹、螺旋纹、鱼眼纹等，色泽有灰黑色、灰白色以及棕红间灰、微青间白、灰白色条纹相间等数种。英石珍品中，以"英德白"为贵，产量最少，而"英德黑"和"英德红"则较为多见。每立方米重1.8吨。

英石质地细腻，纹理奇特，因在大自然中受到长期风化，石之局部遭受侵蚀溶解而形成充满沟、缝、孔、洞的形状。石以峥嵘多孔嶙峋为佳，叠石成景，具有"皱、瘦、透"三大特点。英石大者用之布置园庭作假山，小而佳者配之浅盆，附以水草，亦可根据石形走势，按自然山川风光，拼成盆中假山，别饶风韵，益增其天然意趣；更有甚者，配以木制几坐承之，作室内几案之用。《岭南杂记》云："英德石，大者可置园亭（庭），小者可列几案，无不刻划奇巧，玲珑峻削，但不若灵壁石叩之铿铿作声耳。入城列肆多卖石者，然无一中玩，必求之收藏之家，方可得米（芾）袖中物，然价亦不贱，语云英石三妙，皱、瘦、透也。"英石通常用于叠山（图6-7）和作散石，也有用作孤赏立石的，但较大的孤赏立石很少。北宋汴京寿山艮岳中，就有选用英石来点景的。现存江南四大名石之一的"皱云峰"，亦为英石（图6-8）。英石造景佳品清奇峭丽，莹彻多姿，历代文人雅士曾给予高度评价，古人赞其"骨耸云岩，风穿玉容窦穴"。

2. 湖石

湖石即太湖石，各种景石当中，首推产自江苏太湖洞庭西山的太湖石，白居易《太湖石记》载："石有聚族，太湖为甲。"湖南洞庭湖、浙江杭州西湖和广东肇庆七星岩亦有出产。湖石以采自水深的最为名贵。太湖石由化学沉积形成的石灰岩组成，由于长期受波涛冲击的机械磨蚀与化学溶蚀的作用，湖石穿透而成孔穴，未透而成涡洞，形成皱纹纵横、涡洞相套、柔曲圆润、玲珑多窍、形态奇异、大小有致的效果，具有"瘦、皱、漏、透"的景观特色（图6-9）。湖石性坚且润，颜色有白、青黑和微黑青数种，以纯白色为最佳。每立方米重2吨，大都用作孤赏立石。

太湖石经过数百年的采掘，渐已供不应求，为了满足顾主们的苛求，山匠运用米浆石灰把较小的石材结叠造型。由于湖石质较疏松，既能自然摆置姿态，又可加工整形叠合来增其美感。但不论石之大小，湖石造景以大块整石（独石）为主体，间以小石衬托，不宜碎接拼凑。湖石选材宜峥嵘、玲珑和通孔，多忌嶙峋。

图6-7　番禺余荫山房英石假山　　　　图6-8　江南名石皱云峰，在杭州花圃盆景园内

岭南很早就使用太湖石造景，广州曾在以往西湖旧址附近挖掘出不少太湖石，可见当时运入西湖的太湖石不少，传说九曜石的产地之一就是太湖，《南海百咏》记载："九曜石在药洲水中，《图经》云：'石，太湖旧产也。伪刘时，有富民负罪者，每运寘此以自赎，遂成胜景云。'"

3．腊石

腊石产于我国南方各地高温多湿的坑流沼泽之间，无整体岩石层，经常年流水冲击，不断摩擦后形成。"岭南产腊石，从化、清远、永安、恩平诸溪涧多有之。""所生腊石，大小方圆……多在水底。色大黄嫩者如琥珀，其玲珑穿穴者，小菖蒲喜结根其中。以其色黄属土，而肌肤脂腻多生气，比英石瘦削崭岩多杀气者有间也。"[⑩]腊石有深黄、浅黄、白黄各色，每立方米重2.3吨。

腊石质性坚硬润滑，不能加工造型，以无破损、无灰砂、表面净滑有光泽者为上品。腊石品质有皱、透、溜、哗之说，皱者为石之嶙峋，透者为石之晶莹透澈，溜者为石之滑若凝脂，哗与皱相对，即其石不论大小、方圆如何，外形均没有纹理或玲珑透澈，但色泽光润者亦属佳品。《广东新语》曰："以黄润如玉而有岩穴峰峦者为贵。"石之大者，用之造园，多用于竹丛或树下，以散置方式布置，为景点缀生色，供观赏或坐石之用。小者则可配以精致几座，供室内陈设。

图6-9　苏州留园太湖石景冠云峰　　　　图6-10　澳门卢园钟乳石景

4．钟乳石

产于各地岩洞之中，广东清远、顺德、韶关、肇庆和广西等地均有出产。颜色分雪白、灰白、乳黄等色，品质脆而硬，容易断裂。

每立方米重1.7吨，是作孤赏立石的最佳材料之一。石景多取石笋条柱形，状若奇峰，其大而长者，宜置于庭园修竹之旁，景石应大小、高低、疏密适当配置（图6-10）。其小者，构成奇峰耸屹之假山，用作盆栽配景。

5．石蛋

石蛋是一种大块的花岗石孤石，由石英、长石、云母等组成，产于粤、闽、浙沿海和粤中低山丘陵地区，因石的形状像蛋，故俗称石蛋，少数石块也有棱角，体型大小不一，颜色有灰褐色等。粤中地区多用山石，在广州萝岗一带有产，每立方米重2.3吨。潮州地区多数运用海边的花岗岩石蛋，圆浑古拙。粤中石蛋造景多用作散石设置，极少用来叠山。

6．松皮石

松皮石主产于江浙一带，广东肇庆、云浮等地亦有出产。石质坚脆，挺拔秀俏，成条柱状，因表面有麟纹斑节如同松皮，故以形而称。颜色有灰、灰黑及间有赤赭、叶绿等色。质顺其纹理，可略施斧凿，加以整形。不论石之大小，以修长者为佳品，一般高度在3米以上的最为名贵。每立方米重1.5吨，多用作孤赏立石。其大者，用于庭园造园，置于高树之侧和矮树花草丛中，或立水榭池沼之旁。石景布置通常长短石大小各一条，一般不超过三条，石宜突出，自然顾盼生姿，不被其他物体所掩盖。其小者亦可作盆栽的附件，以修长矗立者为奇，方能显其高雅之韵。

7．连川石

盛产于广东连州、广西苍梧等地。颜色有白、微黄、灰黑等，石质疏松，身有微孔，吸水性强。每立方米重0.8吨，可任意造型和拼砌。由于吸水容易，利于寄生苔藓和附植小草木。大者利于庭园布置在池沼之中，小者用于砌叠假石山，或配以浅盆，附以兰草之类，石属叠山、作盆景的上等材料。

还有一种浮水石，产于我国滨海谷地，质较轻松，性与连川石大致相同。

8．贫铁石

广州北郊江村、花都，粤北英德一带均有出产。石质坚硬、颜色像铁，表面有皱纹，形态自然优美，每立方米重1.7吨。多用作庭馆散石。

9．龙江石

以广东顺德龙江出产最多，颜色嫣红，有光泽，表面有凹凸小孔，每立方米重1.5吨。用作散石或浮水石景。

10．芙蓉石

产于广东花都一带，外形较似英石。色白，杂有微紫及其他颜色。质滑如涂蜡，岩层突屹，观赏性强。不宜拼砌石景，宜作独石设置，或用水草附石，亦可作盆栽石料和配以几座。

11．菊花石

产于广东花都一带，质较坚脆，含砂量大。石破开后，纵横断面，其石层皆现有黄、白、紫、红、黑等色的菊花形，成朵状或丛状，因其图案栩栩如生，故以石名。石可加工整理，布置适宜，颇有观赏价值。

12．端石

产于广东肇庆（旧属端州）的端石，主要用作砚池和盆景。将绿色端石和白星岩石作盆，种植盆栽，古朴风雅。广东云浮的白云石也是盆栽几座的常用材料。

13．海石

海石由火山灰岩石或海中渣滓形成，产于海岛和沿海地区，石质松脆，其表面凹凸不平，色有灰黑、暗红紫等。海石有多种，其中之一称为海花石，也有称为珊瑚石。"海石有二。其一曰海石花，盖琼海咸沫所凝，有似假山者、花树者、人与鸟兽形者。初甚鲜翠，久乃枯槁。"[11]珊瑚石形状多样，有灵芝状、菊花状、鹿角状等。海南岛海口五公祠内的琼园，其假山"仙游洞"就是采用珊瑚石来叠砌（图6-11）。东莞可园的石景"狮子上楼台"，也是用珊瑚石叠砌。由于珊瑚石吸水，可以植草，与石山相配，有如狮毛松鳞，十分生动（图6-12）。

图6-11　海口五公祠琼园"仙游洞"假山　　　图6-12　东莞可园"狮子上楼台"石景

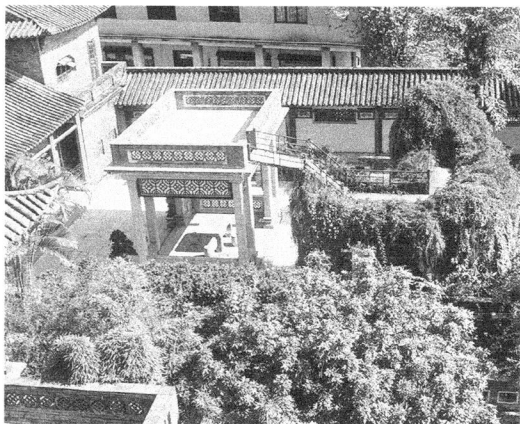

14．灵璧石

主产于安徽灵璧县，有黑、白及杂有黑、白、赭、绿等色，通称五彩，其质坚硬，叩之有金玉之声。对石品之评鉴与腊石同。此石在岭南地区流传较少，属于稀少一类，故石之观赏颇为珍贵。

15．人造石

人造石主要用砂、灰、石等结构塑石。在园林中，因地制宜，灰、砖多与天然石材混合使用，大者斧劈皴形，形成虎踞龙盘、磅礴巍峨的雄伟气势；小者砂泥作料，依墙凸石，造石有浮雕之感。人造石的特点是方便施工，节省景观石材，能塑造大型的岩层叠石。传统庭园多以砖石为骨，再用灰塑根据岩石纹理雕面，如惠州小桃园入口景石洞为灰砖灰泥砌塑而成，形貌皱瘦，纹理分明。粤东庭园中用砂灰结合海石造景也很多。

三、叠石手法

岭南叠石，虽然也是通过人为的艺术加工来组成石景，但都是纵观名山气势，吸取大自然的意境，经过山石工匠许多实践经验总结出来的。山石工匠叠石都有一套"石景图谱"，园林石山造景先以这些图谱的造型为依据，然后再依照庭园环境和比例尺度的不同要求去塑造，以求达到《园冶》中所提倡"做假成真"的艺术效果。

石谱常见造型有峰型、峤型、峦型、岭型、岫型、岩型、石笋型，等等。石景中，石体上耸下瘦，暗呈危势者即为峰型；山锐而高者为峤型；山之纡回绵连者为峦型；峭拔相连，顶可通路者为岭型；山有穴者为岫型，像云状且有透穴的石，称之为"岫云石"；岩有山、石、崖、壁等含义，故山之高、峻、险为岩型；石笋造型有多种，除钟乳石、松皮石外，还有英石，也有石笋造型。

此外，还有平台石和各类云石。明代龚贤《画诀》有"平台者即破山也"之说，平台石即将山石砍去半边的形状；多皱云状之石为皱云石，团云凝重近圆之石为团云石，有凝重闲定之形象者为留云石，这些云状之石根据造景者的感受可分别命名为"团云"、"沉云"、"卧云"、"抱云"、"婵云"，等等。

也有将石景做成各类象征性的动物的，这多以中国人偏爱的祥瑞动物为造型，如龙螭、鸾凤、狮虎、麟鹿、蛟鲤、龟鳌等。广州海幢公园的一石景，因形似猛虎回头，被称为奇石妙品，传说此石在宋代已存，后为清末富商伍崇曜购得，曾藏于伍家别墅万松园内。还有广州西关某花园内用表层粗糙的灰黑英石叠砌而成的假山，塑造了一只卧虎引颈回头、张口突牙、怒向远方的姿态，据说当年园主为立意"辟邪"而作。整座石山线条粗犷，构图简练，形态生动，大有咄咄逼人之势。

岭南庭园的造山，常利用当地的山石和海石，通过各种手法，构成不同的景观效果，或叠石造景，或布点散石，或立石成峰；有卧伏于草地者，有沉浮于水面者，有独居一隅者，有群置路旁者；有的三五成群，有的堆叠成山，峰峦起伏，洞壑曲折，既增加了庭园的自然野趣和层次感，又创造了庭园的优美感。

岭南叠石造景大致分为三种类型：叠石假山、布点散石和人工筑山。

1. 叠石假山

叠石假山就是堆石叠山造景，岭南庭园叠山多用英石或其他石灰岩石，模仿自然山脉特征，以峰峦、峒壑、峭壁、瀑涧、麓谷、曲水、盘道等构成山体，形象淳朴逼真，造型开敞通透。也有模仿兽类形象来叠砌的，如做成麒麟、龙、狮、虎等动物形状，既逼真自然，又起意境点题作用。岭南叠石多以绚纹体来塑山，间有采用摭纹手法，石顺纹而叠，脉络相连，浑然一体，造型生动，令人遐想却又不失天然山石之意态。叠石假山与布点散石所不同的是，它必须具有一定的主题、意境和姿态，而且强调石景的集中和统一。岭南叠石假山石景主要分为壁型与峰型两大类，在实际叠石造景中，也有将两种叠石方式结合起来运用的。

1）壁型假山

壁型假山是指叠石依附庭园院墙而筑，明代造园家计成对这类石景做法有这样的叙述："聚石垒围墙，居山可拟。墙中嵌壁岩，或顶植卉木、垂萝，似有深境。"附于墙面的叠石壁山，在岭南园林中是一种常用的石景手法，壁山石景有效地利用空间，使假山石状似山岩峭壁。广州泮溪酒家内的"东坡夜游赤壁"就是一种壁形石景，假山由几组峰石连绵组成，逶迤平阔，叠石虽没有显著突出的主峰，但以其气势和形象特征而得名（图6-13）。

番禺余荫山房原有一组假石山"南山第一峰"，依墙而设，由峰、峦、岩、峒等构成，吸取了大自然的名山胜景。假石山的设置既打破了园内方形的平面布局，划分了园内景区，又使原来平坦的庭园形成高低起伏、层次变化的丰富空间，再现了生机盎然的大自然景色，叠石深受当年原主的青睐。可惜这组石景已毁。

粤东庭园的意境创造还有着自己的特色，就是紧密结合南方气候地理条件，模仿自然和追求山林野趣。潮阳磊园的

图6-13 "东坡夜游赤壁"壁山石景

构思是园中有泉，造园用壁山叠石手法形成泉山，为表现其泉流效果，用圆滑的大石，砌成悬崖，在阳光下反映出银白的色调，人处其境，似觉山上清泉流下，引人联想到大自然流泉的真实性，而入口处的条石题有"飞色清影"诗文，给人点明主题，寄托着无限的情思。而广东潮州同仁里的黄宅庭园，也是以叠石假山取胜，因主人喜爱在园中养猴，故假石山又有"猴洞"之称。假山与建筑紧密结合，山上有小亭，山下筑水池，拾级而上，可进入半山腰上的书斋，庭园布局紧凑，颇有山舍风味。

2）峰型假山

岭南庭园的峰型假山是指在庭园当中垒石叠砌，依峰峦之形构图组合，假山形似神真，直述立意，主峰拔峭，客峰呼应，远观层次深远，近观山峦昂然。清晖园的许多峰型叠石，就属这一类。峰型假山常采用起脚小、渐理渐大的理石夸张手法，使石景具有突兀、飞舞之势，如清晖园的石门和斗洞假山等。

石门是顺德清晖园的一组石景，由英石叠砌而成（图6-14）。假山以大自然中的山洞为蓝本，按山石的纹理岩脉规律叠砌，造型如同落地罩，因而假山也称石屏。它布置在前庭与中庭交界处，分隔两庭，叠石造景既避免了庭园空间一览无遗，又起到意境点题的作用。石门左侧，有一方池倒映着水榭。石门右侧，狮山、花亭举目可望。石门前方，笔直小径引人入园，透过石门，可以隐约看到中庭的主体建筑船厅。游人越过石门，如同来到了山林深处，风景幽深，大有换了天地之感。

清晖园的斗洞石景假山（图6-15）位于后庭直径狭长通道上，左侧有笔生花馆，右侧靠着归寄庐走廊一旁。笔生花馆和归寄庐高度相等，又很接近，间距密度大，空间较拥挤，门窗相对，视线干扰很大。斗洞紧依着归寄庐的西侧而设，从归寄庐中间走廊一直延伸到厅堂尽端墙角，斗洞假山有山峦起伏的群峰，有姿态峥嵘的岩壁，有清澈透明的湖池，还有飞越石拱而成斗洞的岩峒，其造型峭拔挺秀，是一座人工塑造的自然山石屏障。在笔生花馆中可清楚地看到斗洞峰峦林立，紧贴墙

图6-14　顺德清晖园"石门"假山

图6-15　顺德清晖园"斗洞"假山

上，在阳光照射下，粉墙把石山衬托得尤其突出。斗洞旁栽植的簇簇翠竹，也增添了假山自然、幽静的气氛，翠竹掩映，疏淡清雅，光影迷离，使人感觉山石之后并不是一堵粉墙，而是可以伸展的深远空间，从而达到化实为虚的效果。归寄庐与笔生花馆之间，通过飞石弧拱斗洞小径相连，归寄庐厅馆开敞通透，室内一幅雕刻作品"仙桃"陈设厅中，人们的视线穿越斗洞，馆内"仙桃"如置洞中。漫步游览在后庭笔直的径道上，斗洞引人注目，令游人留步观赏。斗洞的设置，既使人觉得脚下的小径直而不呆，小而不窄，打破了周围环境的单调感，又使两座原来贴得很近的建筑物拉开了距离，扩大了视野，有咫尺之地容千山万水之感。叠石造景恰当地解决了存在的不利因素，又为通风遮阳和景观的对景、借景提供了条件。

　　清晖园狮山是园中的一组主要观赏石景，设在中庭的小花园内，全部为英石叠砌，石景主题由一个大狮做主峰，两个小狮作次峰，故称"三狮会球"。叠石巧妙地利用群峰的呼应，狮山的三个狮头各向一方，其中大狮雄踞主峰，挺胸昂首，气概非凡（图6-16），两只小狮前扑后爬，活泼可爱。石景是基座处大，然后逐渐缩小，最后以大狮之头为峰顶而收敛。石景构图紧凑，造型新奇自然，形态活现，栩栩如生，有呼之欲出之感。狮山置在半山坡上，周围种植名花奇树，绿叶遮天，在花木掩映下狮山时隐时现，有如狮群活跃在山野之中，使人仿佛感到狮子蹲坐在山林草丛中嬉闹。小巧玲珑的花岂亭立在狮山侧旁，游人若到小亭稍息，必须走过高低不平的叠石台阶。石阶路旁，除"三狮会球"石景外，还有其他的石峰，经过这段路程，有着跨越千山万壑之意境。人们登攀于高低不平的石级中，由于视线起伏，眼前的景物也在不断变换角度，景观画面不断变化。

　　岭南庭园石景和江南园林相比，一般规模较小，主要表现大自然山水的缩影，或对大山水中的局部作艺术处理，采不同类型的自然山石构成。岭南庭园的叠石造景不能做得很大的原因与选用的景观石材有很大的关系。

图6-16　顺德清晖园"三狮会球"石景主峰

岭南石景主要材料是英石，英石的开采很难取得大块的石材，石景一般以小块英石叠砌的手法来组成。小而呈片状的英石造景其稳定性较差，为了能做出较大的石景假山，常采用下面两种叠石结构方法：第一种是叠石造景时寻找能依靠的上部支点，如建筑物的墙体、柱梁等，来解决叠石的稳固性。顺德清晖园的"虎踞龙盘"，就是这种叠山的范例。"虎踞龙盘"是清晖园较大型的掇山之一，由英石叠砌，绚纹多姿，掇山位于船厅侧面，上部与船厅相接，叠石假山有石级可登船厅二楼平台，掇山造景将叠石的稳定性与实用性有机地结合起来。第二种是用砖石裹铁筋作为骨架，然后砌贴英石。砌贴之法，是先用铅丝系英石块于骨架表面，过去用米浆和石灰胶结，现以水泥砂浆灌缝，俟干后，剪去铅丝，整理缝面，使与英石纹理一致，峰峦岩洞，飘悬倒挂，能随意造型而不受石块大小牵制，这种叠石方法在近代岭南园林造园中运用较多。

壁型与峰型假山叠石方式也常结合起来使用。"风云际会"是广州西关近代花园的一组石山主景，它沿墙而设，由峰峦、岩峒、路桥及亭台等组成。峰石上长有榕树，树与山石浑然一体，形态优美。

据说，当年园主把荔湾湖水引入园内，游艇可至石山脚下，游经石桥沿石级登山。在山旁凉亭内俯视假山，怪石嶙峋，洞穴迷人，山径盘旋婉若蛟龙。整座石山势态自然，起伏有序，体现了风云翻涌的艺术效果（图6-17）。

图6-17　广州庭园"风云际会"石景

2. 布点散石

这是岭南园林设置山石的一种传统手法。散石，就是以少量的山石作点缀，而不表现完整的山形，景石以欣赏山石本色为主。南汉药洲的九曜石就是记载中最早的散石置景。布点散石造景简易，根据庭园景区地形、地势及组景欣赏要求，其布局多数设置在面积较大的庭园空间中主石景四周，与主景构成有机的整体景观，或者设在小型庭院内或建筑物的旁侧，作为空间过渡的媒介。顺德清晖园庭园在各空间交接处，布置有各类的散石，散石景强化了庭园空间的导向性和观赏性，也强化了园林的自然习性，同时通过散石处理，将惜阴书屋、真砚斋等建筑与狮山主景较自然地连接起来，主石景在周围散石的衬托下，显得更加突出。布点散石按观赏功能又可分为山坡散石、池岸散石及孤散石等。

　　山坡散石是运用自然山石在山坡或绿地进行布置，它的布置方法要求有主次，有呼应，像在山野中露出的自然石一样，给人们一种逼真的自然感觉。石可散置地面，或将石脚埋入土中，浮在面上的"无根"石不宜多用，否则感觉轻浮。这种石景作法许多石料都可以用，取材方便，不需专门采集名贵石料。若观赏点离视距较远，则不需作过多的人工处理。佛山梁园群星草堂用这种布局手法，循起伏的地势散理石组和灌丛，以较大型的石峰主景、相顾盼的次峰作陪衬，起到了组织空间、美化庭园的作用。

　　池岸散石是在水中和在河、溪、池、湖岸边点缀散石，通过山石和水面结合来共同组织景观，此类景石的设置，往往选择池岸风景的最佳点进行刻意经营，为游人提供停留观赏之方便。池岸散石多用在水面较大的庭园中，特别是自然不规则式的水体，如千年遗留下来的"九曜石"、宅园中澳门卢廉若花园的水面池岸（图6-18）都成功地运用了此种布局手法。

　　孤散石与上述两种散石的区别在于：孤散石的观赏性更为强烈，山坡散石和池岸散石在造景中多起衬托作用，孤散石则多为主景。孤散石在造景中常有卧石和立石的手法，卧石是用自然山石在山坡或地面上平卧放置，与山坡散石的布置方式基本相近。立石造景也有称之为石笋，是一种孤赏性质的石景，立石选料严谨，要求石具"皱、透、漏、瘦、丑"的奇特形状。布局手法上，常是一块或数块玲珑奇巧的自然山石，竖立在园林或庭园中显眼位置，如入口、前庭、路端、廊边、亭旁、池泮、树下、花圃中、景窗前，等等，供游人品赏。余荫山房桥畔的石笋和方池旁的立峰都是采用立石的布局手法，石峰奇突，引人瞩目，如同山野

图6-18　澳门卢廉若花园自然式水面池岸

中露出的自然山石一样。

　　3．人工筑山

　　人工筑山就是堆土作山，然后点缀散石。岭南人工筑山较江南一带土山规模小，并以点缀景石、植花卉多而别具一格。它常以绿地和高矮不等的灌木相配，既能巩固山形基础，又能起到丰富、美化景观环境作用。人工筑山在空间较大的园林中才应用，特别是挖池堆山造景，既可以减少挖方运土工程，还可以通过池水来组织景观游览路线，提高观赏点的价值。人工筑山在一般的岭南庭园中较少使用。

第二节　理水

　　水是园林景观构成的重要因素，作为自然景观，水往往比山更能给人以亲切感。中国园林造园就是利用水的自然景观特征属性，以少量的水来模拟自然界中的江、河、海、湖、池、溪、涧、潭、瀑等水的表现形态。水无定形，是依靠受容之器而成型，自然界之水靠地势、驳岸及所在环境而构成其风景面貌。因此，园林造园理水作为艺术创作，各类水型特征的刻划，主要在于水体的岸线及背景的处理。

一、水庭艺术

　　水庭是岭南庭园的重要组成部分，几乎岭南庭园造园中都少不了水庭。岭南水庭与江南及北方园林的理水有较大的区别，可以说，理水池岸的形式是决定园林特点和风格的重要原因之一。当然水池的形状，与水池所在地域、池面大小以及园林的性质等有关。北方皇家园林多为大型自然湖泊式的水域，模仿自然山水真境，如北京西苑的中海、南海和北海，颐和园的昆明湖，圆明园的福海等。江南私家园林，多采用人工模仿自然水乡野趣的形式，池形因势而曲，随形作岸，曲折蜿蜒，通常聚一较大水域为主景，同时分出数处小水域为次景，创造曲溪回环的景致，如苏州拙政园、留园、狮子林，无锡寄畅园的水池等。而岭南庭园的水池多用规则的几何形式，一般为人工造池，形有方形、矩形、曲尺形、半月形、多边形等，也有将池岸做成规则几何形式与自然山水形式的结合体，这种几何形的池形，成为了岭南造园的一大特色。

　　岭南造园自古以来就喜用规则的几何曲线形水池，秦汉时期的南越王宫署御花园的水池和水渠池形就已是规整的几何形体。从南汉药州遗迹留下的池型和现存较完善的岭南古典庭园的池型看，一般不用自然形成的池形水面，其中原因之一，是受岭南传统地域文化的影响。

　　在前面第三章中已有论述，早在岭南新石器时代晚期，就形成了独具岭南地方特色的几何印纹陶器，几何印纹陶器和北方地区主要使用的彩陶和黑陶等有所区别，陶器表面大多压印有方格纹、菱形纹、曲尺纹、圆形纹、米字纹、水波纹等纹饰。几何印纹陶出现于新石器时代晚期，一直使用至西汉时期，岭南地区是几何印纹陶器最发达的地区。

　　新石器晚期的几何印纹陶仅有曲折纹、方格纹、漩涡纹和重圈纹四种，且在一种陶器上只拍印一种纹饰。而到了新石器末期，几何印纹陶的花纹多达20～30种，其典型花纹有规整曲折纹、多线长方格纹、双线或多线交叉凸点纹、重圈纹、编织纹（席纹）、云雷纹、圈点纹、叶脉纹、鱼鳞纹、方格纹、梯格纹等。每件陶器上都拍印2～3种以上的成组组合纹。岭南的模印纹陶、贝划纹陶、刻划纹陶并不都是单一的纹饰，而往往是一器物上有两种以上的纹类。在我国，几何形印纹陶最早产生于赣江流域、闽江流域、岭南地区、太湖至杭州湾地区，而岭南地区的几何形印纹陶是中国南方印纹陶文化的一个十分重要的组成部分，其特点是时间跨度较长，从新石器时代晚期一直延续到青铜文化时代，而鼎盛阶段是在进入了青铜时代之后。

　　从世界范围来看，和这种几何印纹陶类似的印纹陶器在欧亚大陆不少地方也有出现，但从艺术水平和装饰特征上，与我国南方地区的几何形印纹陶尚有不少差别，主要表现在几何形图案花纹的丰富性和艺术性方面，大多显得粗糙和原始。

　　北方古代陶器主要以中原地区仰韶文化的彩陶陶系和龙山文化的黑陶陶系为主。仰韶半坡彩陶的特点是动物形象和动物纹样多，其中尤以鱼纹最普遍，有10余种[12]。而岭南新石器时代出土的彩陶器皿，与素面陶器和几何形印纹陶器相比，无论在数量上还是品种上都十分少。但在图案方面，岭南彩陶还是多属于几何形花纹系统，如条带纹、三角纹、水波纹、叶脉纹、锯齿纹、圈点纹、"S"形纹、勾连弧线、勾连云线等。珠江三角洲和香港沿海岛屿出土的彩陶至今未发现有动植物图案花纹，这与以动物形象和动物纹样为主的北方彩陶形成强烈的反差。彩陶是珠江三角洲等地新石器时代中期最具特色的陶器之一，它是用红色等颜料在陶坯上描绘花纹图案后烧制成的陶器，绚丽多彩的花纹图案体现了岭南地方特色及其兴盛期。岭南彩陶艺术装饰性很强，不但有各种流畅的几何图形纹饰母题的自由运用，像弧形三角纹与圆点纹的呼应结合，波状纹与直线条的对比变化等等，而且还有各层装饰带的主次区分，相互烘托。这些彩陶既是实用的器皿，同时又给使用者以美的享受。流利而规整的多层次的整体审美效果，表现了制作者对于形式美法则的娴熟运用，也说明了古代越人早已具备对几何形体独特的审美能力。

关于几何形纹饰的产生渊源，目前在国内史论界比较通常的观点是源于生产劳动和生活环境，也有认为与图腾信仰有关。为什么几何形印纹陶只盛行于南部和东部沿海地区，这个答案至今还在考古界、美术界探讨和争论。南方盛产竹、苇、藤、麻等植物，而这些植物与编织物有关。从各遗址陶底部留下的痕迹，可以看出用草、竹篾编织的席子已普遍地生产和应用了。早期几何印纹陶的纹样源于生产和生活。叶脉纹是树叶脉纹的模拟，水波纹是水波的形象化，云雷纹来源于流水的漩涡。李泽厚先生在《美的历程》一书中较为赞同几何形图案是同古越族蛇图腾崇拜有关的说法，如漩涡纹似蛇的盘状，水波纹似蛇的爬行状等。李公明先生认为"从艺术起源和审美发生学的角度来看，器物的几何纹样装饰已显示出强烈的审美动机和其他可能有的精神意识动机。当然，所谓'审美动机'在这里仅表示那种最初始、最有限定性的精神意向，其心理情感工具有了我们称之为'审美'的那些精神因素"[13]。"假如抽象的装饰图案是远古粤人的偏爱的话，我们会看到在日后漫长的艺术历程上，这种偏爱的影响是很深远的。"[14]

岭南庭园选用规则的几何形水庭，也与其庭园或庭院的空间形态有关，岭南庭园空间是以建筑为主的空间，由建筑围合而成的庭园或庭院之空间界面必然是以几何形状为主的，因此，庭园庭院采用水庭形式而选用几何形水池既容易与建筑的界面环境协调，也容易表达出庭园或庭院的空间整体效果。由于岭南庭园规模一般都不大，空间小，用地少，而庭园中建筑的比重又相对较大，要在十分有限的空间内采用江南园林那种模仿自然山水的自由型水面，实属不客观之事，而采用规则型水面，尺度可大可小，亲切宜人。

庭院水庭，是从宅园的一般庭院发展而成的，这从福建宅居的水庭布局中可以看出来，将传统的院落，根据气候或功能的需要，做成水池形成水庭。福建新泉某宅，采取四厅共一庭的空间处理，方形庭院一反传统格调，做成水庭，并在方形的水庭中央矗立一座2层的八角楼，前后有拱桥与门廊及主厅相连，左右是侧厅。四厅前均有檐廊将水庭相围，化方整的庭院为环形空间，尽管水庭极狭小，但却富有空间层次（图6-19）。福建泰宁肖宅的水庭院则更加别致，院内横置一道隔墙，将庭院一分为二，内庭种植花木，外庭辟为水池，靠近隔墙一方设有装饰精美的方亭伸出水面，形成三面临水的水榭，隔墙上开有月洞门与景窗，将庭院内外空间连成一体，相互渗透，互为因借，使小小的庭院空间层层引深，给人以深邃幽静的感受（图6-20）。这种在建筑布局中水庭位于中轴线的做法，在北方皇家园林和江南园林里也有运用，如北京西苑北海静心斋的镜清斋水庭和浙江绍兴兰亭右军祠的墨

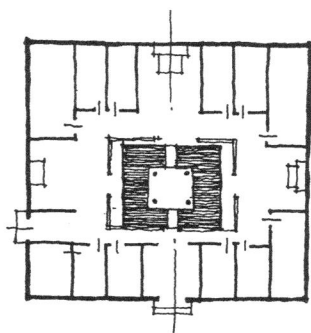

a-平面图

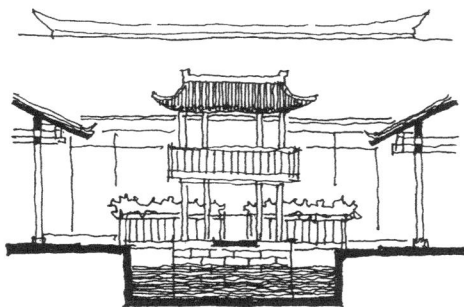

b-剖面图

图6-19　福建新泉某宅水庭

华亭水庭等。水庭设置从中轴线扩
展到庭园的其他位置，福建连城芷
溪是沿曲折小溪形成的村落，该村
黄宅是一座以水池为庭的宅园（图
6-21），其主厅堂前有一开敞的过
厅，敞厅前的庭院是矩形水池的水
庭，池中既可养鱼，又可种植莲
藕。由主厅堂可透过敞厅眺望水
庭，檐廊沿岸处与右侧都置有美人
靠护栏形成的通廊，凭栏可欣赏池

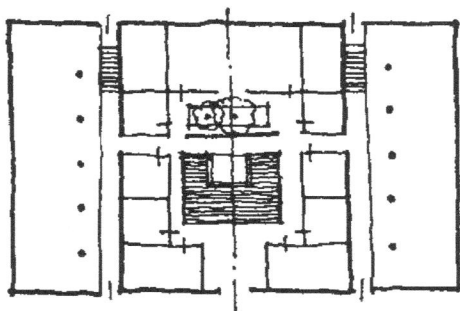

图6-20　福建泰宁肖宅水庭平面图

中芙蓉，左侧为宅院外墙，墙上嵌有漏花格琉璃花饰。正对着主厅的正面白粉墙
下，种植一簇花木，成为主厅的对景，院内池水涟漪，波光粼粼，别具一番情趣。
主厅堂的右边还有小巧的侧庭，侧庭为山水庭，所不同的是山、水分设，水池也是
矩形，中间有一拱桥相连，假山靠墙设置，山上筑有小亭。

　　岭南水庭造园，形式活泼，从早期的规整对称式布局发展到各种形态，这也与
岭南不受传统约束、敢于创新的文化特性有关。南越王墓出土的玉器中，有不少是
前所未见的珍品，其中有部分玉器构图奇特，打破了春秋战国以来中国玉器讲究对
称的格局，成功地运用了琢玉技巧，大胆突破，不拘形式，求得作品的变化，追求
灵活的艺术效果，与中原地区玉器较为规矩的圆形状构图有别，使小小的玉器充满
了动态和灵气，给人一种清新的感觉。同样，园林造园也是如此，水庭布局灵活多
变，不但可以设置在宅园的任何之处，还与叠石、建筑、植物等搭配组成园林景
观。福建古田吴厝里的某宅，宅居分为两部分，前为规整对称的厅堂和主要居室，

图6-21 福建连城芷溪黄宅水庭

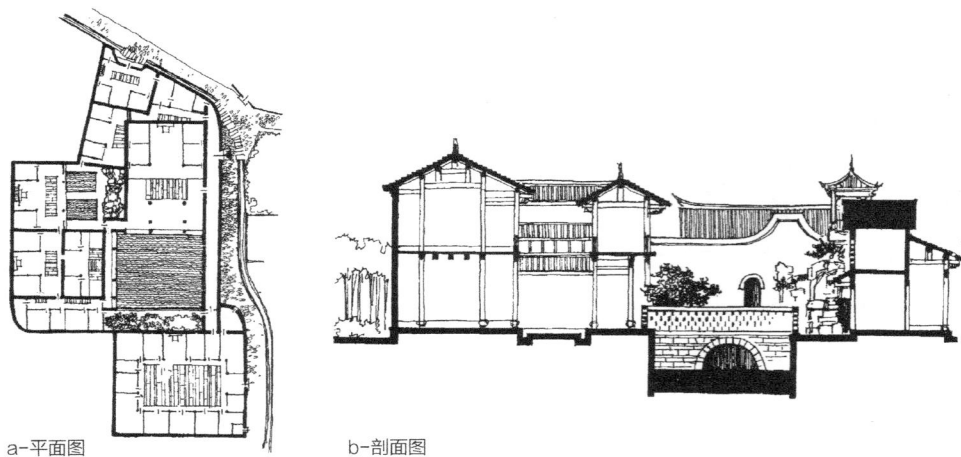

a-平面图　　　　　　　b-剖面图

后为自由布局的庭园，大片的水池山石造园给园内增色不少。顺德清晖园的矩形内庭水池，楚芗园方形水池，广大园的七边形水池，东莞可园内的曲尺形水池，佛山梁园群星草堂近方形的水池，其布局都十分灵活，不受任何程序规则之约束，即使有轴线布局的番禺余荫山房水庭，在整体效果上也打破了对称规整的做法。

岭南庭园或庭院喜用水庭还有一个重要的原因，就是用它来分隔空间和组织空间。江南园林规模较大，可以用大体量的堆山叠石或大面积的植物片植、群植来分隔空间。而岭南庭园则不行，若采用堆山或密植的造园方式，必造成庭园的臃肿和压抑，庭园应尽可能做到具有开阔、通透、深远的空间效果，因此，采用水庭布局方式，可以避免视域受阻，使游人的视野开阔，增大庭园空间效果。同时，因为水不能涉，游人欲达彼岸，则须绕池而进，这就增长了游人的活动时间，从而在另一个角度达到了小中见大之目的。

当然，岭南自开辟海上丝绸之路以来，因长期作为对外交流的前沿阵地，亦受到外来文化的影响。这一方面是在潜移默化中发生，另一方面也是因为岭南文化有"经世致用"的特点，对外来的适于自己之用的东西，能大胆地引用。所以，后来的岭南庭园对西方的几何形造园手法多有所吸收运用，如水池的池型就受到了西方以及伊斯兰国家造园文化的影响。

二、理水形式

池水的形式、水面大小和布置方式，与地形及造园的面积有很大关系。由于岭南庭园规模相对较小，如清晖园的面积只有5亩多，所以，庭园理水与大面积的园林造园理水有所差异。岭南理水多以水池为主，池岸多作简单的形状，池中或为清水养鱼，或植少量水生花卉。岭南庭园理水手法，由于受地区材料、经济条件以及外来因素等影响，从而创造出了自己的独特风格。

传统园林池岸材料选择与做法一般有两种：即土岸和石岸处理。土岸常见于平坦之地的大水面，池岸布满绿草，或岸边古木树根伸入水中，富有自然原野乡土气息。然而岭南庭园却极少选用土岸，大部分的理水池岸都是石岸，石岸通常又有驳石岸和叠石岸两种类型。岭南庭园中几何规则型水池多用驳石池岸，采用驳石池岸的原因有两个方面：其一是庭园空间较小，所筑池面不大，直立池壁，节约用地，对在岸边修筑建筑起到基石稳定作用，在水面不大的情况下，可显水域宽畅；其二是因岭南多雨，尤以夏季暴雨为害，气候潮湿又易生蚊蝇，岭南地区多为质松红砂砾岩土，雨大易被冲刷，造成崩塌泥泞，采用整齐的驳石池岸，即能护土，又利于庭园理水疏流，避免雨后泥泞和滋生蚊蝇。

岭南庭园水池外形的规整叠砌也与驳岸材料有关。驳石池岸是由条石、乱石（虎皮面）等砌筑而成，驳岸材料一般采用白麻石和褐红色花岗石，这些石料的特点是坚实、粗糙，不易受水腐蚀，而且取材方便，广东各地都盛产。英石较于它来说，性脆，不耐受压，且在日晒雨淋后较易碎裂，另外，开采体积较小，且数量也较少。麻石和褐红石不像太湖石那样玲珑、精致，无法随意弯曲塑造成自由的形状，当用作驳岸材料时，形状要求简单、方直，仅能以直线作基本单元来进行组合形成各种几何形状，所以池的形状就受到了一定的影响。岭南庭园的水池多用驳石池岸做法，如清晖园、梁园、可园、余荫山房、瑜园等庭园的水池池岸。

叠石岸做法有一般的池岸护坡叠砌，还有堆山叠石形成山水庭。池岸护坡叠石岸一般见于池水面积较大的园林庭园中，以湖石、腊石及观赏性山石来砌筑，做成回砂曲岸、山石驳岸或卵石滩岸等形式，池岸形状活泼自由，具有天然野趣。如澳门卢廉若花园，围绕着春草堂水榭厅设置较大的水面，叠石池岸曲折多变，水中荷花迎风摇曳，优美而又错落有致的叠石池岸造型亲切宜人。岭南庭园大多数的叠石岸做法是堆山叠石，而堆山叠石又常和规整的驳石池岸合在一起使用，使规整的池型水面呈现变化，岭南粤东书斋庭园、福建宅居庭园都喜用这种水池布局方式。

岭南庭园理水的手法有多种形式，环水布局处理是其中的一种。环水方式早在中国古代南方就已经采用，屈原《九歌·湘夫人》中就有"筑室兮水中，葺之兮荷盖"[15]之咏，就是说在造园时将宫室筑于水中央，用荷叶覆盖在房顶上，使园林富有山野趣味。广州西汉南越国宫署御苑方形水池也筑有宫室，建筑位于水中间，四处环水。福建新泉民居在方形的水庭中央矗立着一座2层的八角楼，使整个庭院成为环形的水上空间，水庭布局虽然简单，没有林荫的树木和多姿的花卉，但却给人一种独特的感觉。建筑采用几何形体的环水布局形式，能表现建筑物干净利落的特点，而水中的倒影也能为建筑的美感增辉，番禺余荫山房玲珑水榭采用了八角形的环水池岸（图6-22），台北板桥林家花园月波水榭采用了海棠形的环水池岸，独具匠心的各种环水池岸布局使岭南庭园驳岸理水增添了光彩。若建筑物位于曲水环绕的岛上，乡土气息则更浓，澳门卢廉若花园的春草堂水榭厅，就是建在环水的小岛上，岛前水面宽阔，而岛后环水则为溪流，溪流拱桥横跨，两旁绿树成荫，使春草堂水榭厅前后感观判若两样（图6-23）。

　　岭南庭园大部分理水都是采用聚合式的理水方式，这种理水方式与北方皇家园林的聚合理水有所不同。皇家园林聚合理水以湖泊形式居多，大面积的水域范围显示出皇家园囿的气魄；岭南庭园由于池水面积小，聚合理水是为了显出较大的水面，不至于因理水分散而显得其水域面积更为稀少，以保持水面的完整性。岭南庭园的聚合理水多作静止水态使用，聚合而平静的水面能给人以宁静开朗之感，这种处理手法比较适合中小型庭园的水面处理。有的庭园以水庭做中心，建筑物沿水池四周环列布置，从而形成一种向心内聚的格局，采用这种形式可以使有限的空间产

图6-22　番禺余荫山房玲珑水榭八角形的环水池岸

图6-23　澳门卢园春草堂水榭的溪流环水

生扩大舒畅且幽静亲切的感觉，这对于造园规模较小的岭南庭园，尤为合适。当有较大面积的水面时，庭园才用分散式的理水方式，如澳门卢家花园，除了春草堂水榭前面和旁侧大面积理水外，有水榭后面的小溪流和挹翠六角亭的环水与湖面相通，而东面的山野林中还有小洼潭，上有小桥跨越潭水（图6-24）。

房水相伴、山水相依是岭南庭园具有地方特色的理水手法。房水相伴是指建筑物紧贴着水面或悬挑伸出水面，池形由于建筑物的伸入而打破了几何形体池岸规整单调的格局，参差不齐的池岸界面活跃了池水原应具有的活泼性质；作为建筑物来讲，伸出水面景观更为开阔舒畅，同时通过水面的降温，使建筑物的温度在夏日炎热中有所下降，有凉爽之意。顺德清晖园内庭水池呈一矩形，池水清澈若镜，水中浮荷数点，红鱼戏底，池边设置亭榭廊台，有凸于水中的六角亭、澄漪亭，临水而建的碧溪草堂和船厅，加上池中水松林立和池岸龙眼古树的烘托，空间层次十分丰富，舒展阔朗，水态丰盈，意境幽深（图6-25）。清晖园的水池不算太大，为了像大面积水面那样起到降温吸热的功效，采用了深邃形式，这样，不但水的受热面减少，而池中深处之水也不易变热，夏季时，架在水面的六角亭和澄漪亭都较于旱地建筑阴凉。东莞可园内，前有曲尺形水池绕双清室"亞"字厅而筑（图6-26），后有可

图6-24　澳门卢园洼潭小桥

堂、雏月池馆船厅、观鱼矶、钓鱼台等建筑沿可湖而修，清风吹过，水面波光粼粼，岸边花竹摇曳，带来满室清凉，有若唐诗"一片冰心在玉壶"之意境。番禺余荫山房除玲珑水榭八角环水外，还有方形水池南北两侧的深柳堂和临池别馆，庭园不大但池水相通，平静的水面产生了流动之感。与余荫山房一墙之隔的瑜园，船厅前也筑有一近方形的水池。

水中叠山、山水相依是园林造园的重要理水手法，北方皇家园林和江南私园虽

图6-25　清晖园水庭建筑

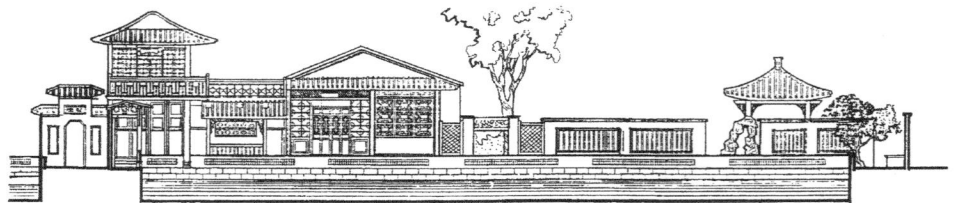

a-东西向剖面图

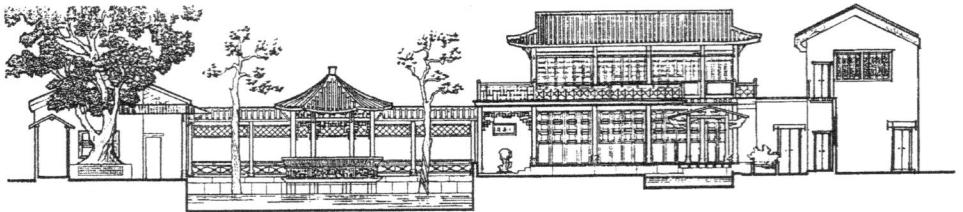

b-南北向剖面图

图6-26　东莞可园双清室"亞"字厅前的曲尺形水池

然造园风格不一样，但许多理水手法是相通的，如谷涧、濠濮、矶滩、渊潭、瀑布、山泉等。岭南的叠山理水由于多采用规整式池岸方式，因此，极少完全用上述以自然界山水体裁表达的形态。以自然山水形态为主的理水方式，有澳门卢家花园、粤东澄海西塘。澳门卢园在园东北角仿山涧渊潭叠石理水，山高近10米，分数级叠台层层跌落，山顶植有一株参天古榕，四周灌木、花草丛生，山峰流泉从洞穴中叠级而下，山水叠石景观有如深山谷涧，野趣十足（图6-27）。岭南庭园更多的是以规则式池岸与

图6-27　澳门卢园叠石山峰流泉

叠山结合的理水方式，像广州西关石景"风云际会"和"东坡夜游赤壁"、粤东潮阳西园、福建泉州黄宅庭园、台北林家花园，等等。潮阳西园的山水布局是根据海边海岛形象来构思的，潮阳地处沿海，海上有许多动人心弦的故事和传说，人们熟悉海岛，了解深刻，用这样的主题构思出来的山水景观极易引起人们丰富的遐想。潮阳西园山水叠石仿海岛景致，一潭池水模拟海面，弯曲的堤岸呈现出渔岛的轮廓线，假山叠砌的渔岛峰峦起伏，悬崖峭壁，假山水底设有水晶宫，小道蜿蜒可登峰顶，还有岔道可通"云水洞"、"螺径"、"钓矶"、"别有天"等假山景观，上有圆亭俯瞰山貌，下有水晶宫观赏群鱼，忽上忽下，转进转出，山石不高而有峰峦起伏，池水不深而有汪洋之感，叠石造景独具匠心，使人百游不厌，津津有味。台北林家花园"方鉴斋"水庭，为了打破对称的布局方式，活跃水庭气氛，在矩形水池的西岸叠砌山石，并于假山中辟小径石级，植古榕花木，使池岸东西两侧一直一曲，一明一荫，对比强烈，画面活泼。泉州黄宅庭园的水池既有自由式的布局，也有几何形体的布局，池水分成数处与叠石假山、植物绿化、建筑亭桥结合，使人们在庭园的不同位置能欣赏到不同的景观表现特点，这也是一种小中见大的庭园处理手法（图6-28）。

房水相伴、山水相依的理水形式，无论是清澈晶莹宛若明镜，还是随风泛起层层涟漪，总能吸引游人驻足池前，而由池水带给游人之静态动感所产生的万千景象，都会令人流连忘返。从岭南各地庭园的理水手法来看，粤东及福建庭园多以山水相依的形式出现，而粤中庭园多以房水相伴的形式出现。从中可以看出：粤东、福建等属福佬语系的园林受江浙园林的造园影响较大，庭园布置偏重于自然格局；粤中广府语系的园林受商贸文化和外来文化的影响较大，庭园布置偏重于几何形体格局。园林造园的风格特点也会受不同语系的制约，同一语系，语言相通，造园匠师之间交流机会就多。不同语系，语言交流困难。因此，除社会文化背景外，语系文化也是导致同一地区而风格特点有所变化的原因之一。

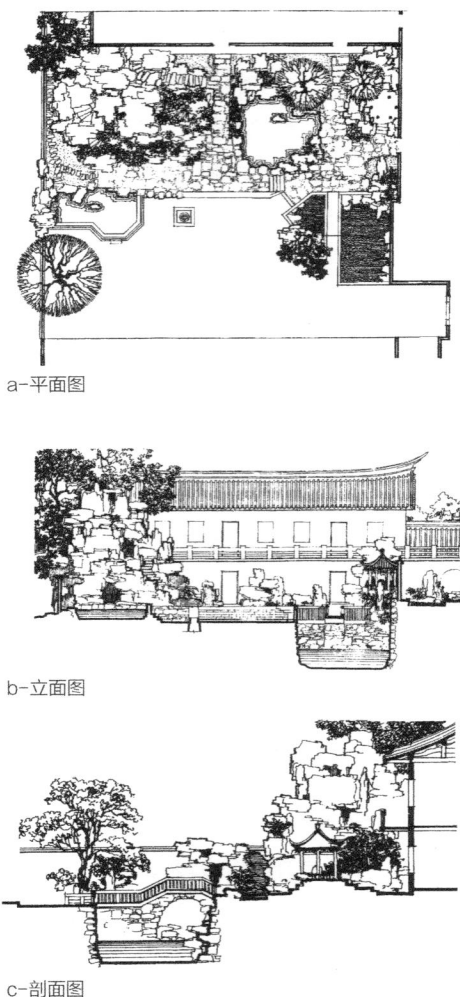

a-平面图

b-立面图

c-剖面图

图6-28　福建泉州黄宅庭园

第三节　植物

中国古典园林造园要素之一就是植物。运用植物题材来创造意境，也是我国园林造园的一个主要特点。唐代杜牧之诗"停车坐爱枫林晚，霜叶红于二月花"是通过大片枫林红叶，描绘出秋色的娇艳景象。而清代谭嗣同则有"棠梨树下鸟呼风，桃李溪边自复红，一百里间春似海，孤城掩映万花中"的诗句，取自桃李花盛时节，在溪水的倒映下，形成了一派繁花世界。园林无花木即无生趣，植物不但能丰富园林景观，还能起到移情作用，将花木赋予人格化，赞荷花是"出淤泥而不染，濯清涟而不妖"，称牡丹为花王、芍药为花相，把梅、兰、竹、菊誉为"四君子"，颂松、竹、梅为"岁寒三友"，而松树的苍劲，修竹的潇洒，杨柳的多姿，海棠的娇嫩，秋菊的傲霜，兰草的雅典，红梅的高标逸韵，黄梅的馨香素雅，等等，给予人们许多美好的憧憬、联想和寄情。

一、植物种类

岭南地区因属亚热带，从温度、湿度、雨量、日照、土壤等自然条件方面均有利于花木的生长，所以岭南观赏植物极为繁多，品种丰富，一年四季，随处可见树绿花红，形态美观，新鲜艳丽，灿烂活泼。除华北、华中一些名贵品种，如白皮松、牡丹、芍药、海棠、绣球等不太适宜栽培外，常见的一般花木大都可以生长。以下是岭南园林造园常用的花木品种：

1）常用树木有：红棉、乌檀、仁面、白兰、黄兰、桂花、鸡蛋花、玉堂春、榕树、水蓊、水松、黑松、罗汉松、山杉、柳树、樟树、榆树、紫荆、女贞，还有南洋杉、楹树、银桦、台湾相思、白千层、柠檬桉等。

2）一般的亚热带花木：夹竹桃、散尾葵、蒲葵、刺桐、苏铁、美人蕉、灯笼、木菠萝、棕榈、大叶紫薇、扇芭蕉、假槟榔和大王椰子等；竹品种也较多，而且美观，如佛肚竹、观音竹、棕竹等。

3）岭南果木：如荔枝、龙眼、芒果、桃树、杨桃、蒲桃、枇杷、黄皮、白梅、香蕉、芭蕉、橙、柑、橘、番石榴、番木瓜、凤眼果、人心果、沙梨、白梨等，果树不但结有果实，而且树形美丽多样。

4）常用花草木有：茉莉、米兰、腊梅、素馨花、扶桑、五色梅、菊花、蒲草、八足草等。广东著名"十香"之称的白兰、米兰、珠兰、含笑、夜合、夜香、瑞香、茉莉、素馨和鹰爪等，均为色香绝妙。

5）攀缘性植物：如炮仗花、夜香、紫藤、鹰爪、勒杜鹃、麒麟尾等。

另外还有肉质、水生植物等等，由这些配植起来而构成的庭园空间，别具风貌，这也是岭南庭园主要特点之一。

二、植物景观美学

园林植物配置是造园的重要组成部分，园林植物的配置通常有两层含意，一是为主景配植植物，二是以植物为主栽植造景，但无论怎样，都是按照美的规律和原则来进行配置。岭南园林植物配置，从美学角度来讲，在于其实用美、形象美和形式美。

1．植物配置的实用美

岭南园林植物的配置首先要满足人们居住生活的需要，岭南气候炎热，为了遮阴，需要创造一个凉爽的环境，庭园植有树姿高大优美的浓荫植物，如榕树、银杏等，树木枝浓叶茂像伞一样形成绿荫。为了划分空间、掩蔽墙体，常用翠竹和夹竹桃、小叶女贞、冬青等低矮灌木植成绿篱。为造成一个芳香扑鼻的环境，多在庭园广植白兰、桂花、梅花、腊梅、米兰、含笑、夜来香、瑞香、茉莉、月季、百合、素馨等花木。

岭南不仅是四季飘香的花地，也是著名的水果之乡，最负盛名的为荔枝、柑橘、香蕉和菠萝四大岭南佳果。其中以荔枝最闻名，其外形别致，色红悦目，肉甜味香，开胃益脾。古有"粤省果品甲天下，最知名者荔枝"的记述，北宋著名诗人苏东坡于绍圣年间（1094～1098年）被贬广东时，发出这样的感叹："日啖荔枝三百颗，不辞长作岭南人。"广州城西荔枝湾一带，"居人以树荔为业者数千家，长至时十里红云，八桥画舫，游人萃焉"[⑯]。而番禺黄花村黄花塘，当年有诗描述道："三亩离支（荔枝）一亩塘，长松千尺列成行。主人犹自不归去，草野空余薜荔墙。"

在庭园栽种果树，是岭南园林的特色之一。南汉时广州城西的苏氏花园，园中遍植芭蕉，以幽雅著称。南汉主曾偕李蟾妃微服到此游园，"微形至此，憩绿蕉林"。在蕉林中饮宴，李妃酒酣时兴起，题"扇子仙"三字于蕉叶上，"命笔大书蕉叶曰'扇子仙'"。后来园主苏氏还在蕉林处建"扇子亭"以纪胜。元代在昌华苑故址作御果园，栽植柠檬树八百株，制成"渴水"，"香酸经久不变"，被列为贡品，吴莱为此还题诗一首："广州园官进渴水，天风夏熟宜檬子。百花酝作甘露浆，南园烹成赤龙髓。"清代邱熙筑的唐荔园，因唐曹松咏荔于此，故取此名，当年张维屏曾有诗句赞园："千树离枝四围水，江南无此好江乡。"清末盐商潘仕成所建的海山仙馆，也是"园多果木，而荔枝树尤繁"。

岭南庭园栽植果树，既有遮阴的功效，又能品尝佳果美味。像东莞可园"擘红小榭"六角半月亭前的庭园就是以荔枝、龙眼等岭南果木作为主要景物，几棵枝柯粗壮的荔枝在庭中崛起，绿叶吻檐，浓荫交加，使人感到幽邃宁静。当夏日荔熟蝉鸣时，来客常在树下观园赏乐，品尝新荔。许多果树既具有果实甜润美味的实用美学属性，又具有树形花叶优美的形式美学属性，与其他花木一起，通过各种形式的配置，引起游人的实用美感，形成实用美。

2．植物配置的形态美

植物配置的形态美包含植物的形象美和形式美等内容。植物形象美分三个层面，首先形象美就是通过植物的具体形象，如体形、色彩、香味等，给人以美感。如竹子具有盘根错节的根，疏密有致而中空的节，还有潇洒飘逸的"个"字形状之叶。桃、李、梅、荷、月季等植物的花，具有各种好看的颜色，体现了艳丽的形式美。其次是由植物自身的特性或特点给予人们的联想，如荷花洁身自好、松柏凌霜傲雪的品质，竹子"未曾出土先有节，纵凌云处也虚心"的气节，这些人格化了的植物在造景时，能引起游人的形象美感，从而产生更深一层的形象美。再次是植物在特定的环境条件下，引起观赏者心理上的情感反应，四季变幻和风和日丽，能引出绮丽万千的动人景色，从植物的外在表现入手而产生意境美。

植物的形式美就是利用植物的配置组合形成优美的景观，这种植物组景，也是按照美学的基本规律，通过孤植、对植、丛植、林植等植物栽植手法，运用比例、尺度、对比、调和、对称、均衡、节奏、韵律等形式来达到多样统一。运用植物不同的配置方式，可以创造出不同情趣的风景画面，如大片的竹林与树林具有郊野韵趣，而庭院中小丛或单株栽植的花木，可以点缀景物，起着"画龙点睛"的作用，堂前的玉兰、楼旁的桃李、庭中的腊梅、溪边的芙蓉以及池水荷莲等，都大大地丰富了园景构图。同时植物本身就是一种园林要素，它在园林景观构图中，不仅作为配景起陪衬作用，也常作为园林的主景或主题景观，如清晖园的竹苑就是一例。植物的配置手法及植物品种的选择与运用，对于庭园风格的形成具有重要的作用，整齐的行列对称的栽植方式，能使规则式的园林气氛更加强烈；而在起伏的地形采用不规则的自然式植物配置，可使园林富有变化且气氛活泼。

园林植物配置是一门艺术，《长物志》谈到花木配置手法时说："繁花杂木，宜以亩计，乃若庭除槛畔，必可虬枝古干，异种奇名，枝叶扶疏，或水边石际，横偃斜坡，或一望成林，或孤枝独秀，草花不可繁杂，随处植之，取其四时不断，皆入图画。"其中谈到，植物栽植面积大小、数量多寡、距离疏密等，都应按照植物之种类、色彩和栽植地点等条件，分别取舍，合理配置，运用植物配置的疏密与虚实变化来组织庭园空间，疏朗有致，隐显相间，以发挥植物美的特点，构成宜人的景观。在植物造景中，既要重视孤植的单株形态美，又要注意植物群栽的艺术效果，使植物景观既有对比，又很和谐。还要根据植物的姿态、色香及风景构图的需要等特点，与周围环境作有机的配置，才能得到良好的艺术效果。

岭南园林的植物配置通常能做到主次分明，在庭园空间内，有多种树种配置一起时，大都以一种或两种树种在数量或体量上占主要地位，使其主题突出，用得最多之植物是榕树和竹子。庭园植物组景考虑到四季不同时的景观变化，许多园林植物的色彩与形态，会随季节的变化而异。为了强化四季不同的植物景色，多采用成丛、成片栽植花木的手法来丰富每一个季相，如春季的桃花、白玉兰，夏秋的月季、紫薇、夹竹桃、石榴、桂花，冬季的腊梅、茶花、梅花等，其色彩效果十分鲜明，也体现了春夏秋冬的不同景色。岭南庭园特别注重植物景观在观形、赏色、闻香、听声上的效用，如桃花之赏色，桂花之闻香，荷花之观形，"雨打芭蕉"之听声，给人以开朗舒畅的感觉。

三、植物配置方法

花木是组成园景不可缺少的因素。花木的配置，不但能衬托建筑造型和池石景象，而且是庭园取景的主要构成内容之一。岭南造园结合造景环境的要求，根据植物的种类、姿态、色彩、花期等不同的特点来选用植物，因地制宜地采用各种不同的栽植手法，以充分发挥其艺术效果，构成一幅幅疏密相间、错落有致、明暗变化的园林景观。园林植物景观配置大致有孤植、对植、片植、丛植、群植、林植、花池等方式。岭南庭园的花木配置，因园小而常以孤植、片植为主，对植、丛植为辅，而群植则较少。像清晖园的花木造景占有较重的地位，植物与建筑的关系相当密切，姿态、色彩等与建筑造型和园林意境相互呼应，彼此辉映，园林花木高矮疏密处理得当，便于通风和遮阳。同时，它又在不同地点配置不同形态的花木，如大乔木与小乔木互相搭配，下面间植灌木或竹丛，以达到轮廓起伏、层次变换的效果。群植和林植多在大型造园和风景区园林运用，广东新兴龙恩寺的园林就是采用群植和林植的手法，园中还有禅宗六祖慧能手植的千年古荔。

1．孤植

孤植也叫孤植树或孤赏树，指乔灌木的单株栽植，孤植多用在庭院、屋旁、桥头或花坛中央，起着遮阴、点缀、引导和欣赏的主景作用。孤植以发挥植物的单株树体形态美为主，常采用雄伟壮观或体态优美的树种，或是枝叶婆娑，或是芳香扑鼻，或是婀娜多姿，或是色彩艳丽，既可点缀景物，亦可自成观赏主题。树冠扩展的高大乔木，既能庇荫，又可成为观赏对象的有榕树、香樟、凤凰木、银杏等，极具观赏价值的树木有轮廓端庄的南洋杉，叶色美丽的乌桕、银杏，果实可爱的荔枝、桃树、橙橘、柠檬、杨桃、番石榴，还有色香俱全的梅花、腊梅、山茶、白玉兰、广玉兰、桂花等花木。

单株树木，主要是讲究姿态和意境，且注重其色泽与环境的协调和配置，宜静观近赏。如清晖园在船厅与真研斋之间的隔墙旁，栽有一株姿态优美的杨桃，树上身微微弯曲，如迎客松一样，其金黄色的叶子与隔墙紫色漏花窗形成鲜明、强烈的对比，活跃了庭园的空间，不因设置了围墙而让人感到封闭，同时，它所在的位置恰好又成为紫苑洞门的一个对景。又如在清晖园船厅旁种植的一棵沙柳树，笔直高耸，似一根拴船的竿子直插河底，树身上缠绕着一株百年以上的紫藤，宛如绳缆把船牢牢拴住，使船厅这座建筑更加逼真自然，犹如珠江上漫游的"紫洞艇"停泊在岸。船厅建筑由于有这两株树木的点缀而显得生动活泼。

余荫山房入口处的小天井，其砖雕窗花的左侧"留香园门"的门内正对着一枝腊梅花，梅花在园门框内宛如一幅景画。一入园内，花香扑鼻，吸引着游人继续往前观赏游览。

2．对植

凡是两株乔灌木相互有所呼应的栽植方式都称为对植。对植又分为对称与非对称两种。

对称的对植是指两株或两丛相同的树木，按照一定的轴线关系左右对称的种植，以构成严整的气氛。它所采用的植物，根据功能的要求而异，既有高大挺拔的乔木，也有体态潇洒、花枝优美的小乔木或灌木丛，如在一些寺庙园林，常以松柏、银杏等高大乔木，对植于庭院中，烘托着中轴线上的主景建筑物，给人以庄严肃穆的感觉。在庭园或较小院落的建筑物门前，常用玉兰、紫薇、南天竹等花木对植，显得轻松活泼和平易近人。

非对称的对植中，树姿体型可有差异，为求得平衡，常将体量小的植物布置较远，但两株间的距离应小于树冠半径之和，过远会有孤植之感。非对称对植的栽培宜如明代画家龚贤所曰："两株一丛，必一俯一仰，一倚一直，一向左一向右……盼顾有情。"

岭南庭园中，采用对植的手法并不是很多，典型实例有余荫山房，其深柳堂门前两侧各有一株年逾百年的榆树，它和两棵粗壮的炮仗花相牵缠，金黄色的花朵和碧绿的叶子，铺满了堂前的庭院，并且下垂到地面，使深柳堂之景色具有富贵堂皇的气氛。

3．片植

片植是指数株以上同一品种的植物成片栽植，园中片植的景观，不像单株树木那样注重局部效果，乃讲究大片的色调和意境。当然，也有一些片植树木是为了挡隔视线和遮阳。

清晖园竹苑园门的附近有丛竹片植，它与"竹苑"题名互相呼应，而紫苑之旁又片植芭蕉，也与园洞门两旁的芭蕉灰塑互相呼应，成片的栽植使建筑物遮映其中。余荫山房园门之后狭长的院落两旁迎立着百竿翠竹，如同两排迎客的使者，片植丰富了景物层次，给人一种"庭院深深深几许"的感觉。进入庭园之后，水池左边的边缘围墙采用夹墙做法，夹墙之中满植青竹，称为"夹墙竹"，竹叶碧翠，庭园犹如置于绿云深处。

4. 间植

不同种类的植物栽培在一起称作间植。将常绿与落叶树种、各色花丛间植，使庭园保持常年树绿花红，四季如春，这是岭南庭园常用种植方法之一。庭园的各种树木花卉，结合地形环境来进行配置，岭南庭院内多喜栽植玉兰树，遮阴且花香味清，而房前屋后，却多栽植竹子，以增添幽静之感，低矮灌木多栽植在窗下或园门围墙边，使其既不遮挡观赏视线，又起绿化点缀作用，庭中满栽翠林，遍植果树，佳木葱茏，奇花浪漫，植物的搭配丰富了岭南庭园空间的构图和意境。

清晖园园林的入口处，植有白兰、荔枝、凤眼、罗汉松等果木，旁有叠石假山，而假山旁所种植的佛肚竹，绿意盎然，姿态美观。清晖园花亭景区，周围种植着许多名花奇树，绿叶遮天。它附近有狮山石景，给人以一种清静幽深的感觉。亭前直立着一棵玉堂春，每当春日来临，花开晶莹，洁白如玉，而各种丛花异草，则相互掩映，置身其中，有心旷神怡之感。

5. 丛植

按一定的构图要求，将数株或十数株乔灌木自由成丛地栽植在一起的方法叫丛植。丛植是通过树木的组合，来体现植物的树丛群体美。丛植对选择树种要求较为严格，栽植的树木品种不宜太多，多了易杂乱。组成树丛的树种应有主次之分，一般以大乔木作为主要树种，小乔木和灌木作为次要和配景树，主要树种位于树丛的中部和前部，其他作为陪衬，通过植物之间相互对比、相互衬托，达到轮廓起伏、层次变幻、错落有致的艺术效果。丛植实质上也是一种间植，只是其栽植数量较大而已。

6. 花池

花池是花卉草本的普遍布置形式，它是在一定形状的植床内种植花草。岭南特别喜用花池来点缀庭园，花池形状也是多为几何形，富有极强的装饰性。岭南庭园中，花池也常与孤植结合在一起，在花池当中栽有树木一棵。

岭南庭园花木配置的常用方式一般有下列几种：

1）庭园中，较为宽阔的平庭常栽植一两株高大的树木，如榕树、白玉兰等，也还栽植荔枝、龙眼、杨桃等果木，整个庭园空间因浓荫覆盖而清凉舒适。厅堂前的平庭院落，多种桂花、玉堂春、白玉兰等，取"金玉满堂"之意。至于别院平庭，则常用蕉、竹、红棉、棕榈等组景。

2）岸边植树，喜用水松、沙柳等，挺立水际，萧疏苍劲。如清晖园六角亭旁的双株水松，也有种植水蓊、刺桐、榕树或蒲桃等，枝横水面，别有风趣。

3）配合立石和石景，常用鸡蛋花、九里香、罗汉松、米兰，或用棕竹、竹丛作为衬托的材料。

4）篱落多用观音竹、山指甲、藤萝架以及葡萄、金银花、夜香、秋海棠、炮仗花等。

[注释]

① 　郭熙．林泉高致·山水训．

② 　程昌明译注．论语·雍也．太原：山西古籍出版社，1999：62．

③ 　朱熹．论语集注·卷三．

④ 　管子·水地．

⑤ 　王羲之．答许询诗．

⑥ 　梦幻居画学简明．

⑦ 　（康熙二十四年）嘉兴县志·卷七·张南垣传．

⑧ 　黄宗羲．撰杖集·张南垣传．

⑨⑩ 　潘宝明．扬州园林．呼和浩特：内蒙古人民出版社，1994．

⑪ 　屈大均．广东新语·卷5．北京：中华书局，1985：168．

⑫ 　屈大均．广东新语·卷5．北京：中华书局，1985：184．

⑬ 　李公明．广东美术史．广州：广东人民出版社，1993：40．

⑭ 　李公明．广东美术史．广州：广东人民出版社，1993：63．

⑮ 　李振华译注．楚辞·九歌·湘夫人．太原：山西古籍出版社，1999：50．

⑯ 　熊景星．岭南荔枝词·自注．学海堂集．

第七章
岭南园林发展反思

第一节　岭南现代建筑园林

　　20世纪50年代以后，岭南新建筑的创作将传统的园林造园手法融入现代建筑空间中，使建筑空间和自然空间有机地结合在一起。岭南现代建筑园林造园有着非常浓郁的地方特色，建筑空间与园林空间互相渗透，互相衬托，构成多层次的空间效果。从岭南现代建筑园林可见造园在继承岭南传统庭园造园的同时，又重点吸收了江南园林的空间展示序列的造园手法，以及国外现代建筑风格和园林手法。岭南现代庭园造园形式多种，手法多样，为岭南现代建筑创新开辟了一条道路。

一、以庭园为中心的建筑空间

　　绕庭而建的"连房广厦"布局方式是岭南传统庭园的主要特色之一，这种围合性的内庭院落空间，在庭园中布置绿化、山石、水面等，形成了优美宁静的环境。岭南现代庭园的内庭设计是在过去的基础上发展而成，吸取和运用了这种传统手法，取得了很好的效果。广州白云山庄是1964年建造的一所旅舍，此处三面环山，林木葱郁，庄舍清幽，并辅之以亭、廊、桥、池。建筑造型轻巧简洁，客舍的内庭随地势高低起伏，游廊婉转上下，空间虚实有变，内庭溪水从外部山间引入，水位逐步下跌形成流泻变化，庭园景色与外部山色融为一体，相辅相成，令人过目难忘（图7-1，

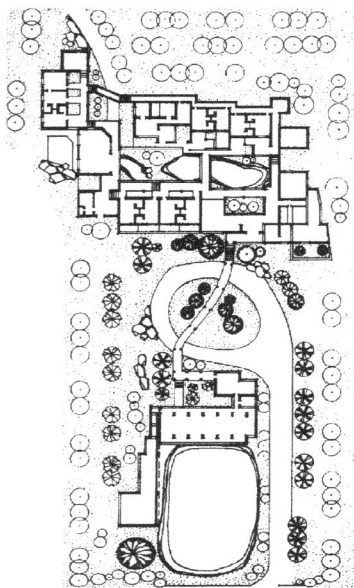

图7-1　广州白云山庄总平面图

图7-2　广州白
云山庄内庭

图7-3　广州友
谊剧院平面图

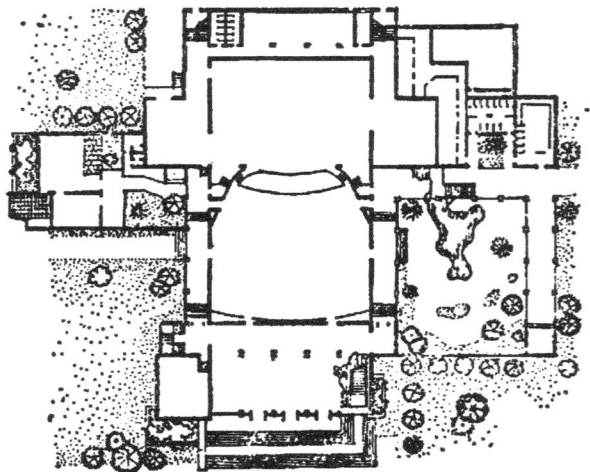

图7-2）。原广州友谊剧院利用南方的气候条件，将观众休息廊围合成内庭空间（图
7-3），使观众在幕间休息时有一个良好的清新舒畅空间放松一下。

旅馆建筑中，常将餐厅、宴会厅、休息厅等跨度较大的公共用房与旅馆主楼脱
开，副楼和主楼之间做成内庭，并在庭园中组景，形成园林景观趣味中心，虽然内
庭面积不算很大，却丰富了建筑室内空间，创造了一个安静的环境。广州白云宾馆
餐厅楼梯旁侧内庭，保留了原有的三株大榕树，岩石上流泉飞溅，颇有朴实自然之
野趣（图7-4）。同样，广东湛江环球大酒店的内庭空间设计，也是通过建筑的主

楼和裙房围合成内庭空间，不规
则的内庭以水面为主，围绕内庭
四周建有过厅、餐厅、架空休息
层和客房。过厅、餐厅与池水相
接，可直接观赏游鱼嬉耍等水景
风光。客房前绿地的花草树丛，
不但形成自然景色，而且遮挡视
线，使客房有良好的私密性。从
过厅到客房休息室架空层，通过
连廊水桥相联，把内庭空间一分
为二，连廊水桥两旁一侧柱子落
入水中，一侧则置长凳，既可休
息，又能观景。实与虚、隔与透

图7-4　广州白云宾馆内庭

的处理手法使内庭空间层次更为丰富。原广州电报电话大楼，利用入口营业厅旁侧
的空间做了一个小庭院，庭院曲径、小桥、散石相得益彰，水池上面楼梯轻悬，营
业厅的明亮大玻璃将庭院景观引入室内，扩大了建筑室内空间的感觉（图7-5）。

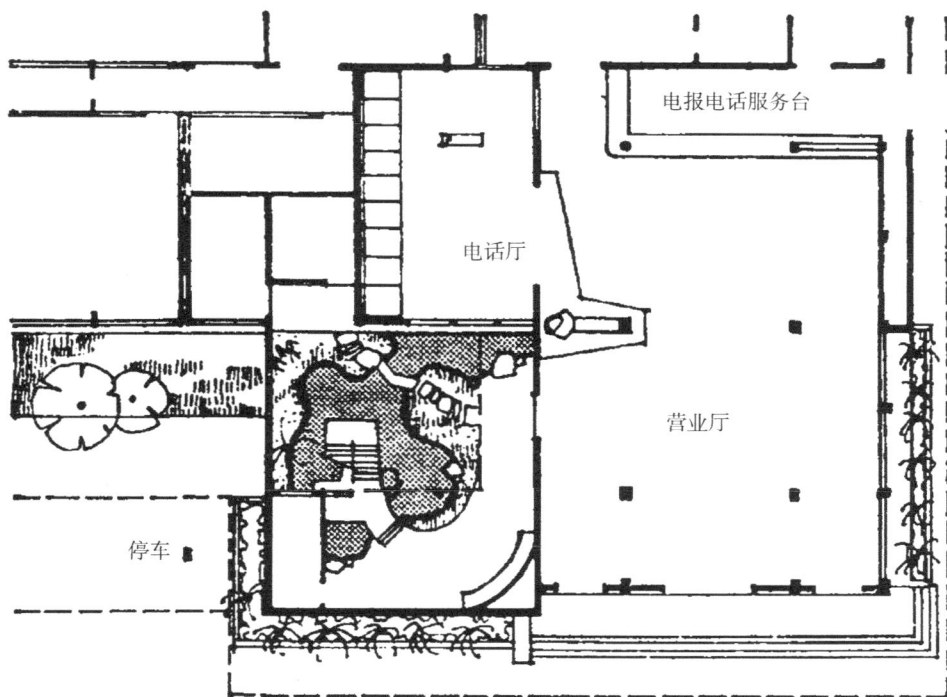

图7-5　广州电
报电话大楼营业
厅平面图

电报电话服务台

电话厅

营业厅

停车

图7-6 广州南
湖宾馆室内中庭

　　广州文化公园内建造的园中院，打破了建筑与庭园分置的布局，将建筑空间
与园林空间完全融合在一起，开始尝试室内的造园，山石、流泉、植物巧妙地穿
插在室内空间中，玻璃顶棚的应用使原来露天的内庭空间处理显得更为灵活。广
州南湖宾馆内庭采用双面坡的玻璃顶盖，庭园以壁石水景为主，两侧一边为咖啡
廊，一边为小卖部，室内行走路线曲折有变，景观随着静（在咖啡廊休息）、动
（穿越中庭到餐厅、客房）不同而有所变化，透过玻璃顶盖也将室外的时空引入
室内，使中庭室内空间景物形成声、光、
色的轮回变化（图7-6）。到白天鹅宾馆中
庭设计时，其室内造园手法已运用得十分
成熟，室内中庭从早期的单层发展到多层
的空间造型，形成一个立体园林的整体。
白天鹅宾馆的内廊、餐厅、休息厅、商场
等都围绕着中庭布置，构成上下盘旋、高
旷深邃的大型园林空间，将动与静有机结
合融为一体。内庭以泉水为中心，尽端山
石高耸，飞瀑流涧，气势宏伟。以"故乡
水"点题的室内中庭，具有浓郁的岭南乡
土气息，牵动了多少海外游子归乡的情
思，内庭造园既有传统之神韵，又有时代
之气息（图7-7）。

图7-7　广州白天鹅宾馆以"故乡水"
点题的室内中庭

二、强调庭园空间的交融与渗透

　　江南园林中的一些优良传统手法，在岭南现代庭园里得到了创新与运用，在庭园布局上学习传统的藏露、收放、渗透、穿插等序列组合，构成多层次的庭园空间，将景物与建筑空间有机地结合起来，突出建筑所处的环境特征。如从城市干道进入白云宾馆，待绕过前庭一组山石后方可见到一池清水映衬着的白色宾馆建筑与门廊，空间处理使人感到虽在干道旁边却已离开了城市的喧嚣，山石景物与主楼联成一片的长门廊，扩大了前庭空间的纵深尺度感。进入大厅后，面对前庭的落地大玻璃窗和中庭的设置将不同景色借入大厅内，增添了大厅的流动气氛。如若上楼赴餐厅或宴会厅，在电梯间前可以借后庭的木石水池小景，那坦荡的水面、粗犷的山石、挺拔的古榕、低矮的连廊形成的庭院空间，给人以强烈的印象。由前庭穿门厅经中庭至餐厅的空间序列，也就是室内与室外空间通过借景与渗透的手法，交替演进，相互延续，形成流动的空间序列。再如广州矿泉客舍，在进入主庭之前，将过厅与前院等前导空间一再收敛，透过一层又一层的门景，然后才进入主庭，先抑后扬的空间处理，使本来不大的主庭，有豁然开朗的感觉，庭园以水庭为主，黄腊石点缀池岸，竹、棕、灌丛罗莳泉石之间，支柱层跨溪而起，主庭内外景色互为因借，空间层次穿插交融（图7-8、图7-9）。

　　岭南现代建筑庭园的创造，如果没有现代建筑形式的支持是难以产生的。勒·柯布西耶提出"新建筑"有五个特点：底层立柱架空、屋顶花园、建筑骨架结

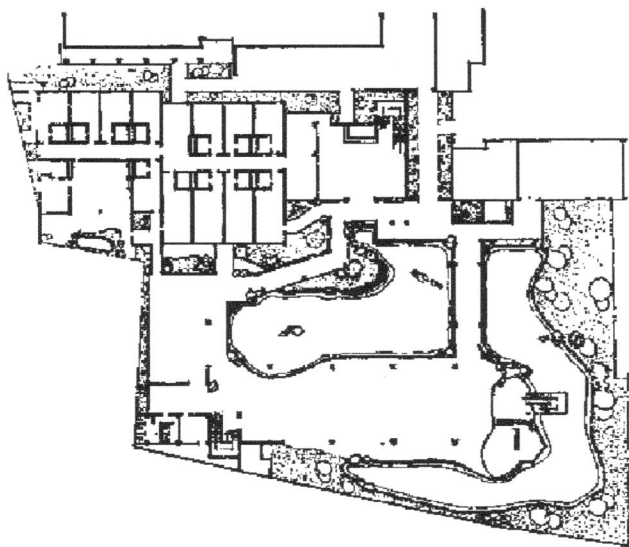

图7-8　广州矿泉客舍平面图

图7-9　广州矿泉客舍水庭

构的自由平面布局、横向长窗和自由立面。这些方法和形式都被应用在岭南现代庭园设计当中，建筑庭园的空间的渗透，支柱层起了关键的作用，像矿泉客舍、东方宾馆新楼和原广东顺德中旅社（图7-10）等建筑都采用了支柱层，并将山泉水石与建筑支柱层空间组合在一起，其支柱或立于山石景中，或立于水中，更有甚者将支柱塑成大树形状，上面还挂有攀植垂萝。

东方宾馆新楼原架空支柱层的空间组织序列，吸取了国外现代建筑设计理论和我国传统的造园手法，创造了丰富多变、清新动人的空间环境（图7-11）。东方宾馆的支柱层空间，根据人流的主要活动路线来安排，交通流线的主次关系，建筑墙面的虚实关系，空间景观的层次关系都进行了精心考虑。在门厅通往支柱层之间，设计了一个很别致的半开敞的过渡空间，空间很小，高度较低，但简单的装饰与周围的绿化环境十分交融。空间序列通过交通流线上的景点景观设置，相互穿插渗透，架空层平面有收有放，池水穿越其中，以白鹤为主题的碎块大理石拼嵌壁画及壁画下的几块黄腊石和水面上丛丛蒿草的倒影，构成了既有装饰性又有生活感的气氛。水面平台上，一幅宁静而具有抒情意味的庭园景色展现在面前，形成了观感情绪上的高潮。支柱层的立柱、剪力墙，还有各种横墙隔断，如博古架隔断等经过处理，打破了平面长走道式的单调呆板感，并将其划分为若干个各有区别又紧密相联的建筑空间，这些空间在方向感上也各不相同，有的面向东部的内庭院，有的面向西部的外庭院。冯钟平先生认为东方宾馆在空间序列设计上有下面一些特点：（1）不去片面地追求空间上大尺度的宏伟感，而是寻求小尺度空间的亲切感。它的大部分空间除门厅局部为两层外，其他均只占有一层的高度；（2）不追求主轴线的直线贯通以取得气魄与隆重感，而按人们的活动方向和规律，运用我国轴线曲折变化的造园手法以取得活泼、多变的情趣，并且对轴线的每一次转折都作了精心的安排；（3）不满足于单个空间在三度空间上的完整性，而着意于人们在行进中所获得的空间层次总印象的汇集与叠加。层层空间在大小、形状、明暗、气氛上都互相陪衬与对比，按总的设计意图形成完整的整体；（4）不追求运用许多高贵与豪华的装饰材料，而选择了许多廉价的地方性材料以取得与当地自然风貌结合之特色。对于材料的运用，比较讲究质感和色泽在空间色块组合上的总体效果。注意室外空间的合理利用。这不仅扩大了人的活动范围，丰富了空间，而且也是一个很经济的办

图7-10　广东顺德中旅社内庭建筑支柱层

图7-11　广州东方宾馆新楼支柱层休息廊

法。室外空间一般花钱不多，处理得好，常能获得室内空间所达不到的效果；（5）与结构的密切配合。空间是靠结构等实体围合而成，因此，一方面结构应尽量为建筑师在空间组合上的设想提供可能性，另一方面，建筑师也要尽可能地满足结构上的合理性，做到紧密配合。在东方宾馆的设计中，我们看到开间、柱距与层高都顺应结构的统一布置，而结构上剪力墙、温度缝及一些结构开间的变化又为空间上的组合提供了条件[①]。

三、运用小品景观

小品景观过去在园林建筑中常指亭、榭、廊、桥、门洞、漏窗等体量较小的园林点缀物。岭南传统庭园由于是以建筑空间为主，亭榭台廊常与主体建筑联成一片，所以，基本上不算作园林小品景观，倒常常是由一勺池水、数块散石、几株花木来构成小品景观，设置在屋侧、墙角、径旁起点缀效果，这样，小品景观就有园林建筑小品景观和建筑空间园林小品景观之分。岭南现代建筑园林十分注重这种一般人们认为不起眼的小景观，吸取了传统园林小品景观的做法，运用在现代建筑空间中。

岭南现代园林建筑小品很多，包括具有现代造型的各种小建筑，如亭榭、游廊、大门、敞厅、花架、小桥，等等。在建筑小品的设计中，着重注意两个方面，即建筑自身造型和与周围环境的协调。建筑小品轻巧活泼，从不以大体量出现或抢占主体位置，但也不是多余之物，可有可无，而是以恰当的角色立于园林之中。

白云山庄的曲廊，是连接前后两组建筑的纽带，白色的曲廊形状简洁，没有装饰，在绿色丛中显得更为秀雅，偶有古藤沿廊柱攀爬而上，给宁静的曲廊带来一丝跳跃（图7-12）。即使是有功能用途的建筑，如广州华南植物园的水榭、广东南海西樵山冰室等，也都与大自然的环境相融洽，而不会突出自己。

建筑空间园林小品景观是岭南现代建筑庭园的一大特色，在现代建筑中，常运用小品景观来配合建筑空间的收与放、环境静与动等关系的转换，起到承前启后的作用，根据人的视觉活动变化进行对景、借景和组景，形成流动的空间序列组织。如深圳银湖

图7-12　广州白云山庄曲廊

宾馆的一条小院通道，一侧是厅房外墙，一侧是花窗围墙，径道两旁植有高竹矮草，形成对比，通道尽端立有赏石，透过石景后面的景窗可见围墙外的热带植物树，小品景观引导人们视线向前，完成空间之间的过渡（图7-13）。广州中国出口商品交易会休息廊转角小景（图7-14）、友谊剧院贵宾休息室外的连廊小景、华南植物

图7-13 深圳银湖宾馆小院通道

园水榭入口后面的小品景观（图7-15）既点缀了环境，活跃了建筑空间，又为空间过渡起到了转换连接的作用。在室内设计方面，也有很多独具匠心之处，如大厅一角的浅水池，餐厅一侧的竹石小景，休息厅一端的爬藤滴泉等，富有生趣，起到画龙点睛、吸引视线和增添意境之功效。广州白云山庄套间客厅内的小品景观"三叠泉"（图7-16），泉水从壁岩高处分段跌落下来，水滴之声打破了山林的幽静，

图7-14 广州中国出口商品交易会小品景观

图7-15 华南植物园水榭内院小品景观

图7-16 白云山庄室内的小品景观"三叠泉"

使人感到清新悦耳。此外，像广州双溪别墅的天井小院植物景观、白天鹅宾馆高级套房的屋顶花园小品景观、广东中山温泉宾馆别墅内的各种小品景观等等，都有同工异曲之妙。

第二节　岭南园林兴衰反思

传统岭南园林，特别是过去私家宅第园林的兴衰与经济发展和战乱有很大关系。明代广州多名园，这在屈大均《广东新语·卷十七·宫语》中有所论述。明末清初清军入粤，遭到了南明政权及地方抗清势力的反抗，战况反复使广州受到了严重的破坏，而尚可喜平粤后率兵进入广州，士兵强占民宅又使园林宅第遭受破坏，直至康熙二十二年平定三藩之乱，才结束长期兵民混杂而居的局面。康熙乾隆年间，广东经济逐步恢复，商业繁兴，财力日厚，园林宅第得以恢复和新建，至嘉庆道光时园林蔚起，形成广州的一大城市景观。但此情景未能持久，清末园林宅园又很快消亡，导致"盛极一时的广州园林第宅，今天已荡然不复有片瓦之存，令人感慨。揆其原因，除了园主破落，无力保存之外，城市变迁的急剧、广州高温高湿度气候的破坏以及缺乏社会力量的保护挽救等因素有关。其实，这种变化在清代就已出现，张维屏在咸丰年间提到唐荔园、借绿山房、景苏园、海山仙馆、远爱楼、得珠楼、得月楼等时，曾慨叹：'诸园多毁于火，或园已易主人，或主人远适他乡，园中荒凉冷落。数十年来余目睹者如此，非目睹者不暇记也。'数十年中，兴废如此，园林消失速度之快，出人意料"②。

园林盛衰虽与经济发展、战乱等因素有关，但也与岭南的文化特性有关。岭南人追求实用主义，求新意识强，能不断地去追求创造新的事物，而从另一层面来看，这种求新是在破旧的基础上进行，常将原有的园林改变，建造新的东西，这也是导致传统宅园消亡的原因。纵观岭南园林的兴衰发展，我们能从中得出一些启示：

1. 岭南的特殊地理位置和气候条件，使岭南地区创造出具有极强地域特征的文化体系，而开放、兼容、多元、创新等文化特性，使岭南园林的造园能不断求新发展。虽然近代岭南园林还是停留在简单地模仿国外园林造园手法的层面上，但与内地园林基本沿袭中国传统园林的做法有着质的区别，而岭南现代建筑庭园的产生，标志着一种新的造园理念和手法已走向成熟。岭南现代建筑庭园离不开培育它的文化土壤，新事物的诞生，其孕育环境非常重要，过去传统的皇家园林和江南园林之所以有这样突出的艺术成就，文化环境起了极大的作用。岭南独特的文化环境和特性，创造出了富有清新气息的岭南建筑庭园空间，这也是岭南现代和未来建筑园林发展的动力之一。

2. 岭南庭园注重实用功能，能根据不同的状况调整其造园，这对于园林建筑空间的创造是十分有利的，能去劣存精。特别是岭南现代庭园，根据功能要求，将庭园与建筑有机地结合起来，去掉不实际的多余部分，使岭南现代庭园造园从原来传统庭园的繁杂、拥挤、堆砌等不利之处向简洁、明快、舒朗方向调整。20世纪六七十年代以后的许多园林建筑，无论在建筑造型，还是在庭园空间的处理上都是采用简洁明快的手法。但是岭南庭园造园过分强调实用，注重务实，又带来一定的负面影响，造园讲究实用，造园者也讲究功效，与江南园林相比，造园缺乏推敲和精雕细刻，缺乏一定的深刻内涵，园林意境也就远不及江南园林。同时，对园林造园创作也未能全面有效地去总结和提高，没有像江南造园那样能从理论上给予总结或进行详细的文字记载，出现像计成《园冶》、李渔《闲情偶寄》、李斗《扬州画舫录》等书籍，只言片语的岭南园林记载也多为园林的位置、由何人所营，而从造园手法之角度去反映的则不多。

3. 岭南造园受商业功利的驱动很大，园林兴建和废除不一定是人们生活之环境所需，而是商业功利效益驱使。这样的结果，导致许多优秀园林在商业利益下"消失"，广州的海山仙馆在被查封后拍卖拆毁，就给人们留下了遗憾。海山仙馆的造园特色不仅深受时人的喜爱，"甚至外国人，像英国有名的摄影师、作家约翰·汤逊，亦曾多次访问潘园，在离开广州之前仍要最后一次到潘园去。当他见到这个'典型的中国园林'，那个'离奇有趣'且'美丽超凡的地方'受到毁灭性的破坏时，也不断地发出他的惋惜"③。城市的发展，土地利用的商业行为，将园林用地改作其他用途，这种状况不仅过去存在，今天也有。像上述的广州东方宾馆新楼首层园林景观支柱层，已被取消用作它用；广州友谊剧院的观众休息内庭，曾有相当长一段时间拆除改为其他商用；具有岭南现代庭园特色的宾馆建筑广东顺德中旅社，也在改建中拆除成为高楼。同样，目前个别的住区楼盘进行环境园林化设计，也受到商业利益的作用，从房地产发展商的角度来看，其造园的目的，不完全是为了提高住区的生活环境质量，主要是从销售的角度出发，有的宅区造园不像是园林设计，只是一般的绿化栽植，达不到景观艺术和生态环境应有的效果。造园的商业行为能及时发现人们的喜好需求，把握或调整造园的动向，这是其优点。但其缺点是发展没有长远眼光，只顾眼前利益，造园容易粗糙，流于表面形式，不能真正从景观美学的角度去创造人们所需的生活空间环境。

总的来说，岭南园林以清新旷达、素朴生动取胜，造园构意新颖，布局平易开朗，较少江南园林那种深庭曲院的空间构设。在园林的总体布局、空间组织、建筑造型、色彩运用、叠石理水和花木配置方面有着自己的特点，形成不似北方园林之壮丽、也不似南方园林之纤细的一种通透典雅、轻盈畅朗的岭南格调，成为与江南、北方鼎峙的三大地方风格之一。三大地方风格主要表现在园林的总体规划以及各自造园要素的用材、形象和技法等方面的区别和差异。岭南园林造园有下面一些特点和经验值得我们注重：

1. 顺应地域和自然环境，是创造自己独特风格的重要因素

地理环境、气候条件对文化的特质和发展起着重大作用，自然环境是人类社会生存和发展的基础，也是文化存在和发展的必备条件，任何文化都是在一定的自然环境中产生、发展并受其制约和影响的。岭南的地理环境和热带、亚热带自然生态环境，使岭南人形成了有异于中原地区风俗习惯的生活方式、生产方式、审美观念、价值观念、人生态度、行为方式，等等。

岭南园林的产生和其特点的形成，很大程度取决于其所处的造园环境因素，地域的自然环境和社会环境等因素，都会对园林的造园活动产生很大的影响。岭南的自然环境是靠山面海，以丘陵山地为主，既有开阔水网平原地区，也有许多俊美的自然山川风貌，这些都为岭南园林提供了临摹蓝本和良好的造园基本条件。地域性植物对园林风格的形成起了很大作用，特别是当地生长的观赏植物和亚热带的景观植物。同时，地域材料的应用也是形成风格特点的主要原因，如岭南园林景观石材是用当地盛产的英石、腊石、钟乳石、海石等，与以太湖石、黄石为材的叠石风格截然两样。

岭南园林喜用庭园或庭院的布局方法，这除了岭南地处丘陵地区、农耕地少，土地价贵而造成园林用地狭小之外，最为重要的原因就是受气候条件的影响。岭南气候炎热多雨，台风肆袭，用建筑围合而成的庭园或庭院，可利用建筑的自身和廊墙来减弱强风暴对园林的侵袭，将台风对园林景观植物的破坏尽可能地减少。同时，利用墙体遮阴避晒，形成大面积的阴影区，可减少热辐射而取得较好的降温效果。园林建筑通过庭园、天井院落、巷道以及敞厅等形式来组织自然通风，使夏日的主导风，都能吹到园林和建筑的每个角落。

2. 园林人文环境融入自然景观环境

岭南园林的营建，最重视的是选址，而选址也最能表现出建园者的审美取向和生活意趣。岭南园林造园选址，借助自然景观环境，并且巧用自然景观环境，筑园尽可能离开闹市，把园林宅第建在真山真水的大自然环境中，甚至将宅园融入大自

然，成为其中之一部分。园主崇尚自然，追求平实，不太重视人工制造的假山流水，也不羡慕江南园林那种在咫尺中营造山林的巧构。

岭南庭园在景观组织上，特别是在视线组织上，常将园内外空间有机地结合在一起，产生空间的扩散感。岭南宅园面积较小，园林空间组织较为简单，不能像江南园林那样运用穿插、曲折、渗透等各种手段来丰富庭园空间，但岭南园林造园通过借助园外景色，把园外景色组织到园内来，从而创造了园林空间的丰富层次。园林选址大多在自然景色优美的地方，因此，造园时在宅园与外界交接处，利用环境景观最好的面向采取开敞的方式进行布局。岭南园林常用的方法就是借用水面，水面能起到很好的作用，平坦开阔，视野宽广，利用建筑厅堂作为界面，在园内可观赏园外风光。而在园外观看园林建筑，因造型优美能更显出园林的魅力。当登上楼阁或假山时，不仅园内空间景色一览无遗，而且能望到园外的流溪、池湖、田野，还有远处的峦群山峰，庭园高处视野宽广，有海阔天空之感，园林构成具有丰富和深远的层次，像采用船厅、高阁等建筑形式都是具体的表现。岭南造园尽可能做到"园之外，不可得而有也"，目的在于"山河大地，举可私而有之"。

3. 园林造园务实，追求生活的实在和注重物质的回报效应

北方、江南地区经济形态主要是以农业为主，自产自足的小农经济意识同样也反映在园林造园中，园林注重自娱自乐，园林景观注重自我完善、完美，文人士大夫强调在园林天地里的自我人格修养。而岭南的经济模式是商贸经济，人们注重的是人与人之间的交往空间和行之有效的商业行为，不强调表面上花巧的东西。所以，同样是造园活动，岭南园林更加注重园林的实用性、交际性，即使是宅居园林，也是强调其空间的交往环境，而淡化其怡情养性的休闲环境，园林空间将日常功用与悦目赏心有机地结合起来，达到了雅俗共赏。

岭南园林造园与日常生活联系密切，具有实际性与实用性。岭南私园以生活享受、实用、游乐为主，反映在布局上，园林与住宅融为一体，并以居住建筑作为园林的主体，生活起居和庭园结合在一起，既满足居住功能，又享受"山林水泉"之乐。岭南园林虽然也叠山理水，但并不像江南园林那么刻意追求山水，陶醉于山水园林的享乐之中。岭南园林强调的是园林的随见性和环境的怡人性。因此，园林不仅存在于私园，也存在于城市公共活动区域之中，包括公众园林和公建园林，如酒家、茶楼、戏园园林等。

岭南园林营构往往结合物质生产，尽量做到用途多样。城市园林的大型水体常结合供水、排涝、灌田养鱼、浚渠筑堤、舟船通行，以便合理利用湖水资源。造园多利用水系走向修建园林，使园林水系景观与生活用水紧密结合起来。在庭园栽种

果树，也是岭南园林的特色之一，果树不但具有观赏价值，又有遮阴的功效，还能让人品尝佳果美味。

4. 岭南造园的多元兼容性，不拘于某种形式，为我所用，博采各家之长

岭南园林造园只要"万物皆备于我"，便可接纳融合。岭南园林造园所体现的美学思想，是个多方面的有机综合体，既有孔子"文之以礼乐"的思想，又有老庄"原天地之美"的思想，因此岭南园林在造园环境的取向上崇尚自然，追求山水田园风光，园林建筑的表现则强调"文"饰的人工艺术性。明代以后，随着商业经济和对外贸易的发展，经世致用的造园理念和西学东渐的造园手法也融入到岭南园林造园之中。所以，岭南园林既有北方、江南园林的影子，也有极强的地域特征。国外文化的影响，也反映在岭南建筑和园林上，岭南近代公园就是在国外园林的影响下产生的。许多外来的建筑符号和造园手法也被用在岭南园林中，在各处岭南园林的造园艺术中，既有其共性特征，也有很强的个性特点，同时岭南造园既有一定的严谨性，也有很大的随意性。总之，岭南文化中的兼容、多元、开放、创新等特性，在岭南园林中都得到了充分体现。

5. 不规整的几何形图案运用是岭南园林设计手法的重要特征

岭南园林造园喜用几何形体的图案布局手法，无论是建筑空间形式、池水造景形式、建筑装饰形式，还是庭园路径和绿地形式都采用几何体形。岭南园林几何形的运用，表现特别突出的是水池形式。水庭造园是岭南理水的主要艺术手法，几乎在岭南庭园的造园中都少不了水庭，其几何曲线形水池造型已成为岭南园林的重要特征之一，而园林几何形的驳岸处理对增大庭园之视觉空间有较强的效果。岭南园林几何图形的运用，早期受岭南纹饰和南越水利工程影响，南越国宫署御苑所用规整的水渠、石池，几何图形图案处理较强。近代虽受到西方造园的影响，但岭南庭园基本上是采用不规整的几何形图案手法，而西方园林则为对称式的几何形图案手法，因此有着本质上的区别。园林造园采用几何体形，还有一个重要原因是由于受到庭园建筑围合空间的几何界面所定。

6. 岭南园林的艺术表现为强调建筑空间效果，建筑造型注重细部处理

岭南园林重在庭园建筑空间，强调以建筑、装饰、小品、植被综合取得艺术效果。以建筑空间为主的岭南庭园主要有建筑绕庭、前庭后院、书斋侧庭、前宅后庭等布局方式，园林建筑体形明朗轻快，通透开敞。观景取静观及近观之方式，常用连房广厦的形式，通过连廊将船厅、亭榭、楼阁等联成一片，形成既分隔又连通的庭园有机空间，同时在庭园空间中巧用水面，用其来分隔空间和组织空间，使庭园具有开阔深远的效果。岭南园林建筑特别注重装饰装修艺术，运用小木作装修与木

雕、砖雕、石雕、灰塑、陶塑、嵌瓷等工艺，通过塑形、图案、色彩、陈设等装饰艺术手段来强调园林建筑的艺术美感。

[**注释**]

① 冯钟平．环境、空间与建筑风格的新探
求．建筑学报，1979（4）：13.

② 黄国声．清代广州的园林第宅．岭南文
史，1997（4）：45.

③ 卢文骠．海山仙馆初探．南方建筑，
1997（4）：41.

参考文献

[1]　周维权. 中国古典园林史. 第2版. 北京：清华大学出版社，1999.

[2]　夏昌世. 园林述要. 广州：华南理工大学出版社，1995.

[3]　陆元鼎，魏彦钧. 广东民居. 中国建筑工业出版社，1990.

[4]　高鉁明等. 福建民居. 北京：中国建筑工业出版社，1987.

[5]　中国科学院自然科学史研究所主编. 中国古代建筑技术史. 科学出版社，1985.

[6]　赵兴华. 北京园林史话. 第2版. 北京：中国林业出版社，2000.

[7]　何重义，曾昭奋. 一代名园圆明园. 北京：北京出版社，1990.

[8]　刘敦桢. 苏州古典园林. 北京：中国建筑工业出版社，1979.

[9]　潘谷西. 中国美术全集·建筑艺术编·3·园林建筑. 北京：中国建筑工业出版社，1988.

[10]　彭一刚. 建筑空间组合论. 北京：中国建筑工业出版社，1983.

[11]　蒋祖缘，方志钦. 简明广东史. 广州：广东人民出版社，1993.

[12]　杨万秀，钟卓安. 广州简史. 广州：广东人民出版社，1996.

[13]　张荣芳，黄淼章. 南越国史. 广州：广东人民出版社，1995.

[14]　李锦全等. 岭南思想史. 广州：广东人民出版社，1993.

[15]　李公明. 广东美术史. 广州：广东人民出版社，1993.

[16]　吴郁文. 广东经济地理. 广州：广东人民出版社，1999.

[17]　曾昭璇. 广州历史地理. 广州：广东人民出版社，1998.

[18]　（清）屈大均. 广东新语. 北京：中华书局，1997.

[19]　（清）黄佛颐. 广州城坊志. 广州：广东人民出版社，1994.

[20]　（清）仇巨川. 羊城古钞. 陈宪猷校注. 广州：广东人民出版社，1993.

[21]　李旭. 中国美学主干思想. 北京：中国社会科学出版社，1999.

[22]　张皓. 中国美学范畴与传统文化. 武汉：湖北教育出版社，1996.

[23]　金学智. 中国园林美学. 北京：中国建筑工业出版社，2000.

[24]　王毅. 园林与中国文化. 上海：上海人民出版社，1990.

[25]　葛兆光. 禅宗与中国文化. 上海：上海人民出版社，1986.

[26]　任晓红. 禅与中国园林. 商务印书馆国际有限公司，1994.

[27]　陆琦. 禅宗思想与士大夫园林. 载：华南理工大学学报（社科版）. 1999（2）.

[28]　刘管平．岭南古典园林．载：建筑师（27）．中国建筑工业出版社，1987．

[29]　刘管平．南国秀色——岭南园林概览．载：中国园林艺术概观．江苏人民出版社，1987．

[30]　越宫文．广州发现南越王的御花园——南越国御苑遗址发掘记述．载：广东文物，1998（1）．

[31]　陆琦，郑洁．广州古园林札记．载：南方建筑，2001（4）．

[32]　黄国声．清代广州的园林第宅．载：岭南文史，1997（4）．

[33]　肖毅强．岭南园林发展研究．华南理工大学硕士学位论文，1992．

[34]　冷瑞华．岭南建筑庭园环境水文化研究．华南理工大学硕士学位论文，1995．

[35]　孟丹．岭南园林与岭南文化．华南理工大学硕士学位论文，1997．

[36]　夏昌世，莫伯治．漫谈岭南庭园．载：建筑学报，1963（3）．

[37]　陆元鼎，魏彦钧．粤中四庭园．载：中国园林史的研究成果论文集（1），1981．

[38]　陆元鼎．粤东庭园．载：圆明园（3）．中国建筑工业出版社，1984．

[39]　陆琦．粤中四名园．载：建筑人（华南理工大学建筑学院院刊），1999（7）．

[40]　陆琦．岭南传统园林造园特色．载：华中建筑，1999（4）．

[41]　刘苹苹．广东顺德清晖园．载：中国园林史的研究成果论文集（1），1981．

[42]　邓其生．东莞可园．载：建筑历史与理论（第三、四辑）．江苏人民出版社，1984．

[43]　陆元鼎，陆琦．中国民居装饰装修艺术．上海科学技术出版社，1992．

[44]　陆琦．传统民居装饰的文化内涵．载：华中建筑，1998（2）．

[45]　王雪虹．粤中园林石景．载：中国园林史的研究成果论文集（1），1981．

[46]　谈碧雯．园林中植物题材之运用．载：四川园林，1981（4）．

[47]　曾绍奋．莫伯治集．华南理工大学出版社，1994．

[48]　林兆璋．林兆璋建筑创作手稿．国际文化出版公司，1997．

文中部分有关插图来源：

中国古典园林史．第二版．清华大学出版社，1999．

北京园林史话．第二版．中国林业出版社，2000．

广东民居．中国建筑工业出版社，1990．

福建民居．中国建筑工业出版社，1987．

广州旧影．人民美术出版社，1998．

广州发现南越王的御花园——南越国御苑遗址发掘记述．载：广东文物，1998（1）．

莫伯治集．华南理工大学出版社，1994．

林兆璋建筑创作手稿．国际文化出版公司，1997．

荔湾明珠．中国文联出版公司，1998．

再版后记

　　《岭南造园与审美》于2005年由中国建筑工业出版社出版。时间过得飞快，转眼10年过去了，这次重印，感谢中国建筑工业出版社的大力支持，以及读者的关爱。在此，再次感谢华南理工大学刘管平教授、陆元鼎教授、邓其生教授、叶荣贵教授、吴庆洲教授，东南大学潘谷西教授，杜顺宝教授，清华大学周维权教授，北京建筑工程学院何重义教授，天津大学黄为隽教授，原江西景德镇市城市规划局黄浩总建筑师，深圳电子设计研究院彭其兰总建筑师当年建议出版所提出的宝贵意见。

陆　琦

2015年10月